花生高产节本增效新技术

任春玲 凌 璐 主编

河南科学技术出版社
·郑州·

图书在版编目（CIP）数据

花生高产节本增效新技术 / 任春玲，凌璐主编.—郑州：河南科学技术
出版社，2023.9

ISBN 978-7-5725-1296-4

Ⅰ.①花… Ⅱ.①任…②凌… Ⅲ.①花生–高产栽培 Ⅳ.①S565.2

中国国家版本馆CIP数据核字（2023）第163578号

出版发行：河南科学技术出版社

　　　　　地址：郑州市郑东新区祥盛街27号　　邮编：450016

　　　　　电话：（0371）65737028　65788613

　　　　　网址：www.hnstp.cn

策划编辑：陈淑芹

责任编辑：田　伟

责任校对：尹凤娟

封面设计：张德琛

责任印制：张艳芳

印　　刷：河南新华印刷集团有限公司

经　　销：全国新华书店

开　　本：890 mm×1 240 mm　1/32　印张：9　字数：380千字

版　　次：2023年9月第1版　　2023年9月第1次印刷

定　　价：39.00元

如发现印、装质量问题，影响阅读，请与出版社联系并调换。

《花生高产节本增效新技术》
编写人员名单

主　　编　任春玲　凌　璐

副 主 编　曲奕威　王桂芳　张香萍　朱柯鑫　陈文予　张　钧

　　　　　　司贤宗　王喜民　王　舜

编写人员　（以姓氏笔画为序）

　　　　　　王　舜　王尚朵　王桂芳　王喜民　火慧霞　司贤宗

　　　　　　曲奕威　朱柯鑫　乔　礼　任春玲　祁瑞林　许世杰

　　　　　　李　浩　杨　静　杨军建　张　钧　张　莉　张香萍

　　　　　　张焕想　陈　菲　陈文予　郑　伟　郑新娣　赵丽妍

　　　　　　赵君君　赵高杨　凌　璐　郭方越　涂　茗

前　言

花生是中国也是世界上主要油料作物之一，是油脂加工业和副食品工业以及医疗等行业的重要原料，在国民经济中占有重要地位。花生籽仁营养丰富，脂肪含量为 50% ~ 55%，蛋白质含量为 20% ~ 30%，还含有大量的碳水化合物及多种维生素和矿物质。花生油品质优良，营养丰富，气味清香，不饱和脂肪酸约占 80%，饱和脂肪酸约占 20%，有 8 种脂肪酸对人体有重要的营养价值。花生蛋白可消化率达 90%，易被人体吸收利用。因此，花生除榨油外，可加工成许多美味的糕点、糖果、菜肴等，另外还常用作医药原料。花生饼粕、红衣等副产物可深加工提取白藜芦醇、多糖、黄酮类、酚类、甾醇类等活性物质，饼粕、秧壳广泛用于饲料、肥料、基料、燃料等方面。

我国花生种植面积 7 200 万亩，总产量 1 800 万 t，产量居世界首位。我国花生有黄河流域花生区、长江流域花生区、东南沿海花生区、云贵高原花生区、黄土高原花生区、东北花生区、西北花生区七大主产区，不同产区气候、土壤、耕作制度差异较大。我国花生主产省有河南、山东、广东、河北、辽宁、四川、广西、吉林、湖北、安徽等，前十个主产省花生种植面积占全国总面积的 90%，产量占全国总产量的 93% 以上。其中，河南省为近年来花生生产发展最快、面积最大、总产量最高的省份。2022 年河南省花生种植面积 1 930 万亩，产量 615 万 t，居全国第一位。

近年来，中国油料油脂供需矛盾突出。花生作为国内三大油料作物之一，在保障国内油脂油料供应中的地位和作用愈加凸显，花生产业在促进农民增收和乡村振兴中也发挥着越来越重要的作用。但是，与世界花生产业发展先进地区相比，我国花生生产还存在着大而不强、多而不优、成本高、效益低的突出问题，这些问题制约着花生产业水平的进一步提升。

为促进农民增收，推进我国花生产业高质量发展，我们立足国内生产实践，着眼未来市场需求，针对生产中存在的突出问题，对花生高产、优质、节本、增效栽培新技术开展多年试验示范，并参阅相关著作和科技文献资料，在传统常规栽培技术的基础上，融入了近年来大量的新成果、新技术，在中国工程河南发展战略专题咨询研究项目（2020HENZT10）的支持下，我们编写了这本《花生高产节本增效新技术》。同时，本书的编写，得到了张翔研究员、周琳教授、任丽研究员等诸多专家、学者的支持和帮助，在此深表谢意！本书的第一章系统介绍了花生的生长发育特点；第二章介绍了花生的优良品种应用；第三章讲解了花生的土壤耕作与种植管理；第四章讲解了花生的需肥特点与科学施肥技术；第五章介绍了花生的需水规律与水分管理；第六章介绍了花生主要病虫草害综合防治技术；第七章介绍了花生的科学收获与贮藏；第八章介绍了目前示范推广的主要种植模式。

为便于读者直观理解，本书的编写，配置插入大量图片和表格，力求文字精练，通俗易懂，可操作性强。我国农业科技发展日新月异，限于编者水平，书中存在错误和疏漏之处，敬请广大读者批评指正。

编者

2023 年 3 月

目录

第一章　花生栽培的生物学基础

一、花生生长发育的特征特性

花生，学名落花生，豆科、落花生属，草本植物。花生植株由根、茎、叶、花、果针、荚果等部分组成。

（一）种子

花生种子通称花生仁或花生米，形状分为三角形、桃圆形、圆锥形、椭圆形和圆柱形五种（图1-1）。种子的大小、形态品种间差异很大，自然栽培条件对其亦有影响。

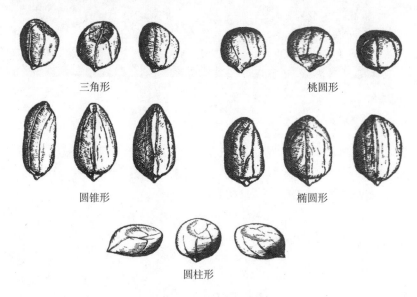

三角形　　　　　　　　　桃圆形

圆锥形　　　　　　　　　椭圆形

圆柱形

图1-1　花生种子形状

成熟饱满的花生种子含养分多，出苗健壮；未成熟的种子含脂肪少，而含糖和游离脂肪酸较多，播种后吸水力强，发芽较快，但由于含养分少，未必早出苗，发芽率低、苗势弱。两室荚果中，前室种子（称先豆）常较后室种子（称基豆）发育晚，重量轻。

花生种子由种皮和胚两部分组成。胚又分为胚根、胚轴、胚芽和子叶四部分（图1-2），种子近尖端部分种皮表面有一白痕为种脐。

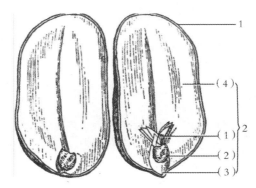

图1-2　花生种子的构造

1.种皮；2.胚：（1）胚芽；（2）胚轴；（3）胚根；（4）子叶

花生种皮的颜色（以晒干新剥壳的成熟种子为准）大体可分为紫、紫红、紫黑、红、深红、粉红、淡红、浅褐、淡黄、红白相间、白色等11种，以粉红色品种最多。种皮主要起保护作用，可防止有害微生物的侵染。有些品种表皮易裂白色裂纹，易染黄曲霉菌，与种皮结构及生长后期土壤干、湿变化等因素有关。种皮表面蜡质匀而厚、细胞排列紧密、透性低、种脐小的品种（系）抗性强。

胚的各部分由受精卵发育而来。子叶两片，肥厚，占种子重的90%以上，呈乳白色，为储存养分的场所，富含脂肪、蛋白质等营养物质，为种子萌发过程中器官分化与形成提供营养。子叶大小及完整度关系幼苗长势的强弱和未来产量，因此选用大粒健全种子作种是培育壮苗和获得高产的基础。胚芽白色，由一个主芽和两个子叶节侧芽组成，主芽发育成主茎，子叶节侧芽发育成第一对侧枝。

具有生活力的成熟种子，在适宜发芽的条件下不能萌发的现象，称为种子的休眠性。花生种子休眠的原因是种皮障碍与胚内生长调节物质共同作用的结果。花生种子休眠期因品种类型不同差异较大。休眠期较短的品种收获不及时，种子在地下便可能发芽。珍珠豆型与多粒型品种的休眠性多与种皮障碍有关，未熟种子种皮不易透气，影响发芽，成熟后干燥的种皮透气屏障解除，种子即能发芽。普通型、龙生型花生种子的休眠性除受种皮影响外，还受胚内抑制物质的制约。

生产上应用晒种、浸种、催芽等都能在一定程度上解除休眠，利用乙烯利等处理能有效解除休眠。珍珠豆型品种休眠期短，如果荚果成熟前长期干旱而成熟后又遇阴雨天气，荚果极易在田间发芽；在饱果成熟期注意灌溉，保持土壤和荚果湿润就很少发芽，可减少损失。

（二）根

1. 根的形态构造和功能　花生的根为圆锥根系，由主根和次生根组成。在土壤湿润的条件下，胚轴及侧枝基部也可能发生不定根（图1-3、图1-4）。根系起吸收和输导养分以及支持和固定植株体的作用。根系从土壤中吸收水分和矿物质营养元素，通过导管输送到地上部分各个器官，而由叶制造的光合产物则通过韧皮部的筛管往下运输到根的各个部位，供给根生长。

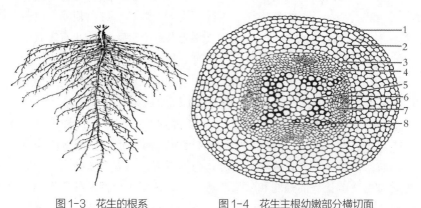

图1-3　花生的根系　　图1-4　花生主根幼嫩部分横切面
1. 表皮；2. 皮层薄壁细胞；3. 内皮层；4. 中柱鞘；
5. 髓；6. 初生韧皮部；7. 形成层；8. 初生木质部

2. 根的生长　花生种子萌发后，胚根迅速突破种皮垂直向下伸长，深入土中成为主根，主根上很快长出四列呈"十"字状排列的一级侧根。主根垂直延伸；侧根初为水平状态生长，长度可达45cm，1个月后转向垂直向下生长。苗期主根可达19~40cm，侧根有数十条；当花生始花时主根长可达60cm以上，开花时可达数百条之多。开花后根的长度增加较少，但干重迅速增加。花生主要根系分布在 30cm 左右土层（占70%），花生主根深度一般为 60~90cm，最深可达 2m 左右。

花生根系形态因品种而异。花生在土中的分布直径，匍匐型品种可达 80~115cm，直立型品种约为 50cm。花生直立型品种有 2~5 次侧根，幼苗期可产生 4 次侧根，第 5 次侧根发生在花针期，次数不再增加，结荚期末侧根条数达到最大值；匍匐型品种可产生 7 次侧根，第 1~5 次侧根发生与直立型品种相同，第 6、7 次侧根发生在结荚期和饱果期，因此根系更为庞大。

3. 影响根系生长的因素　花生根系的生长因品种类型、土壤结构、土壤养分水分状况和栽培措施的不同而有很大差别。

普通型品种根系分布深而广，珍珠豆型品种根系分布浅，而在普通型品种中，蔓生型品种根系规模大于直立品种，晚熟品种根系规模大于早熟品种。根系在土壤中分布深而广的品种，一般具有较强的抗旱耐瘠性。

深厚、疏松、肥沃、通气性良好、湿度适中的土壤，有利于根系生长；黏重、结构紧密、瘠薄、通气性差的土壤不利于根系发育。沙质土壤虽然通气性好，但保肥保水性能差，也不能使根系很好生长。因而，通过耕作加厚土层、增施有机肥等方法改良土壤，可促进根系发育。

适宜花生根系生长的土壤水分为田间最大持水量的 70% 左右。花生根系生命力很强，对土壤干旱有较强的适应性。土壤干旱对花生生育初期的浅土层根系影响大，而对中下层特别是深土层中根系的生长影响很小或没有影响。一定程度的短期干旱能促使根系深扎，但如果土壤长期干旱，根系则生长缓慢，当土壤水分满足后，2~3 天内即重新形成大量新根。但土壤水分过多又影响根系的呼吸，使根系发育弱、分布浅，并影响根的吸收能力，使地上部分叶色变黄。

除了水肥管理，栽培措施亦影响花生根系生长，如增加密度可促进根系向纵深发展；清棵能促进根系发育；深耕、松土、合理施肥、合理灌溉、起垄栽培、覆膜栽培等都有利于根系的生长。

4. 根瘤和根瘤菌　花生和其他豆科植物一样，根部生有许多根瘤，其内含有能够固定空气中游离氮素的根瘤菌。花生根瘤多数生长在主根上部和接近主根的侧根上。根瘤外观圆形、浅褐色或灰白色，单个着生，内部含肉红色、淡黄色或绿色汁液（图1-5）。

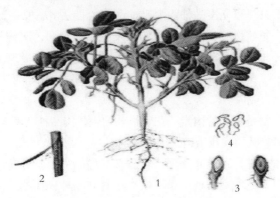

图1-5　花生根瘤和根瘤菌
1. 花生植株　2. 主根和侧根　3. 花生根瘤　4. 花生根瘤菌

花生根瘤菌在土壤中时带鞭毛，能游动，以分解有机物生活，不能固氮。花生出苗后，根瘤菌受根系分泌的可溶性碳水化合物、半乳糖、糖醛酸或苹果酸等物质吸引，聚集于幼根周围，侵入表皮和皮层，利用植株的营养，在皮层组织内大量繁殖，并刺激皮层细胞畸形增殖扩大，逐步形成根瘤。幼苗期根瘤菌还不能固氮，与植株呈寄生关系，不但不能供给花生植株营养，反而吸收花生植株中的氮素和碳水化合物来维持本身生长繁殖。随着植株生长发育，根瘤菌的固氮能力逐步增强，到开花后，根瘤菌与花生形成共生关系。

开花盛期和结荚期，根瘤菌的固氮能力最强，供给花生大量氮素。到花生生长末期，根瘤菌固氮能力很快衰退，瘤体破裂，根瘤菌又回到土壤中过腐生生活。根瘤菌的繁殖及固氮活动需要花生植株供应碳水化合物为能源。花生植株健壮，光合作用强，积累的碳水化合物多，则根瘤发育好、固氮能力强。

根瘤菌为好气性细菌，其繁殖和活动需要氧气，因此栽培上要选择排水良好、结构疏松的土壤。播种前深翻整地，生长期间中耕除草等，有效地促进根瘤菌发育。

根瘤菌繁殖的适宜温度是 18~30℃，适宜水分是土壤最大持水量的 60% 左右，适宜 pH 值为 5.5~7.2。土壤中含氮过多，尤其硝态氮过多，对根瘤菌固氮活动有抑制作用。但在花生生长初期合理供应氮肥，使花生植株生长健壮，则可促进根瘤菌繁殖和固氮活动。增加磷、钼、钙等肥料，对促进根瘤菌繁殖及其固氮活动有良好效用。

（三）茎和分枝

1. 主茎的形态构造和功能　花生的主茎直立，幼时截面圆形，中部有髓，后期中上部呈棱角状，全部中空，下部木质化，截面圆形。主茎绿色或部分粉红色，有 15~25 个节，上部和下部节间短，中部节间较长。主茎高度通常 15~75cm；主茎的高与品种和栽培条件有关。相同栽培条件下，丛生品种高于蔓生品种。长日照促进主茎生长变粗，光照不足主茎节数减少，节间伸长，使主茎细弱，主茎高度增加。水肥条件较好或密度过大时，由于叶面积大，光照弱，也使节间伸长，主茎增高。主茎高度可作为衡量花生生育状况和群体大小的简易指标，但主茎并非越高越好，丛生型品种以 40~50cm 为宜，有超高趋势时应抑制生长。

花生主茎上叶片比侧枝叶片大，主茎上叶片的光合产物，大部分运向植株其他部分，对根系生长、侧枝的发生发育和开花结果都具有重要作用。花生主茎一般不直接着生荚果或很少着生。

茎部主要起输导和支持作用。根部吸收的水分、矿质元素和叶片制成的有机物质都要通过茎部向上和向下运输。叶片靠茎的支持才能适当地分布空间，接受日光进行光合作用。同时，花生的茎部在一定程度上起着一个养分临时贮藏器官的作用，到生长后期，茎部积累的氮、磷和其他营养物质逐步转到荚果中去。

2. 分枝的发生规律　花生的分枝有第 1~3 次分枝等。由主茎生出的分枝称为第 1 次分枝（或称一级分枝）；在第 2 次分枝上生出的分枝称第 2 次分枝；第 2 次分枝上生出的分枝称第 3 次分枝，依此类推。蔓生型品种第 1 对侧枝节数可超过主茎，其长度可达主茎高度的 2 倍；丛生型品种第 1 对侧枝节数较主茎少 2 个左右，其长度为主茎高度的

1.1~1.2 倍。

连续开花型品种单株分枝数为 5~10 条，交替开花型品种分枝数一般 10 条以上。其中蔓生型品种稀植时分枝可达 100 多条。同一品种的分枝数受环境条件影响很大。肥水不足抑制分枝的发生和生长，尤其氮、磷不足表现更为明显。密度大时，群体光照不足，花生单株分枝数减少。高温分枝少，如夏播植株分枝数就明显少于春播。

3. 株型 第一对侧枝长度与主茎高度的比率称株型指数。蔓生型（匍匐型）的侧枝几乎贴地生长，仅前端向上生长，其向上生长部分小于匍匐部分，株型指数为 2 或大于 2；半匍匐型第一对侧枝近基部与主茎呈 60°~90°，侧枝中上部向上直立生长，直立部分大于匍匐部分，株型指数为 1.5 左右；直立型的第一对侧枝与主茎所呈角度小于 45°，株型指数一般为 1.1~1.2。直立型与半蔓型一般合称丛生型（图1-6）。

图 1-6　半匍匐型与直立型花生植株形态

同一个品种的株型比较稳定，受环境条件影响较小，所以株型是花生品种分类的重要性状之一。珍珠豆型和多粒型等连续开花品种均为直立型，龙生型品种几乎均为蔓生型，普通型品种有直立型、半蔓生型和蔓生型三个类型。丛生型品种株丛紧凑，结荚集中，收刨省工；蔓生型品种结果分散，收刨费工，但不少蔓生品种具有抗风、耐旱、耐瘠等优点，丰产潜力也不小，提高机械化收获水平，蔓生型品种也很有前景。

（四）叶

1. 叶的形态　花生的叶可分不完全叶（变态叶）和完全叶（真叶）两类。子叶、鳞叶、苞叶为不完全变态叶。两片子叶及每一个枝条上的第 1 节或第 1、2 节甚至第 3 节着生的叶都是不完全叶，称"鳞叶"。真叶由叶片、叶柄和托叶组成。叶片互生，为四小叶羽复状叶，但也有多于或少于 4 片小叶的畸形叶。小叶叶片为卵圆形或椭圆形，具体可分为椭圆形、长椭圆形、倒卵形、宽倒卵形 4 种（图 1-7、图 1-8）。

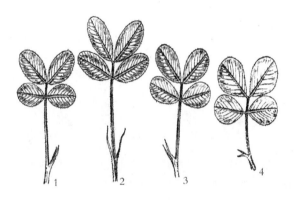

图 1-7　花生叶片形状
1. 椭圆形；2. 长椭圆形；3. 倒卵形；4. 宽倒卵形

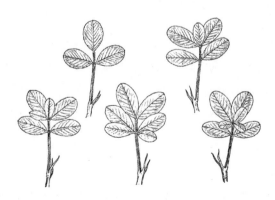

图 1-8　花生的各种畸形叶

花生叶片小叶全缘，边缘着生茸毛。叶面较光滑，叶背多略呈灰色，具有复状网脉，主脉明显突起，其上也着生茸毛。叶片由上表皮、下表皮、栅栏组织、海绵组织、叶脉维管束及大型储水细胞组成（图1-9）。上表皮细胞外壁覆有角质层，上下表皮有许多气孔。上表皮之下为1~4层绿色栅栏组织，栅状组织之下为海绵组织。大、小叶脉由维管束组成。靠下表皮之上有一层大型薄壁细胞，无叶绿体，称储水细胞。

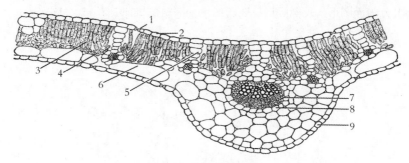

图1-9　花生叶片横切面

1.气孔；2.上表皮；3.栅栏组织；4.海绵组织；5.维管束鞘延伸物；
6.储水组织；7.主脉维管束；8.主脉维管束鞘；9.下表皮

花生的叶色与品种及栽培条件有关，一般疏枝型多为黄绿色，龙生型多为灰绿色。同一品种，土壤水分过多、缺氮或植株生长旺盛、叶绿素合成跟不上，都能使叶色变黄转淡。因此，将叶色变化作为诊断花生营养和生育状况的条件之一。

花生苗期叶片含氮为3%~5%，碳氮比在全生育期最低，叶色浓绿。其后虽已发生根瘤、但固氮尚少，且大量花芽分化，幼苗渐长，耗氮增多，叶色变淡，近开花前一段时间呈现明显的落黄现象。这时如供氮过多，叶色仍浓绿，反而有延迟开花、减少花量的可能。开花后根瘤供氮渐盛，叶色又转浓绿。接近成熟，茎叶内的氮大量输向荚果，根瘤已丧失固氮能力，叶色又转黄绿。故花生的整个生长过程，叶色有"两绿两黄"的变化。

2. 叶的作用　花生的叶有光合作用、蒸腾作用及感夜（睡眠）运动。叶片是花生植株进行光合作用的主要部位。在日光作用下，花生植株利用根部吸收的水分和由气孔进入的二氧化碳，由叶绿素参与制成大量有机物质，这种作用称为光合作用。除叶片外，叶柄、托叶等绿色部分也能进行光合作用。

花生属碳三（C_3）植物，但光合潜能相当高。光合能力大小受光照强度、大气中二氧化碳浓度、温度、土壤水分、植株老幼、品种、群体结构等诸多内外因素制约。

光照强度的大小对光合作用影响很大。光照很弱时，光合作用强度很小，光照减弱到某一水平，光合强度与呼吸强度相抵消，净光合强度等于零，此时的光照强度称为光补偿点。在光补偿点以上一定的范围内，光照强度增加，光合强度直线上升，随着光合强度增加到某一水平时，光合强度不再随光照的增强而提高，这时的光照强度称为光饱和点。花生的光饱和点高于一般的碳三植物。

空气中二氧化碳浓度对叶片光合性能影响很大，一般在空气中二氧化碳浓度在 $50\sim600\mu L / L$ 范围内，花生净光合强度随二氧化碳浓度增加而直线上升。

花生叶片光合作用适宜温度为 20~25℃，温度增到 30~35℃时，光合强度急剧下降，在气温不高的季节，花生一天内不同时间的光合强度变化通常为一单峰曲线，从清晨日出起光合强度迅速提高，到中午前后达到高峰，以后又逐渐下降。这种情况显然与一天的光照强度和温度变化相吻合。但在夏季高温季节，一天内光合强度变化有时表现为双峰曲线，即在中午前后，光合强度反而下降，到下午 3 时左右又出现第二次高峰，这种现象主要由夏季中午气温过高，加上叶片蒸腾量过大，导致气孔收缩关闭所致。

土壤水分对花生叶片光合强度有明显影响。土壤干旱时导致气孔收缩，使叶肉细胞缺水，花生光合强度降低。若水分恢复正常后，叶片已经萎蔫的花生植株经光合作用迅速恢复，有时甚至超过原来的水平。这也说明花生对干旱有很强的适应能力。

田间群体大小及结构影响光合作用。在一定范围内提高单位叶面积，可以充分利用阳光，增加产量；但叶片过多，相互遮蔽，致光合作用强度下降。改善群体结构，叶片分布合理，光能利用率提高，光合生产率就高。

花生的光合能力，受不同品种、植株老幼、叶片老幼影响也较大。

植株体内的水分通过气孔向外蒸发的过程称为蒸腾作用。蒸腾作用能够加强根系对水分的吸收，使水和溶于水的矿物质营养由根吸收通过茎向上运输；同时，还有降低植株体温，免受高温伤害的作用。花生的蒸腾作用依靠叶片上下表皮的气孔进行。花生叶片上表皮角质层较厚，叶肉内有大型储水细胞，叶片不易萎蔫，所以较耐旱。

花生的叶片对液态物质有一定吸收能力，即叶片吸收作用。花生每一片真叶相对的4片小叶，每到日落后或阴天就会闭合，叶柄下垂，第二天早晨或天气转晴又重新开放，这种现象称为感夜运动。该现象发生的原因是光线强度的变化刺激叶枕上下半部薄壁细胞产生相应变化。在高温或干旱情况下，小叶也能自动闭合，以调节温度或增强耐旱能力。

（五）花与花序

1. 花序和花器构造 花序是一个着生花的变态枝，亦称为生殖枝或花枝。花生花序轴上只有苞叶而不生真叶。花生的花序属总状花序，花序轴每一节上的苞叶叶腋中着生一朵花。有的花序轴很短，只着生1~2朵或3朵花，近似簇生，称为短花序；有的花序轴明显伸长，可着生4~7朵花，有时也着生10朵花以上，称为长花序。有的品种在花序上部又出现羽状复叶，不再着生花朵，使花序又转变为营养枝，被称为生殖营养枝或混合花序。有些品种在侧枝基部可见到几个短花序着生在一起，形似丛生或"复总状"花序（图1–10）。

在侧枝每一节上均着生花序的称连续开花型或连续分枝型；在侧枝基部1~2节或1~3节上只着生营养枝，不长花序，其后几节着生花序不长营养枝，然后又有几个节不长花序，这样交替着生营养枝和花序的称为交替开花型或交替分枝型。交替开花型品种在主茎上不着生花序，连续开花型品种在主茎上着生花序（图1–11）。

花生整个花器由苞叶、花萼、花冠、雄蕊和雌蕊组成（图1–12）。

花生开花的雌蕊为一个，位于花的中心，分为柱头、花柱、子房

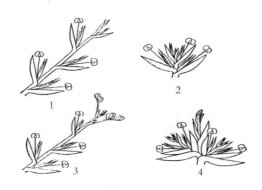

图 1-10 花生的花序模式

1. 长花序；2. 短花序；3. 混合花序；4. 复总状花序

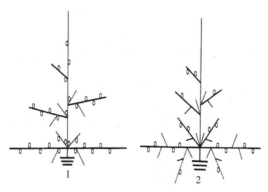

图 1-11 花生开花型模式

1. 连续开花型；2. 交替开花型

三部分。细长的花柱自花萼管及雄蕊管内伸出，柱头稍弯曲，生有细毛，顶端略膨大。子房位于花萼管基部，子房上位，一室，内有一个至数个胚珠。在子房基部有一群能分生的细胞，在开花受精后，迅速分裂、伸长，把子房推入土中，这一过程称为下针。

开花后能够受精结实的花统称有效花。由于外界条件影响或因形态生理原因而未能受精结实的花称为无效花。有效花和无效花在形态结构上不一定有多大差别。着生在植株中、下部节位上的花有效花较多，着生在植株上部节位的花多属无效花。

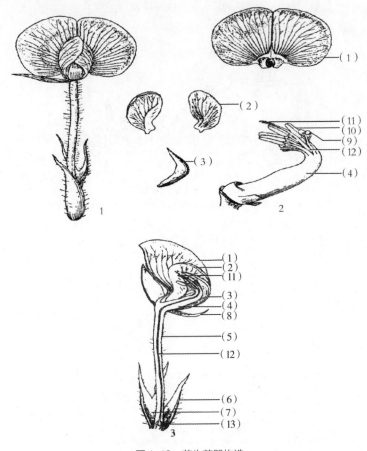

图 1-12 花生花器构造

1. 花的外观；2. 雄蕊管及雌蕊的柱头；3. 花的纵切面

（1）旗瓣；（2）翼瓣；（3）龙骨瓣；（4）雄蕊管；（5）花萼管；

（6）外苞叶；（7）内苞叶；（8）萼片；（9）圆花药；（10）长花药；

（11）柱头；（12）花柱；（13）子房

有些花着生在茎的基部，且为土壤所覆盖。花形较小，花色较淡，花萼管短，花瓣始终不展开，一般称为地下花或闭花。这些花在连续开花型品种中常可见到，例如伏花生的地下花就很多，它们也能受精结实。

2. 花芽分化 从花萼原基出现至开花为花芽分化的全过程。连续开花型品种在成熟种子中或出苗前，交替开花型品种在出苗时，即可形成第一个花芽原基。之后相继进入花萼原基形成期，雄蕊心皮分化期，花冠原基形成期，胚珠花药分化期，大、小孢子母细胞形成期，雌、雄性生殖细胞形成期，胚囊及花粉粒发育成熟期，最后至开花期。连续开花型品种主茎展开7~8片叶，交替开花型品种主茎展开8~9片叶时，第一朵花开放。

3. 影响花芽分化的因素 花生花芽分化早晚因品种和环境条件不同有所差异。团棵期形成的花芽大多是能够结饱果的有效花，始花以后再分化的花芽多是无效花。

早熟的连续开花型品种，在成熟种子或出苗前，亦可出现花萼原基。晚熟交替开花型品种，在出苗时即形成花芽原基。每一花芽分化所需时间为20~30天，环境条件影响花芽分化。气温高、水分充足加快花芽分化。所以，同一品种花芽分化所需时间，夏播少于春播。土壤干旱能延迟花芽分化。氮肥、光照强弱影响单株花芽分化数。

4. 开花和受精 花生播种后30~40天，主茎展开7~9片叶时即可开花。花生开花顺序大致为由下而上、由内而外依次开放，相邻花开放间隔2~3天，整个植株或整个群体开花期延续时间（自始花至终花）很长。

在开花前，幼蕾膨大，从叶腋及苞叶中长出，一般在开花前一天傍晚，花瓣开始膨大，撑破萼片，微露花瓣，至夜间，花萼管迅速伸长，花柱亦同时相应伸长，次日清晨5~7时开放。6月大部分开放时间在5:30左右，7~8月大部分在6时左右，阴雨天开花时间延迟。开花受精后，当天下午花瓣萎蔫，花萼管也逐渐干枯。

花瓣开放前，长花药已开裂散粉，圆花药散粉较晚。有的花被埋入土中，花冠并不开放，亦能完成授粉和受精。从授粉到受精完成需要10~18小时。气温过高（≥35℃）、过低（<18℃）均不利于花粉发芽和受精。

5. 开花动态 花生开花期较长，珍珠豆型品种从始花到终花需50~70天，普通型品种需60~120天。每天开花数由少到多，又由多到少，开花最多的一段时间称盛花期。连续开花型始花后10~20天、交替开花型始花后 20~30 天可达盛花期。盛花期大致与营养生长盛期同步。

花生单株开花数一般为 40~200 朵,交替开花型多于连续开花型品种,晚熟品种多于早熟品种。开花较集中、花量适中的品种产量高,开花多而分散的品种空针多、饱果少、产量低。高产花生开花量以 75~100 朵 / 株为宜。

6. 影响开花的因素 栽培密度、降雨量、气温、光照等条件对花生在整个生育期内花量的分布都有一定影响。晚播(夏播)、密植或地膜覆盖栽培条件下,盛花期明显提前。同一品种单株花量受植株营养生长状况、群体大小和环境条件的影响很大。

增加密度对单株前期花量影响小,对中后期花量影响大,因而常使盛花期有所提前。初花期遇短期干旱、低温或长日照处理亦能使开花数减少、盛花期推迟。低温使花芽分化过程延迟,使开花数量减少;气温 23~28℃时开花最多,气温高于 30℃,开花数也会减少。适宜花生开花的土壤水分为田间最大持水量的 60%~70%。土壤干旱会延迟花芽分化,土壤水分降至田间持水量的 30%~40% 时开花就会中断。但水分过多开花亦会减少。

光照强度、日照时间都影响花生开花。弱光能减少开花数,开花期遮阳使光照强度减至自然光照强度的 1/3 时,花生开花量减少 30% 以上。苗期弱光条件对开花数亦有一定影响,并使始花期和盛花期有所延迟。若遮阳轻、时间短,开花在短期内即能得到恢复或补偿;短日照处理能使盛花期提前,总花数略减,但 24 小时连续光照亦抑制开花。

氮、磷、钾、钙等各种营养元素不足都会影响花芽分化,影响营养生长,从而影响开花。营养生长适宜开花亦多,营养生长过旺减少开花数。

(六)果针

1. 果针的形态及其伸长 花生开花受精后,子房基部的分生细胞迅速分裂,在开花后 3~6 天,即形成肉眼可见的子房柄,子房柄连同位于其先端的子房合称果针。果针尖端的表皮细胞木质化,形成帽状物，以保护子房入土。子房柄的分生区域一般是在尖端 1.5~3.0mm 处，其后为伸长区。子房柄内部的构造与茎相似。

子房柄具有与根类似的吸收性和向地生长的特点。子房的生长最初略呈水平，不久即弯曲向地生长。果针入土深度有一定范围，珍珠豆型品种入土较浅，一般为 3~5cm，普通型品种一般为 4~7cm，龙生型品种入土可达 7~10cm，在沙土地上入土较深，黏性土上入土较浅。果针入土达一定深度后，子房柄停止伸长，原胚恢复分裂，子房开始膨大，并以腹缝向上横卧发育成荚果（图 1-13）。

图 1-13　花生果针伸长与膨大

果针的形成和不断伸长受原胚控制，原胚能产生生长素、赤霉素和乙烯等激素类物质，刺激居间分生组织恢复分生能力并促进细胞伸长；未受精形不成原胚或将胚珠去除，果针即丧失伸长能力，而向果针补加赤霉素则可部分代替原胚的作用，促进果针伸长。

2. 影响果针形成和入土的因素　花生的花 30%~60% 未能形成果针。不同品种有差异，早熟品种成针率在 50%~70%，晚熟品种成针率可能低到 30% 以下。不同时期开花成针率差异很大，前中期开的花在温湿度条件适宜时成针率可达 90% 以上；而后期所开的花成针率不足 10%。导致果针不能形成的因素有以下几个。

（1）花器发育不良：如在花萼管伸长过程中，花柱未能相应伸长，胚囊发育不良，无卵细胞等，这种花只占很少数，一般多在开花后期或异常气候条件下才有发生。

（2）开花时气温过高或过低：果针形成最适温度为 25~30℃，温度高于 30℃或低于 19℃时，花粉粒不能发芽或花粉管伸长迟缓，以致不能受精，基本不能形成果针。

（3）开花时空气湿度过低：开花期夜间相对湿度对果针的形成影响很大。夜间相对湿度 95% 时的成针数为夜间相对湿度 50%~70% 时的 5 倍。空气相对湿度小于 50% 时，成针率极低。果针伸长速度也明显地受空气湿度的影响。密度、施肥、日照长短对成针率亦有相当影响。

果针能否入土，主要取决于果针穿透能力、土壤阻力以及果针着生位置高度。果针的穿透能力与果针长度和果针的软硬有关。果针离地越高，果针愈长、愈软，入土能力愈弱。土壤的阻力与土壤干湿和紧密度有很大关系。所以，保持土壤湿润疏松，盛花期前对植株培土，缩短果针入土距离，有利于果针入土结实，提高产量。

（七）荚果

1. 荚果的形态　花生果实为荚果，果壳坚硬，成熟后不开裂。各室间无横隔，有或深或浅的缩缢，称果腰。果形因品种而异，大体上可分为以下类型（图 1-14）。

（1）普通型：荚果多具 2 粒种子，果腰较浅。

（2）斧头形：荚果多具 2 粒种子，前端平，后室与前室成一拐角。

（3）葫芦形：荚果多具 2 粒种子，果腰深，果形似葫芦。其中

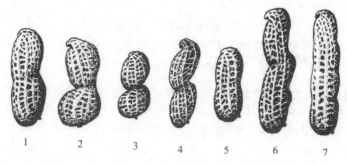

图 1-14　花生荚果果形

1. 普通形；2. 斧头形；3. 葫芦形；4. 蜂腰形；5. 蚕茧形；6. 曲棍形；7. 串珠形

有一类果腰较深、果形稍细长似细蜂腰的称蜂腰形。

（4）蜂腰形：荚果有 3 粒或 2 粒种子，壳较薄，脉纹明显，有龙骨，种皮色暗，无光泽。

（5）蚕茧形：荚果多具 2 粒种子，果腰极浅，果嘴不明显。

（6）曲棍形：每荚种子多在 3 粒以上，各室间有果腰，果壳的腹缝方面形成几个突起，先端一室稍向内弯曲，似挂棍，果嘴突出如喙。

（7）串珠形：每荚种子 3 粒以上，排列似串珠，各室间果腰不明显，果嘴明显。

2. 荚果的构造 荚果表面凹凸具有不平的网纹结构。荚壳颜色分褐、黄褐、藁黄、黄白四种，因品种和土质而异。沙质土花生果壳黄白光亮，黏重、富含腐殖质的土壤上花生果壳色泽暗、光泽差。

荚果顶端向外突出似鸟喙状的部分称为果嘴。果嘴形状有钝、微钝和锐利三种，可作为品种分类的标志。

荚壳由子房壁发育而来，由外向内分为表皮、中果皮、纤维层、内薄壁细胞及内表皮。内薄壁细胞在未成熟时较厚，成熟干缩成为纸状薄膜。中果皮在成熟时消失。未成熟的秕果，果壳内壁呈白色，成熟荚果内壁由白转黄褐色。同一栽培条件下，果壳厚薄因品种而异，珍珠豆型品种荚壳较薄，占果重 25%~30%；普通型品种果壳较厚，占果重 30% 以上。

普通型和珍珠豆型品种荚果种子数一般为 2 粒，多粒型、龙生型品种不小于 3 粒。

同一品种荚果大小、成熟度及重量因年际间气候、密度、栽培条件、形成先后、着生部位的不同变化很大。普通型大果一般为 350~380 个/0.5kg，成熟度好的为 220 个 /0.5kg，成熟度差的为 370~380 个 / 0.5kg。珍珠豆型品种果重稳定，为 350~480 个 /0.5kg。

3. 荚果的发育过程 花生果针入土到一定深度即停止伸长，子房随即膨大，荚果发育开始。从子房开始膨大到荚果成熟，早熟小粒品种需 50~60 天，大粒品种需 60~70 天。整个过程大致分为两个阶段：

前一阶段即荚果膨大形成期。需时 30 天左右。主要表现为荚果体积急剧增大，此期结束时荚果体积已达一生最大。果针入土后 7~10

天，即成鸡头状幼果，10~20天体积增长最快，20~30天长到最大限度，称为定型果。但此时荚果幼嫩多汁，含水量高，一般为80%~90%，籽仁刚开始形成，内含物以可溶性糖为主，油分很少，果壳木质化程度低，前室网纹不明显，果壳表面光滑、黄白色，尚属幼果，无经济价值。荚果膨大期主要是果壳增长。

后一阶段为荚果充实期或饱果期，需时30天左右。此期籽仁充实，荚果体积不再增大，主要表现为荚果干重（主要是种子干重）迅速增长。此期间种子含水量、可溶性糖含量逐渐下降，果壳的干重，种子中的油脂、蛋白质含量，油脂中的油酸含量，及油酸、亚油酸比值（O/L）均逐渐提高，而游离脂肪酸、亚油酸、游离氨基酸含量不断下降。在果针入土后60天左右，干重增长基本停止。在此阶段果壳也逐渐变薄变硬，网纹清晰，种子体积不断增加，种皮变薄，呈现品种本色。

随着荚果发育，内果皮逐渐变干，出现裂缝和褐斑。在生产上常将荚果按成熟程度不同分为3个类别：幼果，子房呈鸡头状至体积达最大，籽仁尚无食用价值，荚果干后皱缩；秕果，籽仁可食用，但未饱满，果壳网纹开始清晰，但尚未完全变硬；饱果，籽仁充分成熟，呈现品种本色，果壳全部变硬，内果壳出现黑斑（图1-15）。

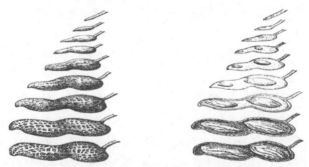

图1-15　花生荚果发育过程形态变化

4.影响荚果发育的因素　花生荚果发育要求的条件主要有黑暗、水分、空气、营养供应、机械刺激等。

（1）黑暗：黑暗是子房膨大的基本条件。果针不入土，子房始终不能膨大。入土果针即使果针端的子房已经膨大，若露出土面见光，也会停止发育。

（2）机械刺激：花生果针伸入暗室中，并定时喷洒水和营养液，使果针处在黑暗、湿润、有空气和矿物营养的条件下，子房虽能膨大，但发育不正常，只能长成畸形果；将果针伸入一个盛有蛭石的小管中，荚果便能正常发育。这说明机械刺激是荚果正常发育的条件之一。

（3）水分：荚果发育需要适宜的水分。结果区干燥时，即使花生根系能吸收充足水分，荚果也不能正常发育。但是品种之间对结果层干旱的反应有很大差异。珍珠豆型品种在结荚饱果期干旱时，叶片比较容易出现萎蔫，但籽粒产量受影响较小。普通型品种虽然叶片萎蔫程度较轻，但籽仁产量所受影响常较严重。干旱影响荚果发育的原因，一是影响细胞膨压，制约细胞扩大；二是结果区干旱影响荚果对钙的吸收，因而常表现缺钙症状。结果层干旱在荚果发育的前30天对荚果发育影响最大。

（4）氧气：花生荚果发育的代谢活动旺盛，需要足够的氧气。如将果针浸在水中或完全营养液中，由于缺乏氧气，荚果发育不良，特别是种子的发育受到严重抑制。若土壤排水不良，氧气不足，荚果发育缓慢，空果、秕果多，结果少而小，易烂果。

（5）结果层矿物营养：花生子房柄和子房都能从土壤中吸收无机营养。氮、磷等大量元素在结荚期虽然可以由根或茎运向荚果，但结果区缺氮或磷对荚果发育仍影响很大。

其他元素缺乏均只增加秕果而不产生空果，而缺钙尤其是结果层缺钙对花生发育影响严重。由于花生根系吸收的钙绝大部分保留在茎叶中，运往果针、荚果的很少。在结荚期结果层缺钙时，即使根系层不缺钙也不能弥补结果层缺钙造成秕果增多。普通型品种对结果层缺钙的反应较敏感，珍珠豆型品种影响较小。缺钙形成的种子，发芽率低，活力下降。结果层缺钙，则果壳中钙的含量减少，致 pH 值降低，游离酸（主要为苹果酸、柠檬酸等）含量提高，盐酸溶性的钙减少，果壳中淀粉含量提高，影响荚果代谢过程的正常进行，使果壳中营养物质不能顺利转化和向种子转移。此外，缺钙和钾过多时，果壳组织中果胶钙类物质不足，生物膜、细胞壁稳定性降低，导致细胞壁解体，致使果壳疏松，不利于干物质积累，抵抗力下降，易受微生物侵染，烂果增加。

（6）温度：荚果发育的最低温度为 15℃，高限为 33~35℃，在此范围内，温度愈高荚果发育愈快。结果区温度保持在 30.6℃时荚果发育最快，果重最大。从果针入土到荚果成熟，需时 50~60 天，需大于 15℃的有效积温为 450~550℃，大于 10℃的有效积温为 600~670℃。

（7）有机营养：荚果发育好坏归根结底取决于营养物质（主要是有机营养）的供应情况。在结荚饱果期有机营养供应不足或分配不协调影响荚果发育。建立良好的群体结构，提高叶片的光合效能，增加光合产物，协调营养生长与生殖生长的关系，适当提高前期花所占的比重，是提高果重、增加产量的基本途径。

二、花生的生育期和各生育时期的特点

花生有无限开花结实习性，其开花期和结实期很长，开花以后很长一段时间里开花、下针和结果不断地交错进行。按照花生器官发育顺序规律和不同生育时期植株形态及干物质分配变化特征，将花生的生育期分为种子发芽出苗期、幼苗期、开花下针期、结荚期、饱果成熟期五个生育时期。

（一）种子发芽出苗期

从播种到 50% 幼苗出土并展开第一片真叶为种子发芽出苗期。花生播种到出苗一般需要 7~10 天。

1. 种子发芽出土过程

（1）种子萌发：完成了休眠并具有发芽能力的种子，在适宜的外界条件下即能发芽。花生种皮薄，易透水，蛋白质含量多，吸水快而且量大。在一定温度范围内，温度愈高，吸水愈快。如在 30℃左右的温水中，只需 3~5 小时即可吸足萌发所必需的水分，在 15℃左右则需 6 小时以上才能吸足萌发所必需的水分。

种子在吸胀时内部许多酶（各种水解酶、氧化还原酶等）的活性都显著加强，呼吸强度急剧提高，子叶内贮藏物质转化成简单的可溶性物质，并由子叶运转到胚根、胚轴及胚芽，进行再合成或在呼吸中消耗。同时，胚根、胚轴、胚芽体积随之扩大，开始生长。先是胚根和胚轴开始生长，当胚根突破种皮露出白尖即为发芽。但因有些种子胚根突破种皮后并不能继续生长，所以在计算发芽率时，通常胚根伸出 3mm 以上白尖即视为发芽。

（2）幼苗出土：种子萌发后胚根迅速向下生长，并很快长出根。到幼苗出土时，主根长度可达 20~30cm，并能长出 30 多条侧根。在胚根生长的同时，胚轴部分变得粗壮多汁，向上伸长，将子叶及胚芽推向土表。当子叶顶破土面，芽苗见光后，胚轴即停止伸长，而胚芽则迅速生长，种皮破裂，子叶张开，当第一片真叶展开时即为出苗。

（3）子叶半出土：花生出苗时，两片子叶一般并不完全出土，在播种浅或土质松散的条件下，也可能出土或部分出土，即子叶可露出地面一部分，所以称花生为子叶半出土作物。

花生的胚轴粗壮，发芽出苗时的顶土能力较强。但若播种过深，或覆土太厚，胚轴就不能将子叶推至土表，这样由子叶节上生出的第一对侧枝的生长便受到阻碍，直接影响产量。这是生产上花生为什么要"清棵"的主要原因（图 1-16）。

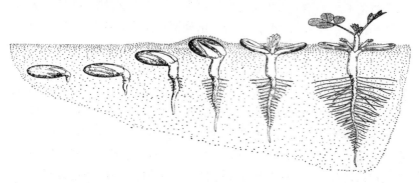

图 1-16　花生种子发芽出土过程

2. 种子萌发出苗需要的条件　花生种子萌发出苗所需的内部条件是种子活力，外界条件主要是水分、温度和氧气。

（1）种子活力：种子活力即种子发芽的潜在能力。活力强的种子不仅发芽率高、整齐，而且幼苗健壮。种子成熟度与种子活力关系密切。完全成熟的饱满大粒种子，含有丰富的营养物质，活力旺盛，发芽势强，发芽率高，幼苗健壮；成熟度差的种子，即使能够萌发，幼苗长势往往较弱，抗逆性差。因此，选用饱满籽仁作种，是花生苗全苗壮的关键。种子贮藏管理条件措施对种子活力影响很大。同样的种子，种子含水量小于8%、环境温度小于20℃、仓储环境相对湿度小于70%、未受仓储害虫和霉菌侵染的种子活力强，发芽势强、发芽率高；反之，种子含水量高、环境温度高、环境相对湿度大、受到害虫及霉菌感染的种子，呼吸作用增强，发生酸败、霉变，发芽势弱、发芽率低。

（2）水分：花生播种时最适的土壤水分为土壤最大持水量的65%~75%，在此水分条件下，种子吸水和发芽快，出苗齐而壮。因为花生种子至少需要吸收相当于种子风干重40%~60%的水分才能开始萌动，从发芽到出苗时需要吸收种子重量4倍的水分。当土壤水分降至田间持水量的40%时，种子虽能发芽，但种子吸水、发芽及发芽后根的生长、胚轴的伸长等明显变慢，并时常出现发芽后又落干的现象。但在土壤水分过多时，因氧气不足，影响种子呼吸，发芽率反而降低，土温较低或种子生活力较弱时表现更为明显，严重时造成烂种。种子发芽出苗需要吸收足够的水分，水分不足种子不能萌发。发芽出苗时土壤水分以土壤最大持水量的60%~70%为宜，低于40%时，种子容易落干从而造成缺苗；若高于80%时，则会造成土壤中的空气减少，也会降低发芽出苗率，水分过多甚至会造成烂种。出苗之后开花之前为幼苗阶段，这一阶段根系生长快，地上部的营养体较小，耗水量不多，土壤水分以土壤最大持水量的50%~60%为宜，若低于40%时，根系生长受阻，幼苗生长缓慢，还会影响花芽分化；若高于70%时，也会造成根系发育不良，地上部生长瘦弱，节间伸长，影响开花结果。

（3）温度：花生发芽的最适温度为25~37℃，发芽迅速，发芽率也高。温度继续升高或降低均会延长发芽时间，不同类型品种萌发、出苗所需温度有一定差异。花生发芽的最低温度，珍珠豆型、多粒型为12℃，普通型、龙生型为15℃，高油酸花生为18℃。当温度高于

40℃时，发芽虽然相当迅速，但胚根的发育因温度太高而受到阻碍，并且种子容易发霉，发芽率有所下降，在46℃时有的品种不能发芽。这是夏直播覆膜花生出苗时间迟于露地直播的主要原因。吸水萌动后的花生种子和幼芽耐低温能力非常弱。据报道含水量6%~8%的风干重子，在–25℃条件下仍能保持正常的生活力；含水30%以上的种子在–3℃就失去发芽能力。在–1~0℃条件下，经6~24小时，受冻率达40%~70%。这是春花生播种过早遇到倒春寒天气缺苗断垄的主要原因之一。

（4）氧气：在温度、水分适宜的情况下，需要大量的氧气，花生种子才能萌动发芽。因为种子萌芽出苗期间呼吸作用旺盛，需氧较多，以促使脂肪转化为糖类。氧气不足，影响种子呼吸作用的正常进行，生长慢、幼芽弱。土壤通气状况良好，种子内有机物质氧化分解快，产生的能量多，发芽速度快，幼苗健壮。当土壤水分过多或土壤板结或播种过深，造成土壤缺氧时，幼苗长势弱，出土慢，甚至烂种。

（二）幼苗期

从50%的种子出苗到50%的植株第一朵花开放为幼苗期，简称苗期。该期温度需大于10℃，有效积温300~350℃。一般年份春播花生的幼苗期为25~35天，夏播花生为20~25天。花生苗期的长短，也因品种与环境条件不同而有差异。

1. 生长发育特点

（1）植株相对生长量较快：苗期植株相对生长量较高，植株总干重和叶面积的生长动态表现为一指数生长曲线，尤其苗期叶片的干重占全株总干重的大部分。但是，由于苗期植株小，所以绝对生长量不大，主茎高（始花时主茎高只有4~8cm）、叶面积、全株干物质积累量都属缓慢增长期，到苗期结束时都只占全生育期总积累量的10%左右。

（2）有效结果枝形成：花生出苗后，主茎第1~3片真叶很快连续萌发。在第3或第4片真叶萌发后，真叶萌发速度明显变慢。至始花时，主茎一般有7~8片真叶。当主茎第3片真叶展开时，第1对侧枝（子叶节分枝）开始出现（指该分枝的第一片真叶展开），主茎第 5~6 片真叶展开时，第 3、4 侧枝相继萌发，此时主茎上已出现 4 条侧枝，呈"十"字形排列，通称这一时期为"团棵期"。到开花时，发育较好的植株一般可有 5~6 条分枝（包括二次枝）。这些分枝所长的叶片构成花生植株进行光合作用的主体。这些分枝上所结荚果占花生结果总数的 80% 以上。

（3）花芽分化完毕：在侧枝发生的同时，花芽陆续分化。到第一朵花开放时，一株花生可形成 60~100 个花芽，一般密枝亚种多于疏枝亚种，同一类型不同品种间也有差异。苗期分化的花芽在始花后 20~30 天都能陆续开放，基本上都是有效花。

（4）大量根系发生：与地上部相比，苗期根系生长较快，除主根迅速伸长外，1~4 次侧根相继发生，到始花时主根可入土 50~70cm，并可形成 100~200 条侧根和二次支根，根系干重可占成熟时的 26%~45%。根系生长的同时，根瘤亦开始大量形成。

（5）叶片光合生产率高：在全生育期中，苗期光合生产率常是最高值。始花时，叶干重一般占全株总重的一半以上，即光合器官所占比例最大，叶片在花生幼苗期干物质分配中占有明显优势。加之此期叶面积系数低，叶片间相互重叠轻，因而幼苗期单位叶面积光合生产率往往是花生一生中最高的。幼苗期氮代谢优势明显，叶片中氮含量一般为 3%~6%，是一生中最高的时期。幼苗初期叶片中总糖含量（可溶性糖及淀粉）较低，随叶数的增多，光合作用生产的碳水化合物不断增加。

2.影响花生苗期生长发育的因素　花生的苗期生理活性相当活跃，植株氮素代谢占显著优势。

（1）花生苗期的长短品种间有显著差异：连续开花型品种苗期短，一般主茎有 7~8 片真叶即能开花；交替开花型品种苗期长，一般主茎有 9 片真叶时才能开花。

（2）同类品种苗期长短主要受温度影响：气温高低对苗期长短和苗期生长有很大影响。花生要正常生长，必须保证气温高于 20℃，在温度 15℃时生长几乎停止。日均气温 25℃左右最有利于幼苗生长发育。花生营养生长的最适温度为昼间 25~35℃，夜间 20~30℃。在这一范围内，随温度升高，各器官生长和干物质积累速度加快，出苗至开花的时间就愈短。在黄淮流域，苗期长短基本随播期的推迟而缩短，但品种间有差异，同一品种不同年份、不同地区间亦有一定差异。

（3）土壤水分对苗期生长发育有一定影响：花生苗期表现一定的耐旱性和对干旱的适应能力。苗期花生受旱过程中，形态结构和生理过程发生一系列有利于抗旱的变化，根系向下发展，根冠比增大，叶片变厚，叶绿素含量提高，气孔变小，气孔阻力增大，蒸腾减少，叶片可溶性糖和游离脯氨酸等渗调物质显著提高。这些都有利于保持水分平衡，防止细胞脱水，维持光合作用和器官生长。幼苗期轻度干旱（田间持水量的 55%~60%），对花生开花早晚、花量多少无明显影响。苗期受中度干旱胁迫（田间持水量 50% 左右），即使生长和物质生产受到抑制，但一旦解除干旱，生长速度和光合能力便迅速恢复，甚至超过未受旱植株，表现很强的补偿能力。当再次受旱时，比未受旱植株表现更强的耐旱性。当然严重干旱亦会影响生长发育。

（4）日照时间对苗期生长发育的影响：弱光条件能降低花生光合速率，减少干物质积累，主茎高度增加，侧枝发育受抑，分枝数减少，第一对侧枝节数少，侧枝短，花芽分化少，叶片小而薄，单株叶面积减少，植株瘦弱。弱光能在一定程度上延迟花芽分化过程，减少花芽分化数量。

（5）土壤营养状况对苗期生长有较大影响：花生苗期对氮磷等营养元素吸收绝对量不多，但由于苗期根瘤尚在发育，根瘤固氮能力不强，苗期适当供施氮肥能促进根瘤的发育，有利于根瘤菌固氮，显著促进花芽分化数量，增加开花数。

（三）开花下针期

从 50% 的植株开始开花到 50% 的植株出现鸡头状的幼果为开花下针期（又称花针期）。花针期是营养生长、生殖生长并进期，花生植株大量开花下针、营养体迅速生长。花针期大约需大于 10℃ 的有效积温 290℃。北方春播中熟品种 25~30 天，麦套或夏播早熟品种 17~25 天。

1. 生长发育特点

（1）营养生长加快：进入花针期后，植株生长发育逐渐加快。营养生长显著加快主要表现为叶片数迅速增加，叶面积迅速增长，达到或接近增长盛期，这一时期所增长的叶片数可占最高叶片数的50%~60%，增长的叶面积和叶片干物质量可达最高量的40%~60%。在低水肥条件下可能达70%以上。根系在继续伸长的同时，不断加粗，并出现第5次侧根。主侧根上形成大量有效根瘤，固氮能力不断增强。主茎复叶增至11~12片，叶片变大，颜色转淡，第1、2对侧枝陆续分生出二次分枝，同时花生基部叶片开始衰老脱落。

（2）大量开花与果针入土：开花下针期的开花数通常可占总花量的50%~60%，形成的果针数可达总数的30%~50%，并有相当多的果针入土。但生殖器官所占有的干物质量还很少，大约占本期积累总量的5%。此期生殖生长与营养生长协调，营养体生长旺盛的植株，开花针亦多。但此期生殖器官干物质所占比例并不多，占本期总积累量的5%~10%。这一期所开的花和所形成的果针有效率高，饱果率也高，是将来产量的主要组成部分。

（3）光合效率较高：叶片的净光合生产率仍维持较高水平，所积累的干物质量可达一生总积累量的20%~30%。积累的干物质有90%~95%在营养器官，茎叶各占50%左右。但花针期还未到植株生长的最盛期，叶面积系数一般还不到高峰，叶面积系数一般不超过3，田间还未封垄或刚开始封垄，主茎高度只有20~30cm。吸收营养量开始大量增加，对氮、磷、钾三要素的吸收量占全生育期总吸收量的23%~33%。

2. 影响开花下针期生长发育的因素

花针期各器官的生育对外界温度、水分、光照等环境条件反应比较敏感，低温、弱光、干旱等条件能延缓果针形成及子房膨大，从而延长花针期。

（1）开花下针期需水较多：开花下针阶段既是花生植株营养体生长旺盛期，也是大量开花下针、形成幼果的生殖生长旺盛期，是花生生长过程中需水最多的阶段。土壤水分以土壤最大持水量的60%~70%为宜。该期土壤干旱尤其是盛花期干旱，不仅会严重影响根系和地上部的生长，而且显著影响开花，延迟果针入土，甚至中断开花，即使干旱解除，亦会延迟荚果形成。果针的伸长和入土也要求湿润的空气和疏松湿润的土壤。当土壤水分低于田间最大持水量的40%时，叶片停止生长，果针伸长慢，干旱板结的土壤常使已到达地面的果针不能入土，即便茎枝基部节位的果针也因土壤板结不能入土，入土的果针也停止膨大。花针期干旱对生育期短的夏花生和早熟品种的影响尤其严重。

但该期土壤水分过多，又会造成茎叶徒长，开花减少。土壤水分超过田间持水量的80%时，易造成茎枝徒长，花量减少，而且由于土壤通透性差，影响根系的正常生长和对矿质元素的吸收，同时根瘤菌的固氮活动和供氮能力也因缺氧而降低。时间稍长植株会出现叶色失绿变黄，严重时下部甚至中部叶片脱落。

（2）开花下针期对光照强弱反应敏感：花针期对光照时数和光照强度反应较为敏感，最适日照时数为6~8小时，光照时数少于5小时或多于9小时开花量减少。光照良好可促进节间紧凑，分枝多而健壮，花芽分化良好，促进受精结实；日照弱时，会降低干物质积累速度，主茎伸长快，分枝少，减少开花量，盛花期延迟，降低受精率和结实率。

（3）开花下针期对温度的要求高：开花下针期对温度要求较高，适宜日平均温度为23~28℃。在这一范围内，温度愈高，开花量愈大。当温度低于20℃或高于30℃时，开花量明显减少，尤其是受精过程受到严重影响，成针率显著降低。当温度低于18℃或高于35℃时，花粉粒不能发芽，花粉管不伸长，胚珠不能受精或不能完全受精。花针期的长短，因品种及环境条件不同而有所变化。

（4）开花下针期需要大量的营养：花针期对氮、磷、钾三要素的吸收约为全生育期总吸收量的23%~33%。这时根瘤大量形成，根瘤菌固氮力加强，为花生提供越来越多的氮素。

（四）结荚期

从50%的植株出现鸡头状幼果到50%的植株出现饱果为结荚期。结荚期是花生营养生长与生殖生长并盛并由营养生长转向生殖生长的转折期。这个时期一般约需大于 10℃的有效积温 600℃（或大于 15℃的有效积温 400~450℃）。北方中熟大果品种需 40~45 天，早熟品种30~40 天，地膜覆盖栽培可缩短 4~6 天。

1. 生长发育特点

（1）营养生长向生殖生长转折期：结荚期营养生长达到最盛并向生殖生长转折。株高在结荚初期增长速度最快，约在结荚末期或稍后达高峰；叶面积的增长量在结荚初期达到高峰，叶面积系数在结荚初期达 3 左右，在结荚中期田间封垄以后达到 4.5~5.5，结荚末期由于下部叶片衰老脱落而迅速下降；根系继续伸长、加粗，并不断产生新侧根，至结荚期末，主根长度和粗度基本定型，直立型品种侧根数达到整个生长过程中最大值。

（2）大批入土果针膨大发育成荚果：结荚期是花生荚果形成的重要时期。在正常情况下，开花量逐渐减少，大批入土果针发育成幼果和秕果，果数不断增加，该期所形成的果数占最终植株总果数的60%~70%，有的甚至可达 90% 以上。若连幼果在内，则几乎全部果数在此期形成，因此结荚期是决定荚果数量的重要时期。

（3）果重开始显著增长：结荚期叶面积系数、冠层光截获率、群体光合强度和干物质积累量均达到整个生长过程中的最高峰。冠层光截获率在 90% 以上。干物质积累量达到整个生长过程中最高值，为总生物量的 50%~60%，50%~70% 分配在营养器官。茎的干物质累积占全株的 40% 左右，而叶的干物质增量仅为茎的 1/2。荚果干物质增长率自结荚初期日益加快，至结荚后期或饱果初期达果重日增率高峰。果重增长量可达最后重的 30%~50%。因此，结荚期是产量形成的重要时期。

2. 影响结荚期生长发育的因素　光照不足、低温、干旱或雨涝等均能影响荚果正常发育，延长结荚期，导致减产。

（1）光照：此期是花生一生因光照不足对产量影响最大的时期，田间光照不足显著减轻果重。

（2）土壤水分：结荚期也是花生整个生长过程中吸收养分和耗水量的最盛期，耗水可达 5~7mm/ 天，对缺水干旱最为敏感。同时土壤水分过多也易影响根部呼吸，导致减产。

（3）气温：结荚期花生对温度要求也较高，气温偏低或偏高都不利于花生生长发育。荚果发育的最适温度为25~33℃，最低温度为15~17℃，最高温度为37~39℃。据试验测定，结荚区地温保持在30.6℃时，荚果发育最快，体积最大，重量也最重；若结荚区地温高达38.6℃时，荚果发育缓慢；若低于15℃，荚果则停止发育。花生荚果发育的最适温度比地上部植株生长的最适温度（约24℃）低。

（4）营养供应：结荚期所吸收肥料亦达最高峰，所吸收的氮、磷占整个生长过程吸收氮、磷总量的50%~60%。结荚初期是根瘤固氮与供氮的盛期，以后根瘤菌固氮与供氮呈下降趋势，但仍可为花生植株提供相当数量的氮素。

（五）饱果成熟期

从50%的植株出现饱果到大部分荚果饱满成熟称饱果成熟期。饱果期长短因品种熟性、种植制度、气温变化等因素而有较大差异，北方春播中熟品种需40~50天，夏播早熟品种30~40天。需大于10℃的有效积温600℃以上。

1. 生长发育特点

（1）营养生长逐渐衰退停止：营养生长的衰退表现在株高和新叶的增长接近停止，绿叶面积迅速减少，叶片逐渐变黄衰老脱落，净光合生产率下降，干物质积累速度变慢，积累量减少；根系因老化吸收能力显著降低，根瘤停止固氮；茎叶中所积累的氮、磷等营养物质大量向荚果运转，茎叶干物质增量可能成为负值。

（2）生殖器官大量增重：饱果期是花生以生殖生长为主的一个时期，该期主要表现为果针数、总果数基本上不再增加；荚果迅速增重，饱果数大量增加。这一期间所增加的果重一般为总果重的50%~70%，是产量形成的主要时期。

2. 影响饱果期生长发育的因素

（1）营养生长与生殖生长协调程度：这个时期营养体生长缓慢衰退，但保持较多的叶面积和较高的生理功能，产生较多的干物质，这些物质主要用于充实地下生殖体（荚果），形成产量。若营养生长衰退过早过快，冠层干物质积累少，荚果充实速度慢且时间短，则产量低。若这个时期营养生长未能很好地转换为以生殖生长为主，营养体没有明显下降衰退迹象，则茎叶继续保持一定的生长势头，冠层叶面积较大，干物质积累较多，但运往荚果的部分较少。在正常年份和一般生产条件下，生育后期延缓叶片衰老脱落速率，维持植株具有较多的叶面积，是产生较多干物质的基础，也是最终取得花生高产的重要保证。因此，在正常情况下，后期保叶是确保花生高产的一项重要措施。

（2）土壤水分：干旱等因素能加速植株衰老，缩短饱果期，影响产量。而灌水过多或雨水过频，会导致营养生长过旺，延长饱果期。结荚至成熟阶段，植株地上部营养体的生长逐渐缓慢以至于停止，需水量逐渐减少。荚果发育需要有适量的水分，土壤水分以土壤最大持水量的 50%~60% 为宜，若低于 40%，会影响荚果的饱满度，若高于70%，也不利于荚果发育，甚至会造成烂果。

（3）光照影响：阴雨天气过多，光照不足，不利于干物质积累运转，会导致饱果期延长。

（4）营养供应：土壤肥力不足加速营养生长衰退过早过快；肥水过多尤其是氮肥过多，会导致营养生长过旺，贪青晚熟。

（5）病虫害影响：叶部、根部病虫害严重，导致叶子大量缺失、脱落，根系或整株枯死，营养体过早衰退，影响产量品质。

第二章 高产优质花生新品种应用

一、我国各类型花生的特征特性

根据花生品种类型的农艺学综合性状,我国花生可分为两大类群、5 个类型、8 个品种群(组)。同一品种类型花生具有相似的形态特征和经济性状,以及一致的生物学特性,如种子休眠性、温度要求、生育期长短等。

(一)普通型

该类型有丛生和蔓生两个品种群。植株主茎上全是营养芽,除主茎基部营养芽所分化的分枝外,主茎顶端无分枝。第一次与第二次侧枝上营养枝与生殖枝交替着生。通常营养枝与生殖枝按 2 : 2 间距交替着生。分枝多,有第三次侧枝,茎枝粗细中等,茎枝花青素不明显。小叶倒卵圆形,深绿,大小中等。花凋谢较早。

普通型荚果大部分有果嘴,无龙骨,荚壳表面平滑,较厚,网状脉纹明显,荚壳与种子之间间隙较大,双仁荚果,种子椭圆形,种皮多淡红色、褐色,少数紫红色(图 2-1)。

普通型生育期较长,多为中晚熟品种,我国北方花生产区多为该类型品种。种子发芽对温度要求高,发芽适温 18℃。种子休眠期长,春种收获后不催芽用作"倒种春"(秋播)萌芽有困难。耐肥性强,

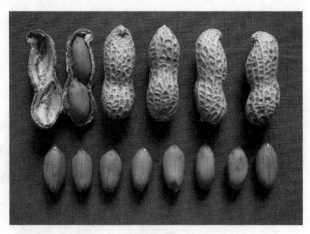

图 2-1　普通型花生果实与籽粒形态

适于水分充足、肥沃的土壤。植株和荚果发育对钙的需求较高，不适合酸性土壤，否则易产秕仁。

（二）龙生型

该类型为蔓生性状。主茎上完全是营养枝，除基部有若干分枝外，茎梢无分枝。茎枝长、多、纤细，略现花青素，植株多茸毛。小叶倒卵圆形，狭长，叶缘有茸毛。

荚果龙骨和喙明显，荚果横断面呈扁圆形；脉纹明显，有网状和直纹两种；荚壳较薄，有腰，以多仁荚果为主，果柄脆弱易落果。种子椭圆形，种皮暗涩。

龙生型花生对病、虫、干旱、渍水、瘠薄适应性较强。种子休眠性较强，发芽对温度要求较高。多为晚熟品种，多数品种荚果细小，成熟度不一致，目前我国已不作栽培用，但在遗传性状研究与育种上有价值。

（三）珍珠豆型

此类型依种皮颜色划分为红珍珠和白珍珠两个类群。第一次侧枝基本上连续着生花枝，茎枝较粗壮，分枝性弱于普通型，茎枝有花青素。根颈部潜伏花芽进行闭花受精结实。叶片椭圆形，黄绿色。

荚果茧状或葫芦状，双仁荚果，果壳薄，有喙或无喙，有腰或无腰，荚果脉纹网状，荚壳与种子之间间隙小。种子圆形，胚尖略有突起呈桃形，种皮白粉色，有光泽，均为小粒或中小粒品种（图2-2）。

图2-2　珍珠豆型花生果实籽粒形态

珍珠豆型耐旱性强，对叶部病害抗性差。休眠期短，成熟期高温、多湿易致荚果田间自然萌芽。种子发芽对温度要求较低，发芽适温为12~15℃，适于早播。

（四）多粒型

该类型依种皮色分为多粒红、多粒白两个品种群。多粒型主茎上除基部的营养枝外，各节均有花枝，节间短，故生育后期可见主茎上布满果针。分枝少，一般只有5~6条一次分枝，连续开花型。茎枝粗壮，分枝长，直立型。生育后期自然倾斜，斜卧于地面。茎枝上稀疏长茸毛，花青素明显。叶片椭圆，较大，黄绿色，叶脉显著。根颈部潜伏花芽地下闭花受精结实。由于分枝长、节间长，仅基部几节的果针可入土结实，结实非常集中。

荚果多粒为主，个别双仁。果壳厚，脉纹平滑，果喙不明显；因种子着生密，果腰不明显。种子呈不规则有斜面圆椎体状，表面光滑，种皮多为红色或红紫色，个别为白色，多为小粒或中小粒品种（图2-3、图2-4）。

种子休眠性弱，休眠期短，但较珍珠豆型稍长，田间自然萌发情况少见。种子发芽对温度要求低，发芽适温12℃左右。荚果发育对温度的要求亦较低，所以大多为早熟或极早熟品种（表2-1）。

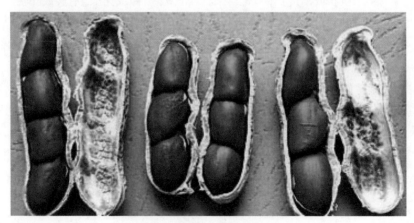

图2-3　多粒型荚果与红色籽粒

图2-4　多粒型荚果与白色籽粒

表2-1 栽培种花生不同类群的性状对比

性状	交替开花类群（普通型、龙生型）	连续开花类群（多粒型、珍珠豆型）
分枝系统	交替开花	连续开花
主茎花枝	无	有
叶形	倒卵圆形	椭圆形
叶色	深绿	淡绿
种子休眠性	强	弱
生育期	长	短
种皮色	白、淡红、红、褐	白粉、红、红紫、花色

（五）中间型

中间型由不同亚种间杂交产生。该类型花生在营养枝和生殖枝的排列上兼有两个亚种的某些特性，后代常有分离现象。

二、选用高产优质新品种

（一）选用品种的原则

按照市场需求、生态条件、栽培制度，以高产、优质、抗逆性强、适应机械化生产作为目标，选用通过农业农村部登记的适宜于本地的花生优良品种。

1. 高产　高产花生具有合理的株型，良好的光合性能，能充分利用水、肥、光、温和二氧化碳，高效率地合成光合产物，并将其运转到荚果和籽仁中去，结实性好。

（1）高产株型：花生株型包括生长习性、株高、分枝数、开花习性、叶色叶形、荚果及根系等性状。实践证明，具有株型直立、紧凑的品种高产潜力大，且利于密植，便于管理。植株分枝数相对较少（分枝数＜10 条）、有效结果枝率（占总分枝数的90%）较高的疏枝型品种，有利于群体通风透光，提高光合效率，高产潜力大于分枝数较多（分枝数＞15 条）、有效结果枝率（占总分枝数的40%）较低的密植型品种。连续开花比交替开花类型的品种开花节位较低，开花量较集中，受精后果针入土较快又比较集中，减少了营养消耗，有利于荚果发育和提高荚果整齐度。植株高度适中（40~45cm）的品种，营养生长与生殖生长协调，利于高产，植株过高过矮的都难以实现高产。植株过高，地上部消耗水分、养分等较多，容易旺长倒伏，地上部的光合产物难以很好地向荚果运转；植株较矮，地上部器官较弱，难以合成积累更多的有机营养。叶色深绿，相对比黄绿、浅绿具有较高的光合性能；叶型侧立（叶片上举，在茎枝上的着生角度≤ 45°），能使群体冠层叶片和株丛下部叶片接受更多的辐射光与透射光，能相对地提高群体叶片光合效率。大果品种比中小果品种容易获得高产；同类品种中，果柄短、结果集中、果针入土快又浅、坐果早而结果整齐的品种易获得高产。植株根系发达、根瘤多的品种利于获得高产稳产。

（2）高光效特征：高光效主要表现为有较强的碳水化合物合成能力和将更多的光合产物由营养器官向生殖器官转移的能力。植株高度适中、茎枝粗壮、抗倒伏、叶片上举、着生合理、互相遮光少、叶色深绿、绿叶保持时间长的花生，具有光补偿点低、二氧化碳补偿点低、光呼吸少、光合效率高、光合产物运转率高、对光不敏感等生理特性，容易获得高产。

（3）结实性优良：单株结果数多、荚果大、双仁（多仁）果率高、饱果率高、出仁率高、荚果和籽仁整齐度好，单株生产力高。

2. 优质专用　按照目前及未来花生市场需求，花生品质目标主要是按照油用、食用以及特殊医疗保健品用途来实现优质专用化。

（1）榨油用：品质上以高油（籽仁脂肪含量 55% 以上）、高油酸（脂肪中油酸含量 75% 以上）为主要目标。

（2）食品用：以高油酸（脂肪中油酸含量 75% 以上）、高蛋白（籽仁蛋白质含量 28% 以上）、低油、风味好为指标。花生作为世界第一大干果品种，今后在国内外市场上食用比率会不断上升。根据不同食品加工工艺与要求，选育不同内在及外观指标的品种。如将花生制作为花生奶饮料，要求花生种皮最好为白色，以低含油量为好。再如做烘烤花生，要求烘烤后花生仁具有酥脆的质地，香甜可口，不带有生味、糊味和异味。有些进口国对花生食品有外观要求，大花生要求荚果为普通型，果形较大，网纹粗浅平滑，果腰果嘴明显，果长与果粗之比约为 3∶1，籽仁呈长椭圆形或圆锥形，外种皮鲜艳呈粉红色，无裂纹，无黑晕，内种皮橙黄色，胚尖较明显；小花生要求珍珠豆型，荚果呈蚕茧形或葫芦形、籽仁圆形或桃形，种皮粉红或深红，有光泽。

（3）医用：提取白藜芦醇等特殊活性物质。

3. 早熟中熟　根据我国花生生产和市场发展要求，应选用中早熟品种。对于复种指数较高的夏花生产区来说，受生长季节制约，对花生早熟性状要求高。如黄淮海地区扩大麦后夏直播，选用早熟品种尤其是适宜于沿黄区域的中大果早熟品种需求迫切。一般黄淮海区域夏播早熟品种要求生育期不低于 115 天，中熟品种生育期不低于 125 天。

4. 抗逆性强　花生抗逆性主要体现在抗病虫、耐旱、耐涝、耐瘠薄等。

（1）抗病虫害：针对为害比较严重的叶斑病、线虫病、枯萎病、锈病、网斑病、病毒病、果腐病、白绢病、黄曲霉菌等病害和蚜虫、棉铃虫、蛴螬、地老虎、蓟马、金针虫等虫害，选用兼抗或多抗品种。

（2）耐旱、耐瘠、耐涝：我国花生产区多数位于丘陵旱薄地和沿河沙土地等中低产田，除了土壤养分缺乏之外，花生生育期间还经常遇到旱、涝灾害。因此，选用抗旱、耐瘠、耐涝品种十分必要。

5. 适宜机械化生产 选用适宜机械化种植、管理、收获、脱壳的品种。适宜田间机械化管理，要选择株型直立紧凑、坚韧不倒的品种；适宜机械收获，要选择结果集中、果柄短不易落果、果壳坚韧的品种；适宜机械脱壳，要选择荚果成熟一致、整齐，脱壳时籽仁不易破碎的品种。

6. 名优特稀 特早熟（生育期 70~90 天）品种可实现一年四季均有鲜花生上市；超大果（5~6g/ 双仁果）、超小果（0.7~0.9g/ 双仁果）、彩色（籽仁为红、黑、紫、白、花褐等各种颜色）、含糖量高以及含稀有营养素的品种可满足不同需求（图 2-5）。

图 2-5　彩色花生

（二）花生良种繁殖与推广应用

1. 品种比较试验 在品种大面积推广应用之前，应做品种比较试验。品种比较试验主要是对各参试品种的生育期、主茎高、侧枝长、分枝数、结果枝数、单株生产力、百果重、百仁重、饱果率、出仁率、抗病性等主要农艺、经济性状进行全面试验鉴定。试验地力求接近大田生产条件，地力均匀，管理措施一致。小区面积 13 ~20m²，小区一般行长为 6~8m，5~8 行区，行距 33~45cm，穴距 17 ~20cm，随机区组排列，以生产上已推广同类型品种作对照。对参试品种的生育进程和生育过程中的长势、抗病虫、抗旱、抗涝、抗倒伏等主要性状进行观察记载；随机取样考察植株的主茎高、侧枝长、分枝数、单株结果数、饱果数、秕果数、烂果数或芽果数等；晒干后计算产量，考察出仁率、百果重、百仁重、每千克果数和每千克仁数，并进行内在品质鉴定。最后，根据田间观察、抗性、品质鉴定以及产量表现等综合分析，选表现优良的扩大推广应用。

2. 花生的良种繁殖　花生的繁殖系数只有 10~15 倍，高倍繁育良种技术可加速良种推广进程。即采用单粒稀播繁育系数可达到 50 倍。

（1）单粒稀播高倍繁育：

1）选高产土壤，合理施肥：选土壤肥沃、不重茬、无盐碱、无病、有水浇条件的沙土壤或壤土，根据土壤肥力情况施足基肥，创造土层深厚、结果层疏松肥沃的土壤条件。深秋或初冬深耕 30cm 左右，结合深耕每亩铺施发酵腐熟有机肥 1 500~2 000kg、硫基复合肥（15–17–13）50kg，耕后耙平耧细。起垄或播种时加施标准氮素化肥 10kg。

2）起垄种植，单粒稀播：于早春起小单垄，以利保墒。根据土壤肥力、施肥水平和品种等具体情况，确定适宜的行株距，一般早熟种垄距 50cm 左右，株距 13~17cm，约每亩 8 000 穴（每穴 1 粒）；中熟种垄距 53cm，株距 17cm 左右，约每亩 5 000 穴（粒）。对籽仁进行分级，一、二、三级仁都要作种，分级播种，三级仁可以每穴 2 粒。

3）加强田间管理：花生齐苗后，清棵促进蹲苗壮棵。结合清棵进行第一次中耕，隔 15~20 天进行第二次中耕，在 6 月中下旬花生尚未封行前进行第三次中耕。在 7 月中旬前后花生盛花期进行培土，培土前结果层施入钙肥 40~50kg/ 亩，迎果针入土，做到"垄胖坡陡顶凹形"。花生生育期间旱浇涝排，防治病虫害，后期酌情化学调控防旺长倒伏，根外追肥防脱肥早衰。

4）收好藏好：高倍繁种要比大田提前 5~7 天收获。收刨前严格去劣去杂，剔除病株；收刨后再进行去杂去劣（果），及时晒干，种子含水量降至 8% 以下，单独安全贮藏。

（2）地膜覆盖一年两季快繁：充分利用光、热自然资源，不用特殊技术措施，繁育倍数高，成本较低。对种子的要求是休眠期较短，生育期要短。在我国北方繁育特早熟品种可用此法。

第一季播种选土壤肥沃、不重茬、无盐碱、无病、有水浇条件的沙土壤或壤土，根据土壤肥力情况施足基肥，创造土层深厚、结果层疏松肥沃的土壤条件。深秋或初冬深耕 30cm 左右，翌年 3 月上旬再深翻 30cm 左右，结合深耕每亩铺施发酵腐熟有机肥 1 500~2 000kg、硫基复合肥（15–17–13）50kg，耕后耙平耢细。起垄或播种时加施标准氮素化肥 10kg。垄距 85cm，垄高 12cm。耙平垄面，在垄面上开两条小沟，沟距 35cm 左右，沟深 7~10cm。然后向小沟里浇水再耙平，喷乙草胺除草剂，覆膜增温。3 月中旬待垄面 5cm 深处地温稳定在 12℃以上时播种，在原来两条垄面小沟线上打孔播种，株距 15cm，单粒播种。在 3 月下旬待小苗刚露土时，及时放苗。开花期防止蚜虫。在 6 月中旬，花生九成熟时收获晒干，作为第二季用种。

第二季在 6 月下旬播种，最好是在刚麦收的地块，覆膜栽培。播种密度、栽培方式与第一季播种相同。要注意高温抑制幼苗出苗生长和高温灼苗，生育后期要防治叶斑病，防涝害，10 月上旬收获、晒干，备做翌年用种。

3. 花生良种提纯复壮　优良品种长期利用而不提纯复壮会降低纯度和原有种性，表现出植株参差不齐、成熟早晚不一、荚果饱满度差、出仁率低、抗逆性减弱等混杂退化现象，影响产量与品质。花生品种提纯复壮有简易原种繁殖法（三年二圃制法）和二级选果、三级选仁法等。

（1）简易原种繁育法：简易原种繁殖法也称三年二圃制法，程序为单株选择、株行比较、混合繁殖。

1）第一年：选择单株。单粒播种选择优良单株；也可在种子田、丰产田、高产高倍繁殖田进行单株选择。在株型、叶形、开花习性、熟性、荚果大小和形态等性状和原品种一致基础上，注重丰产性、优质性和抗逆性，选择长势强、结果率高、饱果率高、生产力好的单株。

2）第二年：株行圃，将上年当选单株每个单粒播种 1~2 行，株行一般长 6~10m，隔 20 行种上 1 行原品种作对照。在各生育阶段观察，收获时分析鉴定，达标的为当选株系，混合留种，其余淘汰。优异的变异单株要单收作为育种材料。

3）第三年：原种圃，混系繁殖。将上年鉴定混合收获种子播入原种圃，扩大繁殖。为加速种子繁殖，也可采用单粒稀播高产高倍繁殖技术，提高繁殖系数。

（2）二级选果、三级选仁法：

1）二级选果：首先，在种子田收获时选择花生生长发育正常的地片，剔除病株、杂株和劣株，选留具有原品种典型性状、发育正常、丰产性好的植株混合留种。然后场上选果，晒干后，在场上进行风选，选择上风头双仁饱果作种。

2）三级选仁：播种前分级粒选，一般分为三级，用一、二级仁作种，淘汰三级仁。

4. 花生优良品种利用

（1）良种合理布局：我国地域辽阔，各花生产区光、热、水、肥资源差异较大，土壤类型繁多，地形地貌复杂，种植制度、栽培模式多样，花生良种应合理布局。土质疏松的沿河冲积沙壤土地，春播以中熟大果品种为主；夏花生以早熟大果品种为主，两年三作地区应中熟种和早熟种兼顾；土质黏重的砂姜黑土、黄褐土、黄红壤土、红黏土区适合种植早熟小果型品种；高海拔产区选择对低温不敏感的品种。

（2）良种良法配套推广：高肥力土壤选择果型大、增产潜力大的品种；瘠薄地应选用果型稍小、耐瘠薄的品种。在品种对比试验、示范的同时，应摸清品种在当地不同种植制度、自然、生产条件下的性状表现，根据品种特性集成配套栽培技术体系，良种良法配套推广。

5. 适宜我国北方产区的部分花生新品种介绍 近年来，我国花生育种部门培育了一大批高产、优质品种，尤其高油酸花生新品种树立了我国花生新品种利用方面新的里程碑（表2-2）。品种详细介绍可参照农业农村部品种登记信息。

（1）开农61（高油酸、高油）：开封市农林科学研究院培育。品种来源为开农30×开选01-6。油食兼用，普通型中熟大果，生育期126天。株型直立，连续开花，主茎高39.1cm。百果重206.9g，饱果率83.85%，籽仁椭圆形，种皮浅红，种皮无油斑、裂纹，百仁重83.2 g，出仁率69.8%。籽仁含油量55.31%，蛋白质24.59%，油酸

76.01%，亚油酸 7.95%。中抗青枯病、叶斑病、锈病、病毒病，易感根腐病。比豫花 15 增产 1.39%。适宜黄淮海花生产区春播和麦套种植（图 2-6）。

图 2-6　开农 61 单株

（2）豫花 37 号（高油酸）：河南省农业科学院培育。品种来源为海花 1 号 × 开选 01-6。珍珠豆型，油食兼用。生育期 116 天。疏枝直立，主茎高 47cm。荚果茧形，果嘴不明显，缩缢程度弱，百果重 177g，饱果率 82%；籽仁桃形，种皮浅红，有油斑，果皮薄，百仁重 70g，出仁率 72%。籽仁含油量 55.96%，蛋白质 19.4%，油酸 77.0%，亚油酸 6.94%。中抗青枯病、叶斑病、病毒病，感锈病，高抗网斑病。比远杂 9102 增产 5.64%。适宜黄淮海区域春播、麦套、夏直播及南北疆种植。

（3）开农 176（高油酸）：开封市农林科学研究院培育。品种来源为开农 30× 开选 01-6。油食兼用，普通型中早熟大果，生育期 126 天。株型直立，连续开花。主茎高 40.6cm。荚果普通形，缩缢程度弱，果嘴不明显，百果重 231.2g，饱果率 73.44%，籽仁椭圆形，种皮浅红色，无裂纹、无油斑。百仁重 87.5g，出仁率 69.6%。籽仁含油量 51.25%，蛋白质 25.31%，油酸 76.8%，亚油酸 6.9%。中抗青枯病、锈病，抗叶斑病、丛生型病毒病。耐涝性中等，休眠性强，抗倒伏。比花育 19 增产 7.4%。适宜河南、山东、江苏、安徽淮北地区春播和麦套种植（图 2-7）。

图 2-7　开农 176 单株

（4）开农 1715（高油酸）：开封市农林科学研究院培育。品种来源为开农 30×开选 01-6。油食兼用普通型大果。生育期 123 天。株型直立，连续开花。主茎高 37.14cm。荚果普通形，缩缢程度弱，果嘴钝。百果重 198.85g，籽仁椭圆形，种皮粉红色，种皮无裂纹、油斑。百仁重 75.9g，出仁率 70.63%。抗旱耐涝性强。籽仁含油量 51.74%，蛋白质 25.11%，油酸 75.6%，亚油酸 7.55%。中抗青枯病、锈病、网斑病，抗叶斑病和茎腐病。比花育 20 号增产 24.42%。适宜河南、山东、河北春、夏播种植。

（5）开农 71（高油酸、高油）：开封市农林科学研究院培育。品种来源为开农 30×开选 01-6。普通型油食兼用小果。生育期 115 天，株型直立，连续开花；主茎高 44.8cm，荚果普通形，缩缢程度弱，果嘴不明显，网纹细深；百果重 187.57g，饱果率 82.15%；籽仁椭圆形，粉红色，百仁重 77.37g，出仁率 70.97%。籽仁含油量 57.14%，蛋白质 18.38%，油酸 76.45%，亚油酸 6.42%，棕榈酸 6.64%。抗青枯病、叶斑病、根腐病、病毒病，感锈病。比豫花 9327 减产 2.08%。适宜黄淮海区域春夏播种植（图 2-8）。

（6）豫花 9326（高油）：河南省农业科学院培育。品种来源为豫花 7 号×郑 86036-19。普通型油食兼用大果。春播生育期 130 天左右。直立疏枝型，连续开花，株高 40cm。果嘴明显程度中，缢缩程度弱，百果重 213g。籽仁柱形，种皮浅红，内种皮深黄，百仁重 88g，出仁

图 2-8　开农 71 单株

率 70%。籽仁含油量 56.67%，蛋白质 22.65%，油酸 36.6%，亚油酸 38.3%。中抗青枯病、叶斑病、锈病、网斑病。比对照种鲁花 11 号增产 5.16%。适宜河南北部、江苏安徽北部、山东西南、河北南部春播或麦套种植。

（7）豫花 22 号：河南省农业科学院培育。品种来源为郑 9520F3×豫花 15 号。油食兼用珍珠豆型，夏直播生育期 113 天。植株直立，连续开花，叶片深绿色、椭圆；主茎高 43cm，荚果茧形，果嘴弱，缩缢弱，百果重 190g，饱果率 79%；籽仁球形，种皮浅红，内种皮白色，百仁重 82g，出仁率 72%。籽仁含油量 51.39%，蛋白质 24.22%，油酸 36.08%，亚油酸 42.84%。中感青枯病、网斑病，中抗叶斑病、锈病。比豫花 14 增产 16.84%。适宜河南春夏播种植。

（8）宛花 2 号：南阳市农业科学院培育。品种来源为 P12×宛 8908。直立疏枝珍珠豆型，油食兼用。生育期 112 天。主茎高 40.0cm，侧枝长 43.3cm。荚果茧形，果嘴钝，网纹细稍深，缩缢浅，百果重 160.8g，籽仁桃形，种皮粉红，百仁重 68.4g，出仁率 75.0%。籽仁含油量 49.12%，蛋白质 26.8%，油酸 39.37%，亚油酸 38.13%。中抗青枯病、锈病、病毒病，感叶斑病，抗网斑病。比豫花 14 增产 14.44%。适宜黄淮海区域春夏播种植。

（9）豫花 65 号（高油酸）：河南省农业科学院培育。品种来源为开选 01-6×海花 1 号。普通型油食兼用，夏播生育期 115 天。直立型连续开花，株高 45cm；荚果普通形，果嘴中等明显，缢缩程度中等，百果重 181g；籽仁柱形，种皮浅红色，百仁重 74g，出仁率 68%。籽仁含油量 50.75%，蛋白质 20.78%，油酸 75.90%，亚油酸 7.82%。中感青枯病，中抗叶斑病、锈病、网斑病、病毒病。比豫花 6 号增产15.68%。适宜河南各地春夏播种植。

（10）驻花 2 号（高蛋白）：驻马店市农业科学院培育。品种来源为冀 L9407× 郑 201。直立疏枝珍珠豆型品种，油食兼用。夏播生育期 113 天，结实性强，结果集中；主茎高 42.3cm；荚果茧形，果嘴钝，网纹细深，缢缩浅，百果重 177.1g，饱果率 79.5%；籽仁桃形，种皮粉红色，百仁重 76.8g，出仁率 76.8%。籽仁含油量 51.81%，蛋白质 28.17%，油酸 34.36%，亚油酸 44.41%。中抗叶斑病、锈病。比豫花 14 号增产 11.1%。适宜河南各地春夏播种植。

（11）开农 1768（高油酸）：开封市农林科学研究院培育。品种来源为开农 30× 开选 01-6。油食兼用中间型。生育期 118 天；直立连续开花，主茎高 33.7cm。荚果普通形，荚果缢缩程度中，果嘴不明显，百果重 146.4g，饱果率 86.9%，籽仁椭圆形，种皮粉红，种皮无油斑、裂纹。百仁重 59.8g，出仁率 72.9%。籽仁含油量 48.04%，蛋白质21.3%，油酸 78.1%，亚油酸 6.47%，棕榈酸 7.06%。高抗茎腐病，中抗青枯病、叶斑病、锈病，感网斑病。比花育 20 增产 15.9%。适宜在河南、山东、河北、辽宁花生产区春夏播种植（图 2-9）。

图 2-9　开农 1768 单株

（12）农大花 103（高蛋白）：河南农业大学培育。品种来源为花育 17× 诱花 20。油食兼用，珍珠豆型紧凑疏枝小花生，生育期 100 天。主茎高 34.6cm，百果重 179.5g，百仁重 77.4g，出仁率 76.7%。饱果率高，出仁率高，壳薄整齐，双仁果多。籽仁桃形，种皮粉红色。籽仁含油量51.85%，蛋白质含量28.51%，油酸含量41.0%，籽仁亚油酸含量35.8%。比中花15增产4.97%。中抗锈病、叶斑病、网斑病，抗旱、耐涝。适宜河南、安徽、重庆、江苏南部春播和麦后直播种植。

（13）商花511（高油）：商丘市农林科学院培育。品种来源为豫花15×商研9658。油食兼用普通型大果，疏枝直立型，连续开花。生育期124天。主茎高45.4cm。荚果普通形，果嘴明显，网纹细稍深，缩缢程度深，百果重250.8g，饱果率71.5%；籽仁椭圆，种皮粉红色，少量裂纹油斑，百仁重99.7g，出仁率71.3%。籽仁含油量55.17%，蛋白质19.18%，油酸43.20%，亚油酸35.20%。中抗青枯病、叶斑病、锈病，抗网斑病。比豫花15号增产11.20%。适宜河南大果花生区春夏播种植。

（14）濮科花9号（高油）：濮阳市农林科学院培育。品种来源为豫花15×濮9502-0-4。普通型食用、油用大果品种。疏枝直立早熟，生育期128天。主茎高51.2cm，百果重220.48g，百仁重93.53g，出仁率71.83%。籽仁含油量55.05%，蛋白质22.44%，油酸41.85%，亚油酸36%。抗青枯病、叶斑病，感锈病，抗旱性、抗涝性强。比花育19号增产9.36%。适宜山东、河南、河北、辽宁春播或麦套种植。

（15）冀花16号（高油酸）：河北省农林科学院培育。品种来源为冀花6号×开选01-6。普通型中早熟中果品种。生育期129天。株型直立，连续开花，主茎高44.4cm；荚果普通形，籽仁椭圆形、粉红色、无裂纹、无油斑，种子休眠性强。百果重207.4g，百仁重87.8g，千克果数618个，出仁率72.69%，粗脂肪含量55.48%，粗蛋白24.14%，油酸79.3%，亚油酸3.2%。抗旱、抗涝性强，易感黑斑病，高抗网斑病。比花育19号增产6.33%。适宜河北等我国北方花生区春播、麦套种植。

（16）冀花19号（高油酸）：河北省农林科学院培育。品种来源为冀花6号×开选01-6。中熟普通型，生育期129天。株型直立，连续开花，主茎高41.8cm。荚果普通形，籽仁椭圆形、粉红色、无裂纹、无油斑，种子休眠性强。百果重223.5g，百仁重111.2g，出仁率72.52%。粗脂肪55.08%，粗蛋白22.36%，油酸75.4%，亚油酸4.1%。抗旱、抗涝性强，中抗黑斑病，高抗网斑病。比对照种增产3.32%。

适宜我国北方花生区春播和冀中以南麦套种植。

（17）中花 26：中国农林科学院油料所培育。品种来源为中花 16× 开选 01-6。油食兼用，普通型早熟中粒品种，株型直立，连续开花。生育期 124 天，主茎高 39.5cm。百果重 185g，百仁重 78g，出仁率 72%。籽仁含油量 53.71%，蛋白质 25.15%，油酸 78.6%，亚油酸 3.61%。中抗叶斑病，中感锈病，高感青枯病，抗旱、抗倒性强。比中花 15 增产 9.92%。适宜湖北、湖南、江苏、江西、四川、重庆、安徽、河南、云南花生产区种植。

近年来我国审定登记的部分高油酸花生品种如表 2-2 所示。

表 2-2　近年来我国审定登记的部分高油酸花生品种

编号	品种	育成单位	审（鉴）定、登记地区与年份	油酸含量 / %	油酸亚油酸比值 / (O/L)	来源
1	锦引花 1 号	锦州市农科院	辽宁，2005	79.5	17.3	AT-201（美国引进）
2	开农 H03-3	开封市农林科学研究院	安徽，2006	81.6	29.1	开农 49× 开选 01-6
3	花育 32 号	山东省花生研究所	山东，2009	77.8	12.3	S17×SP1098
4	开农 61	开封市农林科学研究院	河南，2012	76.0	9.6	开农 30× 开选 01-6
5	开农 176	开封市农林科学研究院	全国，2013	76.8	11.1	开农 30× 开选 01-6
6	花育 51 号	山东省花生研究所	安徽，2013	80.3	23.9	P76× 鲁花 15 号
7	花育 52 号	山东省花生研究所	安徽，2013	81.5	27.0	青兰 2 号 ×P76
8	冀花 11 号	河北省农林科学院	河北，2013	80.7	26.0	冀花 5 号 × 开选 01-6
9	冀花 13 号	河北省农林科学院	全国，2014	79.6	19.4	冀花 6 号 × 开选 01-6

续表

编号	品种	育成单位	审（鉴）定、登记地区与年份	油酸含量/%	油酸亚油酸比值/（O/L）	来源
10	花育961	山东省花生研究所	安徽，2014	81.2	24.6	06–I8B4×CTWE
11	花育951	山东省花生研究所	安徽，2014	80.5	27.8	徐花13号×P76
12	花育662	山东省花生研究所	安徽，2014	80.8	29.9	06–I8B4×CTWE
13	开农1715	开封市农林科学研究院	全国，2014	75.6	10.9	开农30×开选01–6
14	开农58	开封市农林科学研究院	湖北，2014	79.4	20.9	开农30×开选01–6
15	花育962	山东省花生研究所	安徽，2015	82.3	31.7	06–I8B4×CTWE
16	花育661	山东省花生研究所	安徽，2015	80.9	28.9	06–I8B4×CTWE
17	花育663	山东省花生研究所	安徽，2015	80.6	27.8	06–I8B4×CTWE
18	豫花37号	河南省农业科学院	河南，2015	77.0	11.1	海花1号×开选01–6
19	开农71	开封市农林科学研究院	河南，2015	76.5	11.9	开农30×开选01–6
20	花育664	山东省花生研究所	安徽，2015	81.9	23.4	冀花4号×CTWE
21	花育666	山东省花生研究所	安徽，2015	81.7	23.3	冀花4号×CTWE
22	花育667	山东省花生研究所	安徽，2015	80.3	27.7	06–I8B4×CTWE

续表

编号	品种	育成单位	审(鉴)定、登记地区与年份	油酸含量 /%	油酸亚油酸比值 /(O/L)	来源
23	花育963	山东省花生研究所	安徽，2015	80.1	25.0	06-I8B4×CTWE
24	花育964	山东省花生研究所	安徽，2015	81.7	34.0	06-I8B4×CTWE
25	花育965	山东省花生研究所	安徽，2015	81.5	26.3	06-I8B4×CTWE
26	花育966	山东省花生研究所	安徽，2015	82.0	28.3	06-I8B4×CTWE
27	花育917	山东省花生研究所	安徽，2016	79.3	–	开农176×河北高油
28	花育957	山东省花生研究所	安徽，2016	80.0	24.5	P76×徐花13号
29	花育958	山东省花生研究所	安徽，2016	81.2	34.5	徐花9号×P76
30	润花17	山东润柏农业科技公司	安徽，2015	78.9	20.7	CTWE×K1208
31	徐花18号	徐州农业科学研究所	江苏，2015	79.4	11.5	徐花13号×锦引花1号
32	DF05	河南省农业科学院	新疆，2015	77.6	11.9	开选01-6×海花1号
33	中花24	中国农科院油料研究所	全国，2015	78.9	35.3	中花16×开选01-6
34	冀花16号	河北省农林科学院	全国，2015	79.3	20.6	冀花6号×开选01-6
35	冀花18号	河北省农林科学院	河北，2016	76.7	13.1	冀花5号×开选01-6

续表

编号	品种	育成单位	审（鉴）定、登记地区与年份	油酸含量/%	油酸亚油酸比值/（O/L）	来源
36	冀花 19 号	河北省农林科学院	北方，2016	75.4	10.6	冀花 6 号 × 开选 01-6
37	天府 33	南充市农科院 中国农科院油料所	四川，2016	75.3	13.5	中花 16 × 开选 01-6
38	桂花 37	广西农科院 山东省农科院	广西，2016	82.9	32.3	粤油 45 ×[（汕油 162 × SunOleic 95R）F4 选系 8~153 × 粤油 13]F3 选系 16
39	开农 1760	开封市农林科学研究院	全国，2017	76.4	11.56	开农 30 × 开选 01-6
40	开农 1768	开封市农林科学研究院	全国，2017	78.1	15.9	开农 30 × 开选 01-6
41	开农 301	开封市农林科学研究院	全国，2017	76.1	13.03	开 8834-9 × 开选 01-6
42	宇花 31	青岛农业大学	山东，2018	80.6	33.03	鲁花 11 × 开农 1715
43	宇花 32	青岛农业大学	山东，2018	79.4	27.01	花育 22 × 开农 176
44	宇花 33	青岛农业大学	山东，2018	80.3	24.78	花育 22 × 开农 176
45	宇花 91	青岛农业大学	山东，2018	80.4	32.16	鲁花 11 × 开农 1715
46	阜花 22	辽宁省风沙地改良所	全国，2018	81.1	27.0	阜 12E3-1 × FB4
47	阜花 27	辽宁省风沙地改良所	全国，2018	78.8	16.8	阜 01-2 × CTWE
48	冀农花 6 号	河北农业大学	河北，2018	77.6	12.7	远杂 9847 × CTWE
49	冀农花 8 号	河北农业大学	河北，2018	78.8	15.5	冀 0212-2 × GYS01

续表

编号	品种	育成单位	审（鉴）定、登记地区与年份	油酸含量/%	油酸亚油酸比值/（O/L）	来源
50	冀农花 10 号	河北农业大学	河北，2018	79.0	17.9	海花 1 号 × GYS01
51	中花 26	中国农科院油料所	全国，2018	78.6	21.8	中花 16× 开选 01-6
52	冀花 21 号	河北省农林科学院	河北，2018	80.4	24.4	冀花 6 号 × 开选 01-6
53	豫花 65 号	河南省农业科学院	全国，2018	75.9	9.7	开选 01-6× 海花 1 号
54	豫花 76 号	河南省农业科学院	全国，2018	80.6	22.4	豫花 14 号 × 开选 01-6

注：资料来自:《中国高油酸花生发展纵论》。表中所列品种为2018年年底以前全国所审定、鉴定和登记的高油酸品种。

第三章

土壤耕作与种植管理

一、土壤耕作

花生对土壤的适应能力较强，但要提高花生的产量与效益就需要良好的土壤条件。影响花生生长发育的土壤条件主要有土层厚度、熟化程度、质地、结构性、酸碱度、有机质和土壤养分含量等方面，以土层深、耕层活、土性松、排水好、中性偏酸的壤土或沙壤土最为适宜，能满足花生各生育时期对光、温、水、肥、气的需要。因此，应根据各种土壤的特点，采取综合改良措施，创造出适宜花生生长发育的土壤条件。

（一）花生高产田的土壤特性

科学研究与生产实践证明，花生高产田的土壤特点是耕层深厚，结实层疏松，各层土壤排列合理，保水保肥，营养充足，通透性好。

1. 具有良好的土体结构　花生是深根作物，在土层深厚的土壤上，主根可以深扎 2m 以上，而其侧根主要分布在 30cm 左右的表土层内，如果土壤的熟化程度低、土层浅，不利于主根深扎和侧根伸展，进而会影响对养分、水分的吸收利用。

质地结构决定土壤的蓄水、导水、保肥、供肥、保温、导温和耕作性能。土壤质地结构良好，能够同时满足花生对水分和空气的要求，有利于养分调节和根系伸展。沙质土壤通气透水性良好，易耕作，但蓄水力弱，养分含量少，保肥力较差，土温变化较快，花生生育后期易出现脱肥现象。对地势低和有夹黏层的沙质土，多雨季节和年份易造成地表积水，根系活力降低，影响花生正常的生理代谢活动。质地黏重的土壤总体上养分含量比较丰富，保水、保肥力强，但通气透水性差，排水不良，耕作、收获困难，所产花生果型小。

高产土体土层深厚，全土层 50cm 以上，耕作层 30cm 左右，10cm 左右的结果层土质疏松、通透性好。土壤物理性好，泥沙比例为 6∶4，容重为 1.5 g/cm³，总孔隙度 40% 以上，毛管孔隙度上层小下层大，非毛管孔隙度上层大下层小。土体剖面耕作层、心土层、底土层具有不同结构特点（图 3-1）。

（1）耕作层：耕作层厚度 30cm 左右，为干时不散不板、湿时

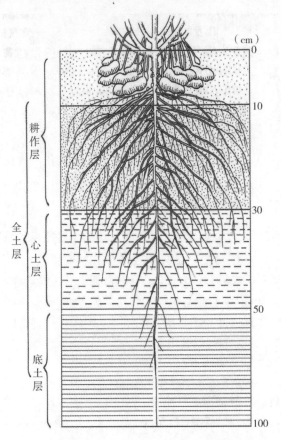

图 3-1　花生高产田土层结构及花生根系分布

不黏不懈、耕性良好的沙质壤土。此层还可细分为表土层与亚表土层。上部 10cm 表土层为结果层，以浅色松软的沙质壤土或粗沙质壤土为最好。该层土壤的结构和性状为沙粒占 50%~60%，粉粒和黏粒占 40%~50%；毛管孔隙与非毛管孔隙比例（3.5：1）~（4：1）；土壤容重 1.17~1.38g/cm³；固、液、气三相比为（3：3：1）~（4：4：1）。亚表土层位于表土层与心土层之间，是根系的主要分布区，厚度为 20cm，棕色轻壤土，该层土壤的结构和性状为沙粒占 40%~50%，粉粒和黏粒占 50%~60%；毛管孔隙与非毛管孔隙之比为（4：1）~（5：1），毛管孔隙中保存着足够的水分，非毛管孔隙中保存着足够的空气；固、液、气三相比为（5∶4∶1）~（6∶5∶1）；土壤容重为1.3~1.5 g/cm³，较表土层大；总孔隙较表土层小，稳水、稳肥、稳温和适宜通气。

（2）心土层：心土层位于耕作层之下，厚度20~30cm，固、液、气三相比为（9∶6∶1）~（10∶5∶1），毛管孔隙多于非毛管孔隙，两者比为（5∶1）~（6∶1），有利于保蓄由耕层下渗的水分和养分，源源不断供给花生生长发育所需。此层温湿度变化小，通气性较差，微生物活性差，物质转化慢。

（3）底土层：位于心土层以下，各地因土壤类型不同，厚度相差较大。所处部位较深，受大气影响小，质地坚实，物质转化慢，可供利用的营养物质较少。但受降雨、灌溉、排水的水流影响仍然很大。

2.土壤养分含量高　具有丰富的土壤养分是高产田又一主要特性。30cm耕作层内有机质含量10g/kg以上，全氮含量0.5g/kg以上，速效磷25mg/kg以上，速效钾30mg/kg以上。有机质是土壤的重要组成部分，包括土壤中各种动植物残体、微生物体及其分解和合成的有机物质，可粗略地分为非腐殖物质和腐殖物质两大类。有机质的含量在不同土壤中差异很大，高的可达20%以上(如泥炭土)，低的不足0.5%（如一些平原沙质土壤）。

土壤中有机质的含量虽少，但在土壤肥力上的作用很大，其不仅含有多种营养元素，而且还是土壤微生物生命活动的能源。此外，有机质对土壤水、气、热等各种肥力因素起着重要的调节作用，对土壤结构、耕性也有重要影响。

土壤养分是指主要依靠土壤来供给的植物必需营养元素，包括氮、磷、钾、钙、镁、硫（以上称大量元素），以及铁、锰、硼、锌、钼、铜、氯等（以上称微量元素），它们是土壤肥力的重要物质基础。

一般来说，有机质含量高、土壤养分含量高的土壤，能够满足花生生育过程中营养物质的供应，促进根瘤的形成、生长，保证正常生根发棵和开花结果。反之，植株生长不良，根系、根瘤和荚果的形成、发育受阻，碳氮代谢失调，光合产物向生殖器官的运转速率降低，空壳多，饱果率低。

3. 土壤酸碱度中性 土壤酸碱度是在土壤形成过程中受生物、气候、地质、水文等因素综合作用的结果。耕作土壤还受施肥、耕作、灌溉、排水等一系列因素的影响。我国土壤 pH 值多在 4.5~8.5，在地理分布上"南酸北碱"，即由北向南土壤 pH 值逐渐减小。大致以长江为界（北纬 33°），长江以南多为酸性或强酸性土壤，如华南、西南地区的黄、红壤 pH 值为 4.5~5.5；华中、华东地区的红壤 pH 值为 5.5~6.5。长江以北多为中性或碱性土壤，如华北、西北的土壤大多含碳酸钙，pH 值为 7.5~8.5，少数碱土的 pH 值大于 8.5，属强碱性。通常按土壤酸碱性的强弱，划分为 6 个等级（表 3–1）。

表 3-1 土壤 pH 值和酸碱性反应的分级

土壤 pH 值	< 4.5	4.5~5.5	5.5~6.5	6.5~7.5	7.5~8.5	> 8.5
反应级别	极强酸性	强酸性	微酸性	中性	微碱性	强碱性

花生适宜中性偏酸的土壤，即保证花生正常生长发育的土壤 pH 值为 5~8，以 pH 值 6.0~6.5 为最好。花生根瘤菌适宜的 pH 值为 5.8~6.2。普通型花生对酸碱度的耐受极限为 pH 值 5.0。在南方地区酸性土壤中（如江西、浙江）花生产量低，通过增施有机肥和施用石灰等钙肥提高 pH 值，可满足生育要求。花生也不耐盐碱，在盐碱地上易死苗，植株矮小，长势弱，产量低。

4. 不重茬 适宜种植花生的土壤是不重茬，即最好 3 年以上未种过花生的地块。

（二）改良土壤的主要措施

1. 深耕深翻

（1）深耕深翻改良土壤的机制：深耕改土结合科学施肥，改善土壤理化性状，改良土壤结构，使土壤具有深厚疏松的肥土层，好的保墒性和通透性，保温、保水、保肥能力，协调了土壤的水、肥、气、热状况，加速熟化培肥土壤，土壤耕层深厚肥沃，耕性良好（图 3–2）。

1）改善土壤结构，创造肥厚耕作层：深耕深翻打破了坚实的犁底层，增加了孔隙度，降低了容重，改善了整个土体的通透性。由于

图 3-2　花生播前深耕或前茬播前深耕

深耕深翻能接纳大量雨水和灌溉水，在干旱季节土壤"大水库"可以起到保证供水的作用。对于耕层浅、土壤僵板的南方水稻土，通过在轮作制中安排深耕、晒垡，改善土壤僵板等不良性状，利于土壤养分释放。

2）调节和提高土壤的稳温性：土壤水分影响土壤的导热性和热容量。深耕土壤水分充足，白天吸收的热量向下传导，因而表土温度升高缓慢，夜间热量向上传导，表土温度也不会很快下降，使昼夜温差变幅缩小，增加了土壤的稳温性。深耕的增温、稳温作用，对促进作物生长、土壤微生物活动、有机质分解、有效养分的转化和释放，都是十分有利的。

3）促进微生物的活动：土壤经过深耕深翻和熟化过程，疏松了土层，改变了土壤物理性状和养分状况，为土壤各类微生物发育和活动创造了良好条件。深耕后土壤中微生物数量增多，特别是耕层以下微生物数量增加明显，特别是氨化细菌、有机磷细菌和好气性自生固氮菌数量剧增，氨化作用和固氮作用产生无机氮化物，又促进了纤维素分解。

4）改善土壤养分、盐分状况：土壤培肥和熟化是一个良性循环渐变过程。在深耕深翻过程中，又配合增施有机肥料，良好物理化学生物条件，为土壤养分转化和增强微生物活动提供了优越环境。反过来，微生物的旺盛活动，又有助于养分的分解释放和土壤良好结构的形成。据测定，深翻结合分层施肥，土壤中硝态氮高于表层施肥，在深度相同的土层中，深耕的速效磷比浅耕的多 1~2 倍。同时，盐碱地深耕、深翻表层盐分显著下降，结合施肥灌排等措施，可促进地表水分及盐分下渗，使盐碱土得到改良。

5）促进花生根系生长和发育：深耕加深了土壤活土层，并改善了土壤结构状况，使土壤水、肥、气、热等肥力因素协调性得到提高，为花生根系生长创造了良好的环境条件。据山东省花生研究所在丘陵地区测定，深耕的花生根群主要分布在 0~30cm 的土层内；浅耕的花生根群主要分布在 0~20cm 的土层内。深耕后花生主根、侧根伸展范围都随着耕翻深度加深有显著扩大，总根量、根重明显增加。扩大了根系吸收水分、养分的范围，增强了植株抗旱抗逆能力。

（2）深耕改土的技术关键：深耕改土措施得当，可通过深耕熟化土壤，提高土壤肥力，实现增产增收，措施不当则导致减产。因此深耕应掌握以下关键技术：

1）耕深适宜：一般耕深以 25~30cm 为宜。花生根群主要分布在 0~50cm 的土层内，50cm 以下根系即大为减少，而在 0~30cm 内占总量的 70%~85%。如果耕翻过深，下层生土翻压在上层的过多，就会影响花生出苗和幼苗生长。深耕还应考虑到土层厚度、质地及土体构造。壤土与黏土土粒较细，易变紧实，深耕松土利于根系伸展；土层浅薄的丘陵山地不宜耕太深，深耕容易引起水土流失，造成土壤退化；沙土地不能将沙土耕层之下夹黏层翻上，因为夹黏层有托水保肥作用。

2）保持熟土在上，不乱土层：土壤通过耕作、施肥和栽培，耕作层土壤已经熟化，具有较好的土壤结构和较高的肥力。耕作层以下生土的物理性状差，土壤肥力低，有效养分含量低，深耕深翻时应尽量保持熟土在上，不乱土层。为了加深耕层，冬前耕翻时可翻上一部分生土，以便冬春充分风化，加速熟化过程。但每次耕翻，生土不能翻上过多，以免当季不能很好熟化，变坏表土结构，降低肥力，影响花生出苗和幼苗生长。

3）深耕与增施肥料相结合：深耕能改善土壤理化性状，有利于根系的扩展和养分转化，但不能大量增加土壤养分，土壤养分的主要来源依然是施肥。因此深耕必须结合科学施肥，尤其是施有机肥，才能使土肥相融，促进微生物的活动，加速有机质分解和土壤熟化，进一步改善土壤肥力状况，充分发挥深耕的增产效果。

4）深耕与耙耱整地相结合：深耕只是耕作改土的基本措施，还必须与其他耕作措施相结合，才能使土块细碎、疏松、绵软、平整，巩固和提高深耕效果。沙性大的土壤应围绕保墒防旱来进行土壤耕作。耕后耙耱保墒，防止跑墒，为花生适期播种、顺利出苗打好基础。特别是早春土壤温度升高，土壤解冻，重力水下渗，此时如果地面板结，毛管水就会上升到地面大量蒸发。因此，冬耕后不论是否已经耙过地，2月下旬到3月上旬都应在夜冻昼消时顶凌耙耱为宜。雨水多的南方，土壤湿度大，耕后充分暴晒才能耙地，即福建的"晒白"、四川的"炕土"，以促进土壤风化，使土壤质地疏松。特别对水旱轮作、地势较低、质地黏重的土地，耕后晒白尤为重要。秋花生种植区，经春夏雨水淋洗和前茬栽植后，土壤质地坚硬，前茬收获后整地细耙，使土壤疏松细碎。

5）选择适宜的深耕时间：土壤物理性状的改善和枯枝落叶、根茬等有机物质在微生物作用下腐熟分解都需要一定的时间，深耕深翻要及早进行。北方春花生区一般在冬前进行深耕，早春浅耕；夏花生区在秋季前茬小麦播种前深耕。深耕有效年限一般可维持2~3年。

2. 压沙掺淤

（1）压沙掺淤换土改良土壤的作用机制：

1）改良土壤质地：过沙或过黏的土壤，通过压沙换土，采用"泥入沙，沙掺泥"办法，调整其耕作层泥沙比例，实现质地改良。风沙土质地粗松，易遭风蚀，通过掺淤压沙，土壤颗粒组成变细，土壤质地变为沙粉土、两合土，增加了土壤结持力和抗风蚀能力。黏土中细黏粒含量30%~40%以上，有的甚至达50%~70%，经过掺沙改良，其质地渐变成黏壤土或粉土。另外施用泥沙肥，如北方的土粪，南方的泥肥（包括塘泥、湖泥、淤泥）、炉渣、窑灰渣、粉煤灰等改良土壤，对于加厚耕作层，改变土壤的物理、化学性质都有良好的作用。

2）改善土壤物理性状：沙质土通气性、透水性好，易耕作，但持水力小，不耐旱；黏土通气透水性差，干时坚硬易龟裂，湿时膨胀易分散，不耐旱亦不耐涝，不利于花生根系发育。压沙掺淤换土可以使土壤的耕性、胀缩性、黏着性、通透性得到改善，有效地增加黏质土壤的适耕期，提高抗旱保墒能力。

3）提高土壤蓄水保肥能力：掺淤换土减少了沙质土壤中大孔隙，增加了毛管孔隙数量和土壤的持水力，改善了土壤的蓄水保水性能；增加了土壤的黏粒含量，提高了土壤结持力和保肥供肥能力。换土压沙可以改善黏质土壤通透性，提高土壤保水能力，促进微生物活动和土壤有机质及矿质营养分解、释放，提高土壤肥力。

（2）压沙掺淤改良土壤应注意的问题：压沙掺淤换土应与增施有机肥料、因土种植、生物改良等措施相结合，才能真正实现土壤改良，提高土壤质量和耕地综合生产力，增强农业持续发展的后劲。

3. 科学施肥　通过增施有机肥、秸秆还田、绿肥掩青增加有机质含量；通过配方施肥平衡养分，改善生物性状，调整酸碱度等。

4. 土地整理　通过土地平整、沟渠配套、整修梯田等措施，实现土壤地力均衡、排灌通畅、保水保肥、旱涝保收。

（三）我国花生产区的土壤类型及改良措施

我国花生产区大部分是中低产田，通过土壤改良，可以使土壤物理、化学、生物性状及其内部水、肥、气、热等主要肥力因素得到改善，进一步提高土壤肥力。

1. 沿河平原沙土　沿河平原沙土是河流冲积物，由于河流泛滥和流水分选作用，形成了不同质地的土壤及层次，导致了沿河两岸的沙土区。尤其是黄河两岸沙层深厚，一般在 1m 以上，有的达几十米。许多地方由于河流多次泛滥，中下层常出现胶泥层，形成深浅不等的沙黏相间的土层。这类土壤表土为黄色或棕灰色的细沙质土，习惯分为飞沙土、白沙土、黄沙土、青沙土和淤沙土、两合土等。这类土壤多呈微碱性或石灰性反应，pH 值为 7~8，肥力低，有机质含量 5~14g/kg，全氮含量 0.4~1.0g/kg，全磷含量 0.5~0.7g/kg，全钾含量 19~23g/

kg。虽然表层土壤质地松软，土层深厚，通透性良好，容易耕作，收获省工，但是土层薄，土粒粗，结构差，自然肥力低，蓄水保肥力弱，不耐旱涝，风蚀严重，可针对性采取以下措施对土壤进行改良。

（1）增施有机肥：有机肥料是一种完全肥料，不但含有氮、磷、钾及各种微量元素，还有大量的有机质，具有提高地力和保肥蓄水的作用。同时有机肥料中有一种有机胶体，可以把单粒的细沙胶结成团粒，改变沙土的松散无结构状态。坚持连年增施有机肥料，可使碱性偏大的土壤降低 pH 值。因此，增施有机肥料，不但有明显的增产效果，同时也有改良土壤的作用。

（2）发展绿肥：在春播花生区，利用冬闲地种植绿肥（毛叶苕子），既可防风固沙，又可作花生的基肥，是改良土壤、培肥地力、提高花生产量的有效措施。

（3）深耕深翻：深耕能打破犁底层，加厚活土层，改善土壤的理化性质，增加土壤渗水速度和土壤含水量，促进花生根系的生长发育，扩大吸收水分和养分的范围。据河南省中牟农校观测，随着主根向下伸展，侧根也随之增加，侧根长在主根近地表区的土壤中只占 2.7%，集中发生在距地表 33cm 的主根上。因此，深耕要达到 26~33cm。同时，深耕能促进根瘤菌的活动和数目增多，也显著促进其他好气性微生物活动。

（4）防风固沙：风沙严重的沙地营造防风林带，种植紫穗槐、柳树等落叶灌木，实行乔木与灌木相结合，以防风固沙，聚积落叶，增加土壤有机质，避免风蚀，使耕层土得到固定，土壤肥力逐年得到提高。

（5）压沙翻淤：各沿河冲积平原地，由于河水多次泛滥，携带的大量泥沙沉积，使土壤形成了不同深度的沙黏相间层，土质沙黏参差不匀，深浅不一，可采取翻淤压沙或翻沙压淤措施进行改良。如果土壤上层是深浮的沙土，下层较深处有早年淤积的黏土层，这类土壤怕风蚀不耐旱，可采取压沙翻淤的方法进行改良；反之，上层是淤土层，下层是沙砾，上紧下松，不易耕作，漏水漏肥，果针入土难，可进行翻沙压淤。

2. 丘陵红黄白土 这类土壤特点是质地黏重，土层浅，结构不良，土壤肥力较低，水分不易下渗，易饱和，雨季常有土壤渍水，形成涝害，是我国北方丘陵花生区的主要土壤类型。豫西、豫南、豫西南山区及湖北的部分丘陵山区的黄棕土、黄褐土等均属此类土壤。这些浅山丘陵区的红黄白土，水土流失严重，土层薄，耕性不良，容易干旱，土壤肥力很低，一般有机质含量在0.4%~0.5%，全氮0.04%~0.07%。这种土壤种粮不保收，通过逐步改良种植花生，土壤肥力可大大提高。其改良措施有以下几种：

（1）修筑反坡梯田：结合小流域治理，修筑反坡梯田，营造水土保持林，以及采取防止土壤冲刷的耕作方法，不仅对水土保持有很好的效果，也是丘陵山区发展花生生产的重要措施。修筑梯田宽度应根据地形和坡度而定，坡度较缓的地块适当宽，以便作业；坡度较陡的则窄些，以免动土量过大。整修梯田应在冬季，以便土壤经过熟化，积蓄雨雪，促进养分分布。

（2）增施有机肥：这类土壤有机质含量极低，增施有机肥料具有改善土壤理化性状，提高地力和保肥蓄水的作用。

3. 砂姜黑土 砂姜黑土是古代湖泊的沉积物，含有较多的游离碳酸钙，分布在地形平坦低洼、地下水排泄不畅的地区，其埋深通常在1~2m，雨季可上升到1m以内或接近地表。该类土壤特点是土壤质地黏重，土层深厚，砂姜层一般在30cm以下，土体以暗灰黄、橄榄棕色为主，土层中含有砂姜，耕作层以下土体呈棱块、棱柱状结构。黏粒矿物组成以蒙脱石为主，其次为水云母，还有少量高岭石。蒙脱石具有强烈的膨胀性和收缩性，故砂姜黑土遇水膨胀，遇旱收缩。砂姜黑土有机质含量不足，严重缺磷少氮。有效锰、铁的含量较高，有效铜含量适中，而有效锌、硼、钼的含量过低。砂姜黑土质地黏重，耕性差，有遇水而瀦的特点。据调查，砂姜黑土遇雨水后比沙土还松散，花生果针下扎也比沙土地容易（表3-2）。其改良措施有以下几种：

（1）起垄种植：起垄种植，能够增加土壤通透性，提高地温，减少涝渍影响。

（2）增施有机肥：增施有机肥，增加土壤有机质，可提高土壤肥力，改善理化性状。

（3）前茬秸秆还田：每年前茬小麦、油菜等秸秆还田，可逐步提高土壤有机质含量，改良土壤理化性状。

表3-2 砂姜黑土主要土层的养分状况

土层	平均厚度 / cm	有机质 / （g/kg）	全氮 / （g/kg）	全磷 / （g/kg）	速效磷 / （mg/kg）	缓效钾 / （mg/kg）	速效钾 / （mg/kg）
耕作层	12	13.5	0.92	0.34	3.6	526	150
亚耕层	15	11.2	0.93	0.28	2.4	591	141
黑土层	52	7.6	0.58	0.30	1.8	574	147
砂姜土层	41	5.8	0.43	0.28	1.5	549	149

4. 南方红黄壤土 我国长江以南地区广泛地分布着红色、黄色酸性土壤，pH值一般为4.5~6.0，统称红壤。土壤中多数磷素作物难以利用，所以施磷效果好。红壤由于受淋溶作用影响，钾、钙、镁含量有很大差异。红黄壤土质地大致分三类，一是沙黏比例适中的壤土；二是沙土和粉沙土，含沙粒较多；三是黏土，含黏粒40%~60%。第三类土壤分布面积最大，其物理性状较差，"天晴一块铜，下雨一包脓"。其改良措施有：

（1）整修梯田：红壤地区春夏多雨，易造成水土大量流失。修筑梯田，在梯田的三面筑地堰，堰上种多年生牧草以防冲刷，在地边和畦间开挖纵横排水沟，并在梯田出口处挖沉淤池以阻止水土流失。

（2）加厚活土层：红壤耕层薄，土体板结，透气不良，不利于花生根系发育和荚果膨大。冬季深耕15~20cm，能改善土壤结构，加厚耕层，提高蓄水保肥能力。

（3）垄作栽培：采取等高垄作减少土壤冲刷量和养分流失。

（4）施用石灰：施用石灰不仅能中和土壤酸性，促进有机质分解，改良土壤结构，而且能增加土壤中的钙素。

（5）增施有机肥：增施有机肥，发展苕子、紫云英、田菁等绿肥，可提高土壤肥力，改善理化性状。如河南花生产区土壤类型多样，可根据不同特性进行改良，用养结合（表3-3）。

表3-3　河南花生产区土壤类型及特点

类型	产区	外观	质地	养分特点	酸碱度	耕性
褐土	平顶山、许昌、洛阳	褐色	含黏粒少，上松下实，土体40~80cm有明显的黏化层	有机质含量低，缺氮少磷富钾、缺硼（B＜0.36mg/kg）、碳酸钙丰富	（pH值7~7.5）中性至微碱性	疏松宜耕，雨后易板结
黄褐土	南阳、信阳、驻马店	淡黄色	中壤或重壤，粒状结构；下层有砂姜聚集层	有机质5.4~27.3g/kg，有效氮21.38~162.07 mg/kg，速效磷1.03~67.86mg/kg，速效钾22.0~302.7mg/kg，微量游离碳酸钙	（pH值6.8~7.5）中性或弱酸性	适耕期长，纳墒保墒
黄棕壤	信阳、南阳	黄棕色	花岗岩、片麻岩、页岩、砂岩等岩石风化物，淋溶层之下有结粒和铁锰淀积层	有机质5.9~24.1g/kg，有效氮54.7mg/kg，速效磷钾分别为10.8mg/kg、143.4mg/kg，特别磷普遍偏低	（pH值5.0~6）呈酸性或弱酸性	耕性较好，适耕期长
潮土	黄淮海平原商丘、开封、新乡、安阳和濮阳	土黄色	河流沉积母质。沙质沉积物呈粒状或结合力差的小块状结构；壤质沉积物含一定量黏粒和有机质，毛管孔隙发达，结构性好；黏质沉淀物中黏粒细粉粒，结构紧密通透性差	有机质10.0g/kg，有效氮25.2~206.4mg/kg，速效磷1.63~120.2mg/kg，速效钾41.7~123.3mg/kg，有效锌含量中等偏低，有效硼含量缺乏	呈中性和偏碱性	剖面由耕作层、犁底层、心土层和底土层构成。耕作层15~25cm
砂姜黑土	驻马店、南阳、周口	黑褐色	成土母质为河湖沉积物	有机质15.1g/kg，有效氮70.3mg/kg、速效磷12.5mg/kg，速效钾191.8mg/kg	中性至微碱性	土质黏重，透水性、耕性差，适耕期短

类型	产区	外观	质地	养分特点	酸碱度	耕性
红黏土	豫西海拔400~600m的洛阳丘陵区	暗红色或棕红色	成土母质为红色黏土。1m土体有红色的铁锰胶膜，心土层和底土层有不规则的黑色铁锰胶膜斑块	有机质含量低，12.3g/kg，速效氮18.4~165.9mg/kg，速效磷3.51~41.08 mg/kg，差异较大，速效钾丰富，204.8 mg/kg	中性至微碱性	土质黏重，透水性、耕性差，适耕期短
水稻土	信阳地区	特殊剖面形态特征	物质受到淋溶，一些物质在土体中淀积	有机质15.9g/kg，腐殖质高。有效氮24.3~92.2mg/kg，速效磷3.03~30.18mg/kg，速效钾较低44.2~184.3mg/kg	呈酸性	采取绿肥压青，增施磷、钾肥

（四）花生播前整地

1.春播花生整地要求　春播花生约占我国花生面积的20%，一年一季，有充足的耕整时间。

（1）冬季深耕：春播花生田在前茬作物收获后进行冬耕，一般耕深25~30cm，结合冬耕每亩施腐熟有机肥500~1 500kg。冬季深耕的作用：一是熟化土壤，提高土壤肥力，速效氮、磷、钾和腐殖质大量增加；二是深耕后土壤疏松，孔隙度加大，提高保肥保水性能；三是改良土壤结构，利于根和根瘤生长。

（2）春季浅耕：春分时浅耕10~13cm，随耕随耙，保好底墒。如墒情不好可不春耕，但须顶凌耙地保墒。

2.夏直播花生整地要求　夏播花生前茬为小麦、油菜、大麦、豌豆、大蒜、土豆等作物，采取的整地技术一般根据土壤理化性状和腾茬早晚而定。留茬高度15cm以内。

（1）深耕：夏花生应在小麦（或油菜、大麦、大蒜等）播种前实行一次25~30cm深耕施肥，以改良土壤理化性状，减轻病虫害发生。

（2）浅耕：前茬收获后浅耕灭茬。浅耕10~17cm后耙细耱平，底施有机肥，配方施用化肥，起垄播种。起垄种植加深活土层，三面受光，提高地温，利于果针入土和荚果生长发育。

（3）少免耕：腾茬较晚，播期临近，为保证花生适期早播无法耕地时，应采用大型旋耕机旋耕10~15cm后，趁墒抢时机械化起垄播种，采用种肥同播技术施用速效肥料，促进幼苗健壮生长。疏松土质也可采用自带旋耕工序的多功能起垄播种机进行复合作业。

3. 麦垄套种花生整地要求　麦垄套种花生整地的重点是在小麦播种前深耕25~30cm，耕后耱碎整平。在花生播种后结合中耕灭茬施肥培土扶垄。

二、种植安排

合理的栽培制度就是根据自然生产条件因地制宜、扬长避短，合理安排作物生产，充分利用水、肥、气、热条件，发挥作物优势潜力，提高产量、品质和效益的农业生产基本措施。我国栽培制度复杂，从复种指数上看，有一年一熟、一年两熟、两年三熟、两年五熟等；从茬口来看，有冬季休闲地种花生，有麦田套种，有麦茬（或油菜茬）花生，也有花生与其他作物间作；从播种期上看有春播、夏播、秋播、冬播之分。种植安排既要考虑到充分利用自然季节、地力和光能，又要注重用地养地相结合。

（一）花生栽培制度的制约因素

花生栽培制度主要受气候、土壤、品种、栽培技术、市场需求等因素制约。

1. 气候　从气候方面看，花生生长发育需要充足的光照、适宜温度和土壤水分。如花生种子发芽的最低温度为12℃，最适温度为25~37℃，超过37℃发芽速度降低。花生播种时，若5cm地温低于12℃（高油酸花生低于15℃），轻则延迟出苗，重则造成烂种。花生苗期长短与温度关系也很大，日均温25℃比日均温20℃苗期缩短6.2~6.8天。所以，安排花生栽培制度时，首先要考虑花生从播种到收获能否顺利完成各个生育阶段的生长发育。如我国东北、华北、云贵、西北地区年积温低于3 500℃，适宜一年一熟制；黄淮平原、山东丘陵、陕豫晋盆地等地气候温和，年积温高于3 500℃，适宜一年两熟和两年三熟制；长江流域、东南沿海年积温高于5 000℃，适宜一年两熟、一年三熟制。

2. 土壤　花生的适应性广，抗旱、耐瘠、较耐酸，在土层浅、不宜种植粮食和蔬菜的沙薄地、pH值低于6.0的酸性土壤上亦能生长，但这样的条件下只能采用一年一熟制种植花生。而在土层深厚疏松、质地肥沃的壤土和沙壤土上，则可提高复种指数，发展两年三熟或一年两熟、一年三熟制，实现粮、油、菜等多种作物复种轮作，提高经济效益。

3. 品种　不同类型品种对积温需求有差异：普通型为3 596.15 ± 143.05℃，珍珠豆型为3 147.12 ± 263.16℃，多粒型为3 005.68 ± 217.8℃，中间型为3 261.5 ± 271.27℃，龙生型为3 562.96 ± 204℃。所以在温带、暖温带地区，种植生育期长、株型松散、分枝较多的晚熟品种需采用一年一熟制；种植生育期较短、株型紧凑、分枝较少的早中熟品种可采用两年三熟或一年两熟制。

4. 栽培技术　栽培技术进步实现了光、热、水、土资源充分利用，对种植制度影响也较大。如春播地膜覆盖栽培加速了生育进程，比露地春播提早成熟15天，可采用两年三熟，秋季多种一季蔬菜；麦垄套种可提早播种15天，可改一年一熟为一年两熟。

5. 市场需求　市场需求引导着生产发展。如近年来鲜食花生市场需求量增大，春花生采取提早播种，地膜覆盖栽培，争取在7月中下旬提早上市，以尽量延长鲜食花生供应时间，满足市场需求。夏秋季可以再种植一季蔬菜。

（二）轮作倒茬

花生与其他作物的轮作是指在同一地块上，将花生与其他不同科、属作物搭配，有顺序地在年际间或季节间轮换种植不同作物或复种组合的种植方式。不论一年一熟制、两年三熟制，还是一年两熟、一年三熟制均可实行轮作。

1. 轮作倒茬增产的原因　花生轮作周期越长，越利于增产提质；连作年限越长，减产越严重。重茬田植株外观表现为株型瘦小、果少、果秕。轮作增产原因：

（1）提高土壤肥力，改善土壤理化性状：花生与小麦、玉米、谷子、水稻、瓜类、甘薯等其他作物复种、轮作，由于不同作物的植物学特征、生物学特性以及栽培方法差异，对土壤的理化性状、微生态条件等产生不同的影响，调节土壤养分，养分互补，改善土壤理化性状，用地养地，提高地力。

一是因为养分需求特点不同。连作会造成土壤中某些营养元素缺乏，而另一些营养元素过剩，导致土壤中的营养成分比例失调，影响产量继续提高。轮作则有利于土壤养分合理利用。如水稻、小麦等禾本科作物对氮、磷、钾和硅的吸收量较多，对钙的吸收量较少；而花生有根瘤菌固氮，还能将固定的氮素遗留于土壤中一部分，对土壤中的氮素吸收量较少，而对钙的吸收量较多。花生含氮高的残根落叶还田又能提高土壤肥力。因此，花生与其他需肥不同的作物进行轮作倒茬，土壤中有机质及氮磷养分均明显增加。

二是轮作改善土壤物理性状。据广东农科院试验，水稻多年连作，土壤板结，孔隙度小，渗透性差；水稻与花生轮作后土壤结构变疏松，孔隙度增加，通透性良好。

三是花生与禾本科作物根系分布区域不同，轮作复种可以充分利用地力。花生是圆锥根系，主根入土深度可达 1m，根系在 0~30cm 耕作层中可占 80%~90%，小麦、玉米是须根系，0~60cm 土层中的根系占总根量的 70%~90%，小麦、玉米与花生复种轮作，有利于花生吸收耕作层的土壤养分和小麦、玉米吸收全土层的土壤养分。另外，小麦、玉米根系对土壤中难溶解的矿物质利用率很低，只能吸收易溶性磷化物，花生对土壤中难溶性磷化物的利用率较高，两者轮作，能充分发挥土壤肥力增产潜力。

（2）减轻病虫草害：病虫和杂草都有适宜的寄主和生活环境，轮作使病虫失去适宜的生活条件，病原菌失去了寄主，生长和繁殖受到限制，危害就会大大减轻。如花生叶斑病的侵染源是在植株残体上越冬的孢子、菌丝团、分生孢子、未腐烂的子囊壳等，花生与小麦、玉米、甘薯等作物轮作换茬 2 年以上，叶斑病可明显减轻。水旱轮作能显著减轻花生青枯病、茎腐病、根腐病等土传病害。花生根结线虫病为害花生、棉花、大豆等作物，但不为害小麦、玉米、大麦等禾本科作物。

（3）避免花生根系分泌物自身中毒：花生根系可以分泌一种有机酸，分解土壤中存在的矿物质养分，有利于根群周围微生物的活动，但连年重茬后，有机酸在土壤中积累量增加，超过了自身需要，易形成有机酸自身中毒，影响根系生长和吸收功能。这种现象轮作倒茬则可以避免，所以农谚说"花生喜生茬，换茬如上粪"。

解除花生连作障碍最经济有效的措施是花生与其他作物实行合理的轮作。采取深翻改土、增施有机肥和磷钾速效肥等措施，需要耗费较高的劳力和物质投入的成本，效果并不十分理想。

2. 我国花生产区的主要轮作方式　各花生产区因作物布局、种植习惯、市场需求不同，花生与其他作物的轮作方式有差异。主要轮作方式有以下几种（"→"表示前后作；"—"表示跨年；"＜"表示套种）。

（1）冬小麦＜→夏花生—冬小麦→夏玉米（夏甘薯或杂豆）；

（2）冬油菜（大蒜、豌豆、大麦）→夏花生—冬小麦→夏甘薯（或夏玉米）；

（3）冬季绿肥—春花生—冬小麦→夏甘薯；

（4）春花生—冬小麦→夏玉米（或夏甘薯等其他夏播作物）；

（5）春花生→秋蔬菜—冬小麦→夏玉米（或夏甘薯等其他夏播作物）；

（6）冬小麦→夏花生—早、中稻—秋耕炕田（休闲），为水旱轮作方式；

（7）绿肥（冬闲）—春花生→秋蔬菜—冬小麦＜花生→绿肥；

（8）春花生→晚稻—小麦或油菜→早稻→晚稻；

（9）早稻→秋花生—小麦→早稻→晚稻；

（10）春花生→秋甘薯—冬小麦→夏玉米

（11）早稻→中稻→秋花生—早稻→晚稻→冬甘薯；

（12）春花生→晚稻→冬甘薯（小麦）。

（三）间作套种

花生与其他作物间作是指在同一土地上，同时或时隔不久，按一定比例种植花生与其他作物（玉米、甘薯、棉花等）的种植方法。而套种是指在前作物的生长后期，于前作物（小麦、油菜等）行间播种花生的种植方法。间作套种不仅能够充分利用空间、时间和地力，合理安排茬口，提高复种指数，增加单产和经济效益，而且能够用地养地，提高土壤肥力。

1. 间作套种增产增效机制

（1）充分利用光热资源：花生与其他作物间作套种，花生与其他作物间作构成复合群体，由于植株高低差异、形态不同，充分利用空间分布，增加了全田植株的密度，增加了叶面积系数，扩大了绿叶受光面积，提高了光能利用率。套种则利用两作物收获季节差异和生长发育阶段差异，提早花生播种期，延长生育期，充分发挥各作物在不同季节的生长优势，充分利用热量资源提高产量，增加效益。

（2）充分利用土地资源：充分利用土地，提高复种指数。不同作物对土壤养分的需求不同，同时由于不同作物根系深浅不同，在土壤中吸收养分的层次也不同。因此，花生与其他作物间作套种，可以充分利用土壤养分，达到养分互补的作用。并且间作套种提高了复种指数，在人多地少地区能够有效地解决花生与其他作物的争地矛盾。

（3）改善作物生育环境：花生与高秆作物合理间作，可改善田间小气候，改良通风透光条件。同时，合理间作可以调节土壤温湿度，提高土壤养分。花生与高秆作物间作，可以增加地面覆盖度，减少地表的直接散热和水分蒸发，提高土壤温度和湿度，有利于土壤养分的转化、分解及微生物的活动及根系对土壤养分的吸收和利用。

（4）统筹利用水肥资源：共生期间水肥可以通过合理运筹，一水两用，一肥两用，一膜两用，养分互补。如麦套花生可利用浇麦黄水实现花生足墒下种，一播全苗；西瓜花生间作可实现一膜两用。

2. 花生主要套种方式

在前茬生长后期，将花生提前播种在前茬行间，充分利用了光热资源以增加花生生长期内的光热量，延长花生的有效生育期，从而提高花生产量和品质。花生套种的前茬除小麦外，还有大麦、油菜、豌豆、蚕豆等。小麦套种花生，是我国豫、鲁、冀等省人多地少地区和温度较低、无霜期较短、全年总热量一年一熟制有余、一年两熟制不足的地区种植花生的方式。套种花生的时间在 5 月中旬，共生期 10~20 天。

3. 花生与其他作物的主要间作方式 间作的两种作物共生期较长，因此，就必须考虑对作物之间光能、养分的统筹兼顾。首先要高矮搭配，增加受光面积；其次应南北行种植，减少高秆作物对矮秆作物的遮阴。主要有花生玉米间作、花生棉花间作、花生烟叶间作、花生西瓜间作、花生甘薯间作、花生芝麻间作、花生绿豆间作、花生与林果间作（图 3-3、图 3-4）。

图 3-3 花生与果林间作　　　　图 3-4 花生与玉米间作

4. 间作套种应注意的问题 花生与其他作物间作套种在整个生育期或某一生育阶段在田间构成复合群体，它们之间既互相协调也相互竞争，技术处理不好的话不但不能增产还会减产。因此，间作套种应注意以下问题。

（1）适宜的作物和品种搭配：间作套种作物的搭配，要从有利于通风透光、水肥统筹、利于时间和空间的充分利用等方面考虑。高秆作物与矮秆作物搭配、松散型与紧凑型搭配，以利通风透光；双子叶与单子叶禾本科搭配，以便养分统筹互补；深根与浅根搭配，以便分层合理利用土壤中的水分和养分；生育期长的与生育期短的搭配，以充分利用时间和空间。品种选择上，花生应选用耐荫性强、适当早熟的高产品种，与其间作套种的作物要选择株型紧凑、抗倒伏的品种。

（2）合理的种植规格及密度：种植规格及密度关系到复合群体能否充分利用光、热、水、土、气资源，规避作物间的一系列矛盾。种植规格恰当，作物群体大小适宜，能使作物对光、热、水、土、气资源的利用充分，便于田间管理，充分发挥各项技术措施的增产提质效果。

（四）花生连作

花生连作降低产量品质已是不争的事实。然而，对于面积过大的集中产区和只能种花生的丘陵旱薄地，轮作几乎成为不可能。如何解除连作障碍，成为这些产区花生生产上的一大瓶颈问题。

1. 花生的连作障碍　连作对花生生长生育的影响，表现为花生的生长发育均受到抑制，植株变矮，单株结果数减少，荚果变小，总生物产量和荚果产量显著降低，病虫为害加重。其原因在于引起土壤微生物类群变化、土壤几种大量元素或微量元素缺乏导致养分失衡、土壤中主要水解酶活性降低等。

（1）连作对土壤微生物类群的影响：由于花生连作根系分泌物与植株残体及相对一致的耕作管理方法，形成了特定的连作花生土壤及根际微生物类群。随着连作年限的延长，真菌大量增加，细菌和放线菌大量减少。其中亚硝酸细菌减少更为突出。试验调查，连作2年亚硝酸细菌较轮作减少38%，硝酸细菌减少33%；连作3年亚硝酸细菌和硝酸细菌均减少80%以上。多数学者认为，真菌型土壤是地力衰竭的标志，细菌型土壤是土壤肥力提高的一个生物指标。多种土壤放线菌能分泌抗生素，抑制有害微生物的繁衍生长，连作造成放线菌的减少，可能导致花生病害的加重。亚硝酸细菌和硝酸细菌在土壤中担负着硝化作用，硝化作用是土壤中氮素生物学循环中的一个重要环节，对土壤肥力和植株营养起着重要作用。

（2）连作对土壤中速效养分的影响：花生连作土壤中的速效养分含量发生了明显变化，磷、钾等大量元素及铜、锰、锌等微量元素，随着连作年限的增加而呈递减的趋势。

（3）连作对土壤酶活性的影响：随着连作年限的增加，土壤中碱性磷酸酶、蔗糖酶、脲酶的活性均随之降低，碱性磷酸酶是重要的磷酸水解酶，在碱性磷酸酶的作用下磷酸根转化为植物可以吸收利用的形态。因此，相关分析发现，碱性磷酸酶活性与土壤中的速效磷、锌、钾呈显著正相关。蔗糖酶参与土壤中碳水化合物的生物化学转化（土壤中的有机物质、微生物和植物体中含有大量的碳水化合物及其相近物质），蔗糖酶的活性影响土壤中有效养分的高低。脲酶能促进尿素水解，连作花生即使施用较多的尿素，由于脲酶的活性降低，花生植株生长仍较轮作花生差。

2. 解除花生连作障碍的对策 我国重点花生产区的科研生产单位试验研究，提出了土层翻转改良耕地法、模拟轮作、科学施肥、施用土壤改良剂等减轻和解除花生连作障碍的措施和方法。

（1）土层翻转与深耕改土：土层翻转改良耕地法是将原地表向下0~30cm的耕层土壤平移于下，将其下7~15cm的心土翻转于地表。并增施有机肥料，翻转后耕层土壤施速效肥料。土层翻转改良耕地法既加厚了土层，又改变了连作花生土壤的理化性状，创造了新的微生态环境，减轻杂草为害和叶斑病。

土层过浅和心土过于黏重的地块不宜采用土层翻转法。土层翻转后部分生土翻转于地表，耕层土壤肥力有所降低，根瘤菌数量有所减少，应在冬前进行，花生播种时应增施适量速效肥料，并接种花生根瘤菌，以促进花生前期生长。

（2）秋冬季深耕：冬前深耕30cm以上可有效地改善土壤的理化性状，促进土壤微生物的活动。结合冬耕，增施有机肥料，既提高了地力，又有利于土壤微生物的繁衍（图3-5）。

图3-5 春花生田秋冬深耕

（3）模拟轮作：模拟轮作即利用花生收获后至下茬花生播种前的空隙时间播种其他作物，利用作物所分泌的可溶性有机化合物和无机化合物，影响和改变连作花生土壤微生物的活性，改善连作花生土壤微生物类群的组成。在春花生区，花生收获后播种秋、冬作物，并于封冻前或翌年早春对秋冬作物进行翻压。一般以小籽粒的禾本科作物和十字花科作物为好。山东省花生研究所试验表明，以小麦、水萝卜作为模拟轮作作物解除花生连作障碍的效果较好。

（4）科学施肥：增施有机肥，结合起垄播种，增施氮、磷、钾大量元素，并根据花生的需肥规律及测土结果，将氮、磷、钾合理配比，科学补充硼、钼、锰、铁、锌等微量元素，制成连作花生专用肥，对解决连作障碍有良好效果。

（5）土壤微生物改良剂：在连作花生土壤中直接施入有益微生物制剂或施入能抑制甚至消灭土壤中有害微生物而促进有益微生物繁衍的制剂，使连作土壤恢复并保持良性生态环境，是解除花生连作障碍最有效的途径。

（五）我国花生产区的主要种植方式

春花生是指在立春至立夏期间播种的花生。就黄淮海花生产区而言，春花生是指在春分至立夏播种的花生，适播期在4月中旬至5月上旬。夏花生一般在立夏之后种植，黄淮海地区夏花生一般为一年两熟制种植，能有效地解决粮油争地矛盾，充分利用光热资源，增加土地复种指数，提高单位面积土地生产力和利用率。夏花生主要采用麦垄套种和夏直播两种种植方式。

1. 春播 春播有垄作、平作；有覆盖地膜，有露地播种；有纯作和与果园幼林间作等多种方式。春播花生的种植模式主要有以下两种：

（1）春播地膜覆盖栽培：在冬春深耕细耙、增施基肥的基础上，应用多功能花生起垄覆膜播种作业机械，一次可完成碎土镇压、翻土筑垄、开沟施肥、覆土刮平、喷洒农药、铺展地膜、打孔播种、起土盖种等多道工序。规格为80~90cm一带，一垄2行，生产效率为3亩/小时，是人工的20~30倍。黄淮海区春播在4月5日~20日（图3-6、

图 3-7）。

图 3-6　春花生地膜覆盖栽培播种　　图 3-7　春花生地膜覆盖栽培田间长相

（2）春播露地种植：春播露地花生整地时间长，便于深耕深翻整地施肥。一般在沙薄地、旱薄地应用。除了不用地膜，其种植规格和其他播种工序与春播地膜覆盖相同。播期比地膜覆盖晚 15 天左右，即 4 月下旬至 5 月初（图 3-8、图 3-9）。

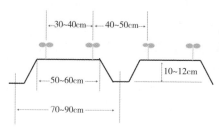

图 3-8　春花生露地起垄种植示意　　图 3-9　春花生露地起垄种植田间长相

2. 麦后夏直播　夏直播花生在前茬作物收获后进行播种，前作以小麦为主，也有马铃薯、大蒜、油菜、豌豆、蚕豆等。河南省冬小麦收获后接茬播种的夏花生过去有铁茬播种、整地后平播两种方式。目前主要示范推广的模式如下：

（1）机械化起垄种植：夏花生机械化露地或覆膜起垄栽培的规格为 70~80cm 一带，一垄 2 行，种植密度 2.2 万 ~2.4 万株 / 亩。夏花生地膜覆盖栽培需注意的事项：一是整地时间长；二是 6 月中旬以后升温快，破膜引苗不及时易灼烧幼苗；三是夏花生地膜覆盖种植适宜于土壤肥力中等以上的沙壤土地，土质黏重不易排涝散墒，地下部发育不良（图 3-10、图 3-11）。

图 3-10　夏花生露地起垄种植　　　图 3-11　夏花生露地起垄种植田间长相

（2）夏花生免耕起垄种植模式：麦收后先旋耕碎秸，再用起垄播种机完成起垄、施肥、播种，或者麦收后即用花生免耕起垄播种机一次性完成碎秸清秸、起垄开沟、侧深施肥、精量播种、播后均匀覆土、镇压等多道工序复合作业，解决了传统播种机具在麦茬全量秸秆地工况下作业顺畅性差、架种、晾种等技术难题。垄宽 50~60cm，沟宽 20cm，垄上播两行花生，小行距 25~30cm，大行距 45~50cm，穴距 15~20cm。播种深度 4~5cm。每亩用种 15~20kg，种植密度 2.2 万 ~2.4 万株 / 亩（图 3-12、图 3-13）。

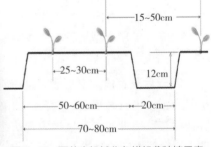

图 3-12　夏花生机械化免耕起垄播种　　图 3-13　夏花生机械化免耕起垄种植示意

（3）机械化免耕覆秸种植模式：麦收后利用免耕覆秸精播机播种，一次性完成灭茬覆秸、精量播种、侧深施肥、喷洒农药、开沟、覆土、镇压等多重工序。每亩用种 15~20kg，种植密度 2.2 万 ~2.4 万株 / 亩，行距 35~40cm，穴距 15~20cm，播种深度 4~5cm（图 3-14、图 3-15）。

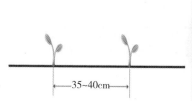

图 3-14　夏花生免耕覆秸种植模式
　　　　示意

图 3-15　夏花生免耕覆秸种植田间作业

3. 麦垄套种　麦套花生主要有麦套花生规范化种植和常规行行套种、隔行套种等几种模式，除大垄宽幅麦套覆膜花生种植模式的播种时间与春播花生相近外，其余种植模式的花生播种时间都在立夏后。

（1）麦套花生规范化种植：适宜于豫东北、鲁西南、河北南部小麦花生两熟地区。在麦播时设置 80cm 一带，垄面宽 40cm，垄沟 40cm，垄沟内播 2~3 行小麦，翌年 5 月中旬垄面播两行花生。前茬小麦选择早熟、抗病、矮秆的优质高产品种，要求叶片上冲、遮光性小、落黄好，后期不倒伏。花生根据当地生态条件选择丰产性好、早熟、综合抗性好、生育期小于 125 天的优质高产新品种。麦收前半个月（5 月 15~20 日）用小型播种机完成施种肥、点种、覆土等工序。墒情不足时，结合浇麦黄水造墒播种保全苗。麦收后残茬高度小于 15cm。麦收后顺沟机械中耕灭茬追肥，培土扶垄，花生形成 80cm 一带规范化宽窄行起垄种植模式，垄面 50~55cm，垄沟宽 20cm，垄深 12~15cm。小行距为 25~30cm，大行距为 50~55cm，播种深度 4~5cm，密度 2 万 ~2.2 万株 / 亩（图 3-16~ 图 3-18）。

（2）大垄宽幅麦套花生：两犁扶垄（带犁铧），宽垄距 90cm，用大垄宽幅小麦播种机扶垄播种一次完成一个宽播幅带，扶 70cm 宽平面垄，垄面宽 50cm，垄高 10~12cm，小麦起身拔节期（约在 4 月上中旬）垄上套种两行花生，垄上小行距为 25~30cm，穴距为

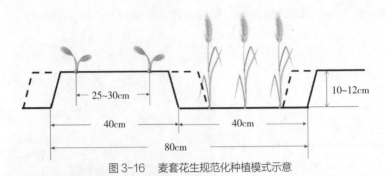

图 3-16　麦套花生规范化种植模式示意

图 3-17　麦套花生规范化种植
麦收后长相

图 3-18　麦套花生规范化种植灭茬
扶垄后长相

16.5~18cm，密度为 1.6 万 ~1.8 万株 / 亩。垄面覆盖幅宽 75~80cm 的地膜（图 3-19）。

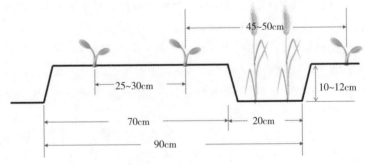

图 3-19　大垄宽幅麦套花生种植模式示意

（3）常规麦垄套种花生：常规套种即在小麦行间行行套种或隔行套种，主要靠人力套播。缺点是用工量大，种植不规范，花生发育不良。一直以来该模式在豫东、豫北普遍应用，多在中等偏下肥力水平地采用。小麦行距为 20~25cm，5 月中下旬，每行麦垄或每隔两行小麦单粒机播一行花生，花生行距为 40cm，密度为 1.8 万 ~2.2 万株/亩（图 3-20、图 3-21）。

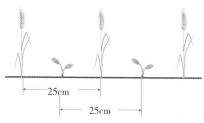

图 3-20 常规麦垄套种花生模式示意　　图 3-21 常规麦垄套种花生模式苗期长相

4. 秋播 秋播花生主要分布在南方，前茬作物水稻收获后进行播种。一般在 8 月播种，12 月收获（图 3-22、图 3-23）。

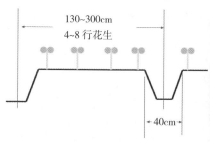

图 3-22 秋播花生种植模式示意　　图 3-23 秋播花生种植模式田间长相

5.冬播　冬播花生主要分布在海南岛和云南等地，生育期长短与冬季温度有很大关系，温度高生育期则短；反之则长。

三、播种技术

（一）种子准备

1.播种前晒种　花生种子经过较长时间贮藏，容易吸收空气中的水分，增加种子的含水量，因此在剥壳前要根据种子水分的变化，酌情晒种。晒种可使种子干燥，增加种皮的透性，提高种子的渗透压，从而增强吸水能力，促进种子萌动发芽。据试验，播种前带壳晒种可使花生提前出苗 1~2 天，出苗率提高 31%，种子带菌率减少 20.6%，增产荚果 6%。

剥壳前晒种，最好选择在晴天上午 10 时左右，把种子摊在土场上晒，到下午 4 时左右收起备用。晒种时摊种子厚度约 6cm，要注意翻动，力求晒得均匀一致。根据当地气温高低和种子的干燥情况确定晒种时间，一般晒 1~3 天即可。晒种时要特别注意不要放在水泥场或石板上，以免温度过高，损害种子发芽力。

2.剥壳和粒选　花生剥壳的时间离播种期越近越好。因为花生剥壳后，种子直接与大气中的水分、氧气接触，呼吸作用和酶的活动旺盛，物质转化加快，如果剥壳过早，养分大量消耗，降低了种子的生活力，会导致出苗缓慢，且不整齐。

花生剥壳后，剔出秕、小、破碎、感病虫、有霉变特征的种子，把饱满的种子按大小分级粒选，分级播种，有利于苗齐、苗匀，并有良好的增产效果。对比混级种子和二级种子，一级种子增产约 10% 以上。

粒选的方法有两种：一是人工剥壳，边剥边分级粒选；二是机械剥壳，然后筛选分级。选种筛为长方形木框，底部钉上 8 号铝丝或竹条，筛孔长方形，间隙一般有 5mm、7mm 两种，先用 7mm 筛孔的筛子筛一遍，选出二级种子，筛下去的为三级种子（一般不作种用）。也可用筛选机械筛选。

3. **发芽试验**　花生种子的发芽势和发芽率直接影响到出苗的快慢和整齐度。花生种子在贮藏期间，因为长期在变化的自然环境中，直接受温湿度等条件的影响，种子真实的生活力难以掌握，所以在剥壳前必须进行发芽试验，测定发芽势、发芽率。取种子包或粮囤里上、中、下三个部位有代表性的种子，混合均匀后进行发芽试验，每份样本可用 50 粒或 100 粒种子，重复 3~4 次。发芽时先使种子吸足水分，然后置于 25℃左右的温度条件下，经常保持种子湿润，待种子萌动后，每日观察种子的发芽情况，把两昼夜以内发芽的总数作为发芽势；三昼夜以内发芽的总数作为发芽率（以胚根长 3mm 以上为准），发芽势和发芽率均以百分率表示。作种用的花生，发芽势要在 80% 以上，发芽率要在 95% 以上。若发芽率在 80%~90%，要采取晒种精选、浸种催芽、拣芽播种等办法，提高发芽率和出苗率。低于 80% 的不宜作种。

4. **药剂拌种包衣**　根据当地病虫害情况，按照病虫害一体化防治的原则，选用防治地下害虫、根部病害、叶部病害等药剂进行浸、拌种。生茬地和病虫害很轻的地块，可选用根瘤菌等生物制剂拌种（详见第六章）。

（二）适期播种

花生种子比一般作物种子出苗缓慢，且不整齐，原因是花生种子较大，并含有大量的脂肪和蛋白质。要使这些高分子结构的脂肪和蛋白质转化为发芽所需的有机养分，需要较多的时间和足够的氧气供应。同时又因花生开花结荚期长，荚果发育有早有晚，导致种子大小和饱满度的差异，加之播种深浅和土壤含水量的不同，这都是花生出苗缓慢并且不整齐的原因所在。为了使花生出土时间缩短，达到全苗、齐苗和壮苗，播种前要做好种子准备，掌握好适播期和播种技术。

1. **确定播种期的依据**　掌握适宜的播种期，能够满足花生生育期对外界环境条件的需求，保证苗全、苗壮，植株生长发育良好，获得丰产优质。花生适宜的播种期，是根据品种特性、自然条件和栽培制度确定的。

（1）温度：在自然条件中，温度是确定花生适宜播种期的限制因素。在适宜水分条件下，早熟花生品种在15℃即可顺利出苗，晚熟花生品种在15~18℃才能很好出土。一般花生品种在土壤5~10cm地温稳定在15℃以上时即可播种；高油酸花生对低温较敏感，需要土壤5~10cm地温稳定在18℃以上时才能播种。

（2）湿度：在土壤温度适宜时，土壤湿度是决定花生适播期的另一重要因素。花生种子发芽需要吸收自身重50%~60%的水分。幼苗出土最适宜水分为土壤最大持水量的60%~70%，土壤水分低于最大持水量40%时出苗缓慢，易"落干"；而超过土壤最大持水量的80%时土壤透气不良，影响种子呼吸和根系发育，易烂种烂芽。

此外，确定播种期还与栽培制度、土质、无霜期等条件有关。如麦套花生还要考虑小麦长势，小麦长势差的花生适当早播，长势好的花生适当晚播。麦后夏播花生则抢时抢墒播种。在同一地区土质和地势不同，先播沙土后播黏土，先播阳坡地，后播阴坡地。

2. 我国花生产区的适宜播期

（1）春花生播种期：4月下旬至5月上旬为春播适播期。分地区而言，鲁西南、鲁中南、河南全省、河北南部、皖北、苏北地区以4月下旬最为适宜；山东东北部沿海及河北省东北部、辽宁省温度回升慢，以4月底至5月上旬为宜。从气温上掌握大粒型、小粒型、高油酸品种播期分别为5cm地温稳定在17℃、15℃、19℃以上；地膜覆盖播期比露地提早10~15天。

（2）麦垄套种花生适播期：麦垄套种花生的适宜播期，不但和土壤温、湿度有关，而且和小麦收获期早晚有关。一般比较适宜的套种期在麦收前半个月前后，河南、山东、湖北、安徽、江苏一般在5月10~25日。麦套花生播种要结合浇麦黄水或根据土壤墒情及雨水情况抢墒播种，一般掌握小麦与花生共生期不超过20天为宜。一般大垄宽幅麦套花生和小垄麦套花生模式可在麦收前20天播种；隔行套种、行行套种模式一般在麦收前13~15天播种。

（3）夏直播花生适播期：夏直播花生播种期主要抓"早"字。前茬作物（小麦、大麦、油菜、大蒜）收获后，立即整地灭茬播种。如前茬收获较晚，应抢时旋耕播种。黄淮海及长江流域，麦后夏直播花生播期最好在 6 月 10 日前播种，最晚不宜晚于 6 月 15 日。此后每晚播一天，都要明显减产。

（4）秋花生适播期：秋花生集中在广东、福建、广西等南方沿海省区，多在 7 月下旬至 8 月下旬播种。

（5）冬播花生适播期：海南岛和云南冬花生一般 11 月播种。

（三）提高播种质量

1. 播种方式 无论什么样的地势和土壤，目前花生播种基本上实现了机械化。农机农艺融合，选用合适的机械，一次完成起垄、开沟、施种肥、播种、覆土镇压等多道工序复合作业。

（1）垄播：北方花生区一般一垄双行，南方花生区一般一垄 3~4 行。起垄播种对提高地温和昼夜温差有利，同时排灌亦较方便，能防止积水烂果。在丘陵地上还可相应加厚土层，扩大花生根系吸收范围，有利于荚果发育。无论春播、麦套还是麦后夏播花生，都可以实现机械化起垄种植。宽窄行距双粒穴播、宽窄行单粒精播。

（2）平播：平地播种的特点是省工省时，保墒性好，但排灌管理不方便，昼夜温差小，多在沙土地应用。春播、麦套和麦后夏播花生都可采用平播。主要有宽窄行距双粒穴播、等行距双粒穴播、宽窄行单粒精播几种方式。

2. 行株距配置方式 花生的行株距配置主要分等行距双粒穴播、宽窄行双粒穴播、单粒精播等方式。

（1）等行距双粒穴播：等行距，每穴 2 粒，单株有效分枝、有效花的百分率较高。前期田间布局合理，光能利用率较好，幼苗健壮，发展均衡，在生产上应用较普遍。但在高肥水条件下，密度较大，田间通风透光性差，易造成中下部郁蔽。

（2）宽窄行双粒穴播：宽行距和窄行距相间排列，每穴 2 粒。该方式由于大小行相间，操作比较便利，并可减轻田间操作时对植株及果针的损伤，同时也有利于改善田间通风透光条件，发挥边行优势。

（3）单粒精播：宽窄行或等行、平播或起垄均可。每穴播 1 粒，缩小株距，单株均匀种植。优点是单株所占营养面积均匀一致，对水肥和光能利用均衡，群体均衡生长。缺点是种子发芽顶土出苗能力较双粒穴播差，若种子发芽率不高的话，有缺苗断垄现象。

3. 精细播种

（1）播种深度：花生在播种时，要根据土质、气候和土壤墒情，掌握适宜的播种深度。根据各地实践证明，土质黏的要浅些，一般以3~5cm深为宜；沙性大的土壤以5~6cm深为宜。但还要根据墒情及气温、地下水位情况灵活掌握，土壤墒差时可适当深些，墒好可适当浅些。夏花生播种时气温高，蒸发量大，可适当深些，地下水位高的要浅些。总之掌握在5cm左右为宜（图3-24）。

播种过深　　　播种深度适宜　　　播种较深

图3-24　播种深度对花生幼苗发育的影响

播后镇压的作用是使种子与土壤紧密接触，吸水发芽，在干旱多风的沙土地更为重要。应用机械播种进一步使农机农艺相融合，设置镇压程序时要根据土壤墒情而定，墒情稍差的镇压要重一点，水分稍多时要镇压轻一点，以防镇压过重表面板结，影响出苗。

（2）足墒下种：播种时土壤相对含水量在65%~75%为宜。在无水浇条件时，适播期内要抢墒播种，应做到有墒不等时，时到不等墒。

春花生和麦后夏花生要整地灌溉或趁墒播种；麦套花生结合浇小麦灌浆水加紧造墒播种。墒情不足又来不及造墒，可先适期播种，播种后浇蒙头水，保证出苗期水分供应（图3-25）。

图3-25　花生足墒下种

（四）播种机械

1. 机械播种的效果

（1）节约生产成本，提高经济效益。大大减轻劳动强度，节省用工。

（2）速度快，效率高。在农忙时节，有利于抢时播种；在干旱之年，有利于抢墒保全苗。

（3）提升标准化水平。机械播种能保持株行距一致，下种均匀，确保密度、深浅一致，达到一播全苗。田间播种标准化，有利于田间管理，提高管理效率和水平；有利于肥料水分资源高效利用和产品品质相提高。

2. 我国花生主要播种机械
21世纪以来，我国花生播种机械发展迅速，目前以多功能联合作业播种机优势最为明显。下面介绍几款适宜于北方花生区的机械。

（1）2BHQF-6型花生免耕起垄施肥播种机：河南农有王农业装备科技股份有限公司生产。主要用于花生田旋耕、起垄、施肥、播种复合作业。适宜于麦后夏直播、春播、秋播花生播种（图3-26）。

图 3-26　2BHQF-6 型花生免耕起垄施肥播种机

与 100 马力以上不同四轮拖拉机配套。用于花生田旋耕、起垄、施肥、播种，先起垄后播种，播种深度均匀，出芽率高。

播种机可通过液压系统实现升降，可单独旋耕作业，也可组合作业，提高生产效率。种肥异位同播，先起垄后侧深施肥，播种后又扶垄，播种深度均匀，垄面成型，垄深均匀，种肥不伤种子，有利于培育壮苗，实现花生高产。

（2）2BFD-2C 型多功能花生覆膜播种机：青岛万农达花生机械有限公司生产。配套动力 8.8~11kW，作业效率 3~5 亩 / 时，适应膜宽 80~90cm，播种深度 3~5cm，每幅播种 2 行，垄距 85~90cm，行距 27cm，穴距 15cm，破碎率小于 1%，亩播量 13~18kg，亩施肥量40~50kg，亩喷药量 30~50kg（图 3-27）。

图 3-27　2BFD-2C 型多功能花生覆膜播种机

功能齐全，一次可完成镇压、筑垄、施肥、播种、覆土、喷药、展膜、压膜、膜上筑土带等多道作业工序。不需人工打孔、掏苗和压土，播种规范，覆土均匀，出苗时间集中，出苗全。

（3）2BFD2-270-3B型花生覆膜播种机：山东省招远市佳山农业机械厂生产。配套动力为9~15kW，适应膜宽80~90cm，播深3~5cm，穴距17~21cm，4~5亩/时。适宜花生地膜覆盖种植区（图3-28）。

图3-28　2BFD2-270-3B型花生覆膜播种机

结构紧凑，多部位可调，适应山区和平原。一次可完成起垄、施肥、播种、覆土、喷药、覆膜、镇压、膜上种行覆土等复合作业，小苗自行出膜，免去人工打孔放苗。

（4）2BQ-2型气吸式精量播种机：沈阳市实丰农业机械厂生产。配套动力15~40kW四轮拖拉机，播种行数2行，生产效率6~8亩/时，播种深度2~7cm，施肥深度2~10cm，行距45~70cm，最大施肥量80kg（图3-29）。

传动性能稳定，播种精度高，株距准

图3-29　2BQ-2型气吸式精量播种机

确，出苗齐。同时可进行开沟、施肥、播种、覆土、镇压作业。通用性强，可用于花生、玉米、大豆、高粱及其他经济作物的播种，亦可在5~60cm范围内任意调整株距。

（5）2BHMX-6型全秸秆覆盖地花生免耕播种机：南京农机化研究所研制。工作幅宽240cm，播种行数6行，窄行距28cm，宽行距52cm，播种深度3~5cm可调，施肥深度5~6cm可调，刀轴、搅龙和风机转速均为2 000转/分，配套动力为55kW以上轮式拖拉机，作业速度3~7km/h（图3-30）。

图3-30　2BHMX-6型全秸秆覆盖地花生免耕播种机

可一次性完成碎秸清秸、苗床整理、秸区施肥播种、播后均匀覆秸等作业工序；作业顺畅、可靠、高效，播种质量高；秸秆均匀覆盖在地表；应用广泛，可更换不同施肥播种机构，还可满足全秸秆覆盖地免耕播种大豆、玉米、小麦等不同旱地作物。

四、适宜密度

花生群体的构成形成了群体内特有的小环境，这一小环境影响着个体生长发育，制约着群体质量。密度适宜时，花生个体与群体关系协调，充分利用光、热、水、肥、气，使群体生产潜力得到最大限度发挥，实现高产优质。适宜种植密度应该根据土壤、气候、品种及栽培措施等确定。

（一）花生产量构成因素

单位面积株数、单株果数和果重通常称为花生产量构成的三个基本要素。关系式为单位面积产量 = 单位面积株数 × 单株果数 × 平均单果重。

1. 单位面积株数　单位面积株数是产量构成因素中的基本因素。单位面积株数直接影响花生产量，同时影响单株果数和果重。单位面积株数过大时，单株生产力低，不能增产；单位面积株数过少时，虽然单株生产力较高，但因群体过小，仍不能高产；当因增加密度而增加的群体生产力超过单株生产力下降的总和时，密度则是合理的。当密度超过一定的范围，单位面积上因株数增加增长的生产力，抵偿不了单株因密度过大而减少的生产力时，产量则随密度的增大而降低。因此，根据品种和环境条件、栽培水平，将单位面积株数控制在适宜的范围内。

2. 单株结果数　花生单株结果数潜力较大，许多品种在适宜生育条件下单株结果数可达到 100 个以上。生产实践中正常密度范围内，双粒穴播单株结果数 20 个左右，单粒精播单株结果数可达 30 个。

在同等栽培条件下，单株果数与单位面积株数呈显著负相关。从花生生育过程看，花生单株盛花期前的花量是单株结果数的基础；结荚期以前采取有效的栽培措施，有利于提高单株果数。

同一品种同样种植密度，不同栽培水平间单株结果数也有较大变化。在合理的密度范围内，尽可能通过栽培技术增加单株果数是花生高产栽培的有效途径。

密度相同，不同品间单株结果数差异很大。蔓生型品间单株结果数多于半蔓型品种，半蔓型品种间单株结果数多于直立型品种。

3. 果重　在花生栽培上，果重一般用每千克花生中含有的荚果数量来表示（千克果数）。

首先果重是品种属性之一，不同品种荚果和籽仁差异较大。果重的高低取决于果针入土的早晚和生育期的长短，果针入土早，生育期长，果重则重。盛花期以后，特别是结荚期和饱果成熟期是荚果膨大、提高果重的关键时期，此期营养生长与生殖生长协调，满足各项生长发育条件，可显著提高果重。

果重也同时受到单位面积株数和单株果数两个因素的影响。在适宜密度范围内，果重与单位面积株数呈正相关；超过适宜密度，果重与单株果数、单位面积株数呈负相关。

（二）合理密植增产的依据

1. **种植密度对根系发育的影响**　在一定范围内，随着密度的增加，根系的干重下降，土壤上层根量的比率相应降低。

2. **种植密度对叶面积的影响**　不同的生育时期有足够的绿叶面积是花生高产的基础。在一定的种植密度范围内，花生单株叶面积随密度的增加而减少，群体叶面积随种植密度的增加而增加。结构合理的群体在结荚期绿叶面积最大，会产生一个较高的叶面积峰值，峰值过后叶面积下降缓慢。可通过结荚期叶面积系数判断花生密度是否适宜。密度不够而导致叶面积不足，会影响产量；但密度过大，群体在生长盛期前后田间郁蔽严重，导致盛期缩短，盛期后中、下部叶片脱落快，致使生育后期因干物质积累不足而影响荚果饱满度。

3. **种植密度对光能利用的影响**　栽培密度影响光能利用和干物质积累。前期由于植株个体小，不同的密度株间光照强度差异不大。随着植株个体生长，叶面积增大，不同密度株间光照强度的强弱差异愈加明显。在稀植情况下，株丛间遮阴较轻，光合生产率高，但群体叶面积总量小，光能利用率不高，光合总量和干物质积累量较少。在适宜的密度范围内，随着密度的加大，单株光合生产率有所下降，但群体光能利用率提高，群体干物质积累量增加。据中国农科院测定，花生种植密度在 1.2 万 ~3 万株 / 亩范围内，随密度的增加，植株同一部位的光照强度逐渐降低，而且越是植株下部光照强度降幅越大，当密度增大到一定程度时，植株下部叶片便处于光补偿点以下。

4. **种植密度对群体有效分枝的影响**　密度不同，对花芽分化、花序形成、花量多少都有不同的影响。开花前期，植株营养体较小，密度对花器的形成无明显影响；随着开花中、后期植株营养生长的加速，叶片迅速增多，密度大小明显影响花器的形成。在适宜的密度范围内，虽然单株开花下针数随密度增加而减少，但单位面积内开花总数却有所增加，表现为群体花早、花齐、花多、针多。

从植株分枝、开花和结果习性看，在一定的密度范围内，随着密度的增加，单株分枝数相应减少；但单位面积内群体总分枝数，特别是有效分枝总数增加，而无效的第三次分枝一般不发生。合理密植时，单位面积上所减少的分枝数，多为无效分枝，而增加的却是开花早、结果多、位于植株基部的第一、第二对侧枝。若密度过大，超过了适宜范围，田间郁蔽严重，通风透光不良，单株分枝数、有效分枝数与单位面积分枝数、有效分枝数会明显减少。

5. 种植密度对果针数量、结实率和荚果饱满度的影响　稀植条件下，尽管个体发育充分，单株结果数多，但单位面积荚果数量少、秕果多、质量低。适宜密度范围内随着密度的增加，单株开花量、下针数、结果数、饱果数减少，但单位面积开花总量、下针数、结果数、饱果数增加，且表现为花早、花齐、果多、果饱，产量提高。若密度超过了适宜范围，单株开花总量、下针数、结果数、饱果数与单位面积结果数、饱果数都明显下降。

6. 种植密度对群体生产潜力的影响　花生产量是群体产量构成的结果，而群体是由个体组成的，个体与群体之间存在着相互影响、相互制约的关系。花生单位面积内产量的高低决定于单位面积内株数的多少和单株生产力的大小。合理密植能够使群体生产潜力得到最大限度的发挥。

密度不足或过大，均不利于花生产量构成因素的形成。在密度过小时，单株所占营养面积较大，发育较好，可以获得较高的单株生产力，但由于单位面积个体少，群体产量不能提高。密度较低时，单株发育健壮，单株结果数增多，但容易使秕果、幼果比例增加，荚果成熟饱满度降低；在一定密度范围内，随着密度加大，单株生产力有所下降，单株结果数适中，但单位面积上因株数增多而增长的生产力超过了单株减少的生产力。所以单位面积产量随密度的增加而提高。当密度超过了这一范围，密度过高时，由于个体发育差，单株生产力急剧降低，由于荚果不能得到充足的营养输送而秕小，产量随密度的增大而降低。

（三）确定适宜密度的原则

确定合理的种植密度，必须综合考虑当地具体的气候、土壤、水肥条件、种植制度和品种特性等因素。

1. 品种特性　由于不同品种生物学特性的差异要求有不同的种植密度。

按植株形态，分直立型、蔓生型和半蔓型品种。普通型直立品种，植株生长紧凑，结荚集中，单株占营养面积较小，适宜的栽培密度应相对大些；而蔓生型花生，茎枝匍匐地面，分枝多而长，结果范围大，单株生产力高，只要当地生育期、温度、水分、养分条件能满足花生生长发育的需要，可以多开花、多结果，密度宜小些，密度大反而造成茎蔓交叉重叠生长，影响通风透光。半蔓型花生宜介于上述两种类型之间。

按生育期长短，可分为早熟种、中熟种、晚熟种。晚熟品种比早熟品种生育期长，植株较大，密度应相对小些；早熟品种生育期短，株丛小，开花早而集中，密度应大些。

珍珠豆型花生，生育期短，分枝少，开花早而集中，密度宜大些；普通型晚熟大花生，生育期长，分枝多，密度宜小些；中熟种宜介于两者之间。

总之，直立型品种宜密，蔓生型品种宜稀；早熟种宜密，晚熟种宜稀；株丛矮小的宜密，株丛高大的宜稀；分枝少的宜密，分枝多的宜稀。

2. 栽培条件　土壤的土体结构、养分状况、水分供应、施肥水平等栽培条件，都与个体和群体的生长发育直接相关。栽培条件中与密度关系最大的是肥、水条件。

不同肥力水平的土壤植株生育状况不同，要求有不同的密度。对于土质较好、土层较厚、养分含量高或施肥数量多的地块，花生可以得到充足的营养供应，植株个体生育旺盛、高大，种植密度相应宜小些，以充分发挥单株的生产潜力。如果种植过密，花生中后期田间郁蔽严重，田间通风透光不良，光合作用减弱，个体和群体都会受到影响。对于旱薄沙地，土层浅，肥力低，或施肥水平低，单株生长发育弱，株丛矮小，应适当加大密度，增加群体数，以发挥群体的增产作用；否则花生封行过迟，或不封行，不能充分利用地力和光能。

一般在降雨多、地下水位高、灌溉条件良好的情况下，不仅能满足植株生长发育对水分的需要，还可加快养分分解，密度应小些；反之，丘陵地区地下水位低，又无水浇条件的，中、后期雨量较少，又没有灌溉条件的地区，密度宜大些。

3. **气候条件** 生育期内气温较高，湿度较大，光照不足，密度宜适当小些；气温较低，湿度较低，光照充足，密度宜大些。

4. **播种早晚** 同一品种，春播花生生育期较长，植株营养体大，单株分枝数、结果数多，单株生产潜力大，密度应相对低些；麦套和夏直播花生生育期短，植株较矮，开花结果少，密度应大一些，以充分利用地力，增加群体生产力。

总之，在确定适宜的栽培密度时，应综合考虑，抓住主要影响因素。如在同一地区，土质、肥力以及栽培条件相同，品种就是主要因素；在同一地区，品种相同，土壤肥力或栽培条件就是主要因素。

（四）花生适宜密度范围

建立合理的群体结构，应以保证高产、稳产、优质、低耗为目的，以经济有效地利用光能和地力为前提，使花生群体与个体、地上部与地下部、营养器官与生殖器官、生育前期与后期均得到健康协调发展。

1. **春花生密度范围** 花生适宜的密度范围每亩为 1.6 万 ~2 万株 / 亩（每穴 2 粒或单粒精播），高肥田大果品种为 1.6 万 ~1.8 万株 / 亩，中肥田大果品种为 1.8 万 ~2 万株 / 亩；高肥田中小果品种为 1.7 万 ~1.9 万株 / 亩，瘠薄地中小果品种为 1.9 万 ~2 万株 / 亩。

2. **夏花生密度范围** 夏花生（麦套花生、夏直播花生）密度范围为 1.8 万 ~2.4 万株 / 亩，高产田大果品种为 1.8 万 ~2 万株 / 亩，中肥田大果品种为 2 万 ~2.2 万株 / 亩；中肥田小果品种为 2 万 ~2.2 万株 / 亩，低肥田中小果品种为 2.2 万 ~2.4 万株 / 亩。

3. 秋、冬花生密度范围 我国南部沿海地区的秋、冬花生一般为中小粒早熟品种，加上在中后期温度渐低、雨水渐少，结果较小，密度范围以 2 万 ~2.2 万株 / 亩较为适宜。

五、田间管理

（一）查苗补种与清棵蹲苗

花生播种出苗后，在田间管理上，除了进行施肥促苗、灌溉排水和防治病虫外，还要及时搞好查苗补种、清棵蹲苗、中耕除草和化学调控等一系列工作，才能充分发挥自然资源及各项措施的增产作用，保证花生良好生长发育，达到高产优质的目的。

1. 查苗补种

（1）缺苗断垄的原因：花生出苗的"齐、全、匀、壮"是丰产的基础。花生播种后，往往因种子质量不好、土壤水分不足、整地施肥不当、鸟兽虫害、寒流袭击以及品种适应性等原因造成种子幼芽死亡，导致缺苗断垄。机械播种的会因为在田块两头机械操作播种不规范，造成地头缺苗断垄。

（2）补种方法：

1）地头补种：在每块地机械播种结束后，要在地两头严格按照农艺要求，完成起垄、施肥、播种、喷药、覆膜、镇压、覆土等工序进行人工补种。

2）田间查苗补种：播种后 10~15 天大田花生齐苗后，及时查苗，发现有缺苗断垄现象及时催芽补种。种子要提前浸种催芽，补种时要补施苗肥，以利幼苗早生快发。或提前在田间地头预备小面积苗床，待幼苗 2~3 片真叶时带土移栽至缺苗空档。

2. 清棵蹲苗

（1）清棵的作用：清棵起到蹲苗作用，使植株生长健壮，多开花，多结果，多饱果。

1）促进第一对侧枝多结果：花生第一对侧枝结果数占全株结果数

的 60%~70%，第二对侧枝占全株 20%~30%。因此第一对侧枝生育状况对产量影响很大。但第一对侧枝着生在子叶节上，而花生出苗是子叶不出土和半出土的，因此第一对侧枝开始生长时往往被埋在土内，基部节间延长，影响开花结果。清棵后使第一对侧枝露出地面接受阳光，健壮生长；主茎和侧枝粗壮，基部节间缩短，开花结果早而集中，数量多，饱果率高。

2）促进根系发达：主根下扎，侧根增多，根系发达，提高抗旱能力和吸肥能力。

3）防治病虫害：清棵有利于清除根际杂草，减轻蚜虫为害。

（2）清棵方法：清棵一般在花生基本齐苗后，将花生幼苗周围浮土向四周扒开，使两片子叶和子叶叶腋侧芽露出土面，促进第一对侧枝生长发育，使幼苗生长健壮，即为清棵蹲苗。

平作可先用中耕机械在行间浅耕一遍，然后用小手锄扒土清棵。垄作可用中耕机械深锄垄沟、培土扶垄，然后用小手锄清棵。清棵的深度以两片子叶露出地面为准。太浅时子叶不能露出地面，起不到清棵的作用；太深时胚颈露出，容易造成幼苗倒伏。清棵时间以齐苗为准。过早清棵幼苗太小，对外界适应能力差；过晚易形成高脚苗，效果降低。一般清棵后经过 15~20 天再进行第二次中耕。

（二）中耕除草与培土扶垄

1. 中耕培土的作用

（1）疏松表土，保墒、散墒：中耕能破除表土板结，增加土壤通透性，有利于开花下针和荚果膨大，促进植株生长发育和土壤微生物活动。同时干旱时多锄细锄，切断了表层土壤毛细管，阻止了土壤内部向大气中的水分散失途径，防旱保墒；而土壤水分过多时，中耕又可起到散墒作用。

（2）减少杂草对土壤中水分、养分的消耗：杂草与花生争水争肥，大量消耗土壤水分养分，并妨碍果针入土，降低结果率和饱果率。因此适时进行中耕除草，可大大减少杂草对土壤水分养分的消耗。

（3）减少病虫害：病虫害以杂草为中间寄主，如蚜虫、红蜘蛛、根结线虫等。中耕灭草可减少病虫害的发生。

（4）培土迎针，提高坐果率：花生播种后，随着降雨、灌溉、风蚀及农事操作，会使种植垄沿有些许的滑落坍塌，影响边沿果针入土。中耕结合培土扶垄，可以缩短果针与地面的距离，减少高节位果针入土时的养分消耗，增加结果数；可增厚土层，利于荚果膨大，提高饱果率。

（5）利于灌溉排水：同时通过培土扶垄清理垄沟，使垄沟与灌溉排水沟相通，以利中期排灌，防旱防涝。

2. 中耕培土技术

（1）出苗后中耕 2~3 次：春播、夏直播花生第一次在齐苗后结合清棵进行浅中耕，目的为松动表土，清除杂草。第二次中耕在清棵后15~20 天进行深中耕。麦套花生要在收麦后迅速进行第一次深中耕灭茬，在第一次中耕 10 天后进行第二次中耕，目的是灭草保墒。第三次中耕一般在初花期进行中耕培土追肥。中耕最好结合下雨或浇水后进行。中耕时要注意机械离植株远近适宜，以免创伤幼苗和根部。

（2）盛花前培土迎针：盛花期以后大量果针入土，不适合再中耕，一般在盛花前进行培土迎针效果较好。花生封行前（春花生 6 月下旬至 7 月上旬，夏花生 7 月中下旬）结合清沟对花生基部进行培土。

3. 中耕机械

（1）大型中耕除草机：德国豪狮 Transformer VF 中耕除草机，电子监控系统，集成一体化的横向滑动主框架，可以搭配多种电子监控系统组合使用，简单快速调整模式，适应性广，契合性强。中耕深度可调整，中耕除草行距灵活可调，除草效果精准稳定，也可通过液压油缸提升的方式单独调整某一行中耕效果。可满足 25~90cm 不同行间距中耕除草需求；作业宽度 6~12m。工作宽度 6m 和 8m 的机型分为三段折叠，工作宽度 9m 和 12m 的机型分为 5 段折叠，折叠后运输宽度为 3m，运输高度 4m。除草转刀平行四边形结构，在黏度较大和石头较多的土壤条件下也可以保持足够的稳定性和耐久性。

（2）小型中耕松土除草机：国内许多小企业生产有小型中耕清沟松土除草机械，可以用于中耕培土、除草，主要由电动机、减速齿轮、行走机构、松土刀、深度调节机构等组成。电动机提供动力，通过联轴器与减速齿轮轴连接。工作部件由刀盘和立式松土刀组成，分为两组，由减速齿轮带动。深度调节机构由手柄、链轮及链条组成，通过改变机架的高度实现松土深度的调节。

（三）化学调控

植物激素是植物体内的有机代谢物质，能调节植物的生理过程。外施人工合成的植物生长调节剂对花生的休眠、发芽、营养生长、生殖生长、营养物质的运转分配、光合作用、呼吸代谢等都有着促进或抑制作用。按照国家农药管理条例合理应用化学调控，可以提高产量，改善品质，增加效益。花生常用化学调控有以下方法。

1. 抑制旺长　花生营养生长和生殖生长不协调，特别是水肥条件好、雨水过大、寡照天气易出现旺长倒伏，导致饱果率和果重降低。因此，若盛花期大果花生株高低于40cm、小果花生株高低于35cm，群体过早封垄，用植物生长调节剂控制徒长，抗倒伏，使光合产物更多地分配到生殖器官，提高产量品质。

（1）烯效唑：广谱性抑制剂，缩短节间，促进分蘖，降低株高，促进茎秆粗壮，叶厚色深，促进光合产物运输到荚果、种仁，提高产量，促进花芽分化和果实的生长；还可增加叶表皮蜡质，促进气孔关闭，提高抗逆能力。一般用5%烯效唑可湿性粉剂，每亩用20~30g，兑水20kg，叶面喷洒，控制株型。

（2）调环酸钙：调环酸钙迅速阻断赤霉素的合成，降低了GA1的水平，保护既存赤霉素活性，又抑制节间伸长，控旺防倒伏，防止植株早衰。调环酸钙同时加入了钾、钙等花生需求量大的元素，在解决花生早衰的同时，补充了花生营养，可使花生青稞成熟，花生籽粒饱满，结果数多。一般在盛花期至结荚期有旺长趋势的田块，将10%的调环酸钙悬浮液30~40mL按说明兑水，叶面均匀喷雾。

（3）三唑酮：三唑酮又名粉锈宁，是三唑类物质，既是植物生长延缓剂，又是一种高效、低毒、低残留、持效期长、内吸性强的杀菌剂。用以处理花生幼苗可使植株矮壮，根冠比大，减少叶面积，根系发达，增加叶厚，提高叶绿素含量，加强光合作用，减少蒸腾。通常使用抗蒸腾剂可关闭气孔，降低蒸腾，但光合作用随之下降，干重就大大减少，而粉锈宁却不引起光合作用下降。施用时采用 3~5g 三唑酮，兑水 20kg，苗期喷洒可培育壮苗，提高幼苗抗旱性。在盛花期用 3~5g 三唑酮，兑水 20kg，叶面喷洒，可抑制花生地上部伸长，利于光合产物向荚果输送，增加荚果重量。

（4）多效唑：多效唑是三唑类生长调节剂，是内源赤霉素合成的抑制剂。花针期施 100mg/L 多效唑，可明显抑制茎秆伸长，缩短节间，矮化植株，增强抗倒能力和光合能力，增加结果数和饱果率。但多效唑土壤残留分解较慢。

2. 促进生长

（1）芸薹素内酯：芸薹素内酯能提高花生幼苗的抗寒能力。用 0.01~0.1mg/L 的芸薹素内酯药液浸泡种子 24 小时，可促进发芽出苗，提高氨基酸、可溶性糖和叶绿素含量，避免倒春寒受冻缺苗问题。用 0.15% 的芸薹素内酯乳油 5g/ 亩，兑水 30~40kg，于花针期喷洒叶面，植株生长稳健，提高结果率。结荚期用芸薹素内酯溶液喷洒，能够调节茎枝叶中的同化物向荚果中运输和积累，提高结荚率和饱果率，百果重、百仁重均有增加。

（2）赤霉·吲哚·芸薹素：代表性的产品有碧护，是赤霉素、吲哚乙酸及芸薹素的复配产品，在各种作物上的应用极广，能够促进植株健壮生长。

（3）稀土：稀土可用于花生浸种、拌种和叶面喷施，促进植株健壮生长。浸种浓度以 500mg/L 为宜；拌种时，每千克花生种仁用 4g 稀土制剂，兑水 50g 溶解后，均匀拌种，晾干后当天播种；叶面喷施时，苗期浓度为 0.01%，初花期浓度为 0.03%。

3. 使用生长调节剂注意事项

（1）用药适量：用药适量涵盖施用浓度、单位面积用药量和施用次数三个方面。其中最重要的是浓度，浓度低不能起到调节作用，浓度高产生药害。

（2）用药适时：花生田间管理主要是前促、中控、后保，要在适宜的生育时期、适宜的苗情，结合土壤、气候、生产条件等情况适量用药，才能达到预期效果。

（3）不随意配合使用：生长调节剂的关系十分复杂，一些生长调节剂彼此之间有拮抗作用，混用会降低效果，甚至起反作用。

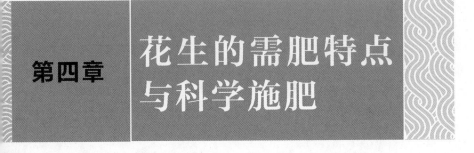

第四章　花生的需肥特点与科学施肥

目前，元素周期表中有 118 种元素。人类需要从食物中科学摄取充足的氮（蛋白质）、钾、钠、钙、镁、硫、磷、氯、硒、铜、钼、铬、钴、铁、锌等 40 多种元素。这些元素与人类息息相关，如腰酸胳臂痛可能与人体缺钙有关；儿童发育不良，面黄肌瘦，可能身体缺锌；硒能增强人体的免疫力等。农作物作为人类的食物来源，为人类提供各种营养元素，而其自身生长发育同样需要各种营养元素的供应。

一、花生的需肥规律与常用肥料

花生是地上开花、地下结实的作物。花生吸收养分的器官主要是根系，但叶片、果针、幼果也具有较强的营养吸收能力。花生要健康生长，必需的营养物质主要有 16 种矿质营养元素，按照这些元素在植物体中相对含量的大小，可分为大量营养元素、中量营养元素和微量营养元素。大量营养元素：碳（C）、氢（H）、氧（O）、氮（N）、磷（P）、钾（K）；中量营养元素：钙（Ca）、镁（Mg）、硫（S）；微量营养元素：锌（Zn）、硼（B）、钼（Mo）、铁（Fe）、锰（Mn）、铜（Cu）、氯（Cl）。此外，有益营养元素，如稀土元素能促进花生的生长发育，增加荚果产量。因此，要科学补充这些营养元素，保证花生健壮生长、优质高产，同时满足人类的健康需求。

（一）科学施肥的理论基础

要根据花生的需肥特点进行科学施肥，需要首先了解一下植物营养理论基础。

1. 养分归还学说　1840 年，德国化学家李比希提出"养分归还学说"。他认为，植物不断从土壤中吸取矿质养分，并在收获时带走一定的养分，土壤变得越来越贫瘠。采用轮作倒茬只能减缓土壤养分耗竭，必须把植物从土壤中带走的养分以施肥的方式全部归还给土壤，才能保持土壤养分平衡。养分归还的数量和种类并不是绝对化的等量归还，而是要根据作物种类和特性、土壤养分供应水平而定。氮、磷、钾需要量很大，自然归还率低，要重点向土壤补充。特别是氮素，对于生物固氮作物就不需要向土壤施过多的氮肥，否则会引起过多的氮素流失，甚至造成环境污染。钙、镁、硫、硅等养分属中度归还养分，随土壤类型和作物种类不同施肥也有差异。如在华北地区的石灰性土壤上，通常不需要施钙，而在华南的酸性土壤中，则必须施用石灰予以补充钙。

2. 最小养分律　1843年，李比希又提出了植物"最小养分律"。他认为，植物生长发育需要吸收不同养分，但植物产量受相对含量最少的营养元素控制。有人形象地用装水的木桶解释（图4-1）。

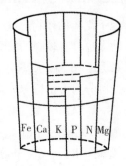

图4-1　"最小养分律"木桶图解

　　木板代表不同养分需要的紧迫程度，而非作物对养分的绝对需要量；木桶容量代表作物产量，其大小取决于最短的那一块木板。所以"最小养分律"又称"木桶理论"。在花生生长过程中，任何一种必需的营养元素都可能成为最小养分。测土配方施肥技术证明了最小养分律的科学性和重要性。辩证地应用最小养分律指导生产实践，应克服它的局限性。第一，最小养分是指限制作物产量的那种关键养分，而土壤有效供应水平最低。对不同作物来说，有些营养元素尽管不是最小养分，但对改善综合性状有明显作用，也要引起高度重视。比如，钙对提高花生饱果率和抗病性有明显作用等。第二，最小养分是动态的，当一种养分得到满足后，另一种就会成为新的最小养分。第三，最小养分可能是大量元素，也可能是中、微量元素。第四，作物产量受遗传及环境多种因素的制约，不会因不断解除最小养分而无限地增加产量。

3. 同等重要不可替代律 指不同的必需营养元素对作物的营养功能和生理功能各不相同，但它们对作物生长发育都是同等重要的，任何一种营养元素的特殊功能都不能被其他营养元素所替代。

4. 报酬递减律 法国古典经济学家杜格尔在18世纪后期提出"报酬递减律"。他认为，在一定范围内，土地产出收益总是随投入的增加而增加，超过最大限量后，收益就会逐渐地减少下去。因此，花生生产上要科学、精准施肥，实现节约肥料资源，获得最大的产投收益。

5. 因子综合作用律 指作物生长和产量取决于光、热、水、肥、气的综合作用。作物生长发育状况和产量品质在于作物所有需求因素配合协调与综合作用，任何一个因素与其他因素失去平衡，就会影响作物正常的生长发育。因此，在花生生产中，施肥不仅要注意养分的种类和数量，还需把影响作物生长发育和影响肥效发挥的其他相关因素协调配合、综合统筹考虑。

（二）花生的需肥特点与营养元素吸收运转

花生为豆科植物，因共生的根瘤菌能固定空气和土壤中的游离氮素供给自身部分氮素营养，而磷、钾、钙等多种大、中、微量营养元素均需靠根系、叶片、果针、幼果从外部吸收，以保证花生营养物质的平衡供应和植株正常生长发育。

1. 花生吸收营养的能力 花生吸收营养物质主要靠根系，而且叶片、果针与幼果也有较强的吸收能力。随着花生整个生育期生长发育对养分需求的变化，不同生育时期、不同器官的营养吸收作用具有差异。

（1）根对营养的吸收：花生的根系呈圆锥形生长，根群主要分布在0~20cm的耕层中。除氮素外，花生生长所需要的其他矿质养料主要依靠花生根系强大的吸收能力从土壤中吸取。花生根表着生有许多共生根瘤，这些根瘤在初期依靠花生供给的少量碳水化合物及氮、磷等营养元素促进其发育繁殖。至初花期，根瘤内部的根瘤菌开始大量固定空气中的氮素，制造花生生长发育所需的氮素营养。据研究，花生整个生长过程中所需的氮素营养，近1/2~2/3是由根瘤菌提供的，其比例受所施化学氮肥的品种和施用量的影响。研究表明，施化学氮肥过多抑制根瘤菌固氮，氯化铵对根瘤菌供氮有明显的抑制作用。

根系吸收的营养首先由根转运到茎叶，然后再输送到果针与荚果中。同列向侧根吸收的养分，优先供给地上部分同侧的侧枝需要，运往反方向侧枝的养分数量很少。

（2）叶对营养的吸收：花生叶片也有直接吸收矿质养分的能力，并能在植株体内进行同化和运转。因此，利用叶面喷肥可以补充花生某些营养不足、矫正某些缺素症状，或在特殊情况下补充某些急需养分。花生叶片与根系一样，侧枝叶片吸收的养分优先供应本侧枝荚果的需要。

叶部吸收营养能力的强弱与代谢作用有密切关系，代谢作用旺盛时，叶部吸收养分的强度就越大。所以，在花针期和结荚期这两个生长旺盛阶段进行叶面喷肥增产的效果最为显著。

花生叶片对氮素有良好的直接吸收能力，喷施到叶片的氮素通过叶片角质层上裂缝和从表层细胞延伸到角质层的胞间连丝快速地吸收到植株体内。花生对叶面喷施的氮素利用率高，吸收利用率可高达60%以上，生产上已被作为补充根部营养不足的有效手段。

研究表明，主茎与侧枝上的叶片吸收的磷素有互相运转的能力。在生育前期，吸收的磷素主要供应自身生长的需要。到结荚期，大部分磷素开始从营养器官运往生殖器官。因此，生育前期营养体中积累的磷素是后期荚果充实饱满的基础。花生叶片也有直接吸收钙素营养的能力，但吸收后大部分运往茎叶中，运往荚果中很少。

（3）果针与幼果对营养的吸收：花生的果针和幼果能直接吸收土壤中的营养物质，但这种吸收能力较弱，随荚果的发育而逐渐减退。果针和幼果能直接吸收氮素营养，当耕层土壤含氮量较高时，主要靠根系吸收，果针和幼果则吸收较少；而当在土壤含氮量较低时，果针和幼果直接吸收结实层土壤的氮素增多。果针和幼果从土壤中吸收磷素的强弱与荚果发育程度相关，越是幼龄果吸收能力越强，果针最强，幼果强于初成型果。果针、幼果和荚果所需的钙素主要靠荚果本身直接从土壤中吸收，由根系吸收转化的很少。

2. 不同生育时期对主要元素的吸收动态 花生对氮、磷、钾、钙的吸收积累均随植株的生育进程推移而逐步增加，至饱果成熟期达到最大值。氮、磷、钙的吸收积累高峰均出现在生长最旺盛的结荚期，钾素吸收积累高峰相对有所提前。

花生营养体和生殖体的阶段吸收量有所不同。据测定，营养体的吸收高峰均在开花下针期，氮、磷、钾、钙吸收量分别为其全株总吸收量的 27%、34%、47% 和 33%；生殖体的吸收高峰均在结荚期，氮、磷、钾、钙吸收量分别为其全株总吸收量的 49%、56%、29% 和 7%。

（1）幼苗期：花生出苗前所需的营养主要由种子本身供给。幼苗期则由根系吸收一定数量的氮、磷、钾等营养物质来满足其各器官的需要。这个时期氮素、钾素的运转中心在叶部，磷素的运转中心在茎部。

（2）花针期：花生开花下针期植株营养生长、生殖生长都在加速，是花生根际营养吸收的最旺盛期，也是营养吸收重新分配的转折点。此期氮素的运转中心仍然在叶部，钾素运转中心从叶部转入茎部，磷素运转中心开始转向果针和幼果。氮、磷、钾在花针期以后，营养体的阶段积累量相继出现负值，而生殖体（花针、幼果、荚果）的积累量急剧增长。

（3）结荚期：结荚期是花生营养体生长的高峰时期，也是生长中心和营养中心转向生殖体的时期。这时氮、磷的吸收运转中心是幼果和成型荚果，钾素的运转中心仍在茎部。

（4）饱果成熟期：饱果成熟期花生的根、茎、叶基本停止生长，营养体的养分逐步运转到荚果中去，促进荚果的成熟饱满。氮、磷的运转中心仍在荚果，钾素的运转中心仍在茎部。

花生对钙素的累计吸收量，不论全株或者营养体和生殖体，均随生育进程而增加。全株吸收高峰在结荚期，营养体吸收高峰在开花下针期，生殖体吸收高峰在结荚期。

3. 花生对主要元素的吸收量及吸收利用率

（1）吸收量：花生所需要的部分氮素和全部磷、钾、钙等大量元素及各种微量元素均来自于土壤和施肥。随着花生荚果产量的提高，花生对氮、磷、钾主要营养元素的需求量也随之增加，对氮、磷、钾三要素的需求比例也有所变化，特别是对钾的需求量明显增加。

据研究测定,花生每生产 100kg 荚果需氮 5kg、磷 1kg、钾 2kg,氮、磷、钾三要素大致比例为 5 ∶ 1 ∶ 2。花生对钙的吸收量,在每亩荚果产量 230~380kg 范围内,需要钙素 3.6~8.6kg,仅次于钾的吸收量。

(2)吸收利用率:花生对氮素吸收利用率为 40%~60%。若磷肥用量不变,每亩施纯氮 2.5~7.5kg,花生植株对氮肥的吸收利用率随施氮量增加而下降。施用磷肥能增加花生植株对氮肥的利用率。

花生对磷肥的吸收利用率为 11%~16.7%。花生生育前期磷肥的利用率低,生育后期利用率高,通常后期较前期提高 4%。

花生对钾素的吸收利用率为 50%。

花生对钙素的吸收利用率为 3%~5%。研究表明,碳酸钙的吸收利用率为 3.6%~4.3%,硫酸钙的吸收利用率为 5% 左右。

(3)积累与分配率:据山东省花生研究所对花生完熟植株测定表明,氮素在荚果中的含量占全株总量的 56%~76%,叶片中占 12%~30%;磷素在荚果中含量占全株总磷量的 62%~79%;钾素花生植株茎中的含量占 33.3%~39.3%,荚果中占 30.0%~36.1%;钙素以叶部含量最高,占全株总钙量的 50%~55%,茎蔓中占 26%~32%,荚果中占 13%~16%。

4.花生营养元素吸收运转规律 在花生生长发育 16 种必需营养元素中,碳、氢、氧、氮、磷、钾、钙、镁、硫等 9 种元素需要量大,每种占花生植株干物质重的 0.1% 以上,被称为大、中量元素;铁、钼、硼、锌、铜、锰、氯等 7 种元素每种含量在 0.1% 以下,吸收利用量也很少,为微量元素。在花生的生长发育中,各种营养元素具有特定的生理功能和一定的营养特点。

花生所需的碳、氢、氧为植物必需的非矿质营养,主要来自空气和水,以光合作用和呼吸作用的方式参与机体内循环,保证作物的基本生命活动。碳、氢、氧三种元素是花生有机体的主要组成成分,占花生植株干物质重的 90% 以上。由于碳、氢、氧主要来自二氧化碳和水,因此一般不考虑作为肥料施用。

花生所需的氮素,一部分来自与其共生的根瘤菌固定的游离分子态氮,另一部分从土壤中吸取。其余的磷、钾、钙、镁、硫、铁、钼、硼、锌、铜、锰、氯元素绝大部分从土壤中吸收。花生对硼、钼、锰、铜、锌、氯是以离子状态（HBO_4^-、$B_4O_7^{2-}$、MoO_4^{2-}、Mn^{2+}、Cu^{2+}、Zn^{2+}、Cl^-）吸收，对铁主要吸收土壤中的氧化态铁。花生对硼、钼、铁、锰、锌比较敏感，施用这些元素效果较好。所以土壤不仅是花生生长的介质，也是其所需营养元素的主要供给者。

土壤养分主要来自五个方面。一是土壤矿物颗粒风化以及晶格离子交换释放出的养分，一般细土供给矿物质养分如钾、钙、镁、磷等元素的能力强于粗土，由花岗岩、片麻岩、玄武岩发育的土壤，其微量元素含量高于砂岩、页岩、冲积物发育的土壤。二是土壤有机质分解释放的养分。三是土壤微生物代谢如固氮作用等形成的养分。四是降雨带来的养分。五是施肥补充的养分。花生生产上施用的肥料种类繁多，根据其来源、性质、特点的不同，一般可分为有机肥料、化学肥料、复混（合）肥料、微生物肥料、新型肥料等。

（三）花生营养元素的生理功能与化学肥料的种类及性质

在花生生长发育中，必需营养元素具有特定的生理功能和营养特点。随着有机肥施用量减少，大、中量元素通过普遍施用化肥得到满足。微量元素主要来自土壤，当土壤中微量元素供给不足时也会成为限制因子，因此也需要施用微肥满足生育需要。但微肥施用的特点是用量少，针对性强，技术性强，施用不当会浪费，污染环境，甚至毒害作物。

1. 氮

（1）氮素的生理功能：氮素是蛋白质和核酸的组成元素，是植物叶绿素、蛋白质、磷脂、各种调控代谢过程的酶、维生素、激素等含氮化合物的重要成分。氮素在光合产物的生产积累、营养生殖器官的构建及生理生化代谢过程中起重要作用。据测定，每生产100kg花生果需吸收氮5kg，比禾谷类高1.3~2.4倍。

氮素供应充足，促进蛋白质合成、细胞分裂，增长加快，生长茂盛，叶色深绿，光合强度高，促进荚果充实饱满及蛋白质含量提高。氮素供应不足时，蛋白质、核酸、叶绿素的合成受阻，植株矮小瘦弱，分枝少，幼苗叶绿素含量降低，叶片淡绿，光合能力下降，植株发育不良，开花量减少，荚果发育不良，产量品质降低。

氮素是植株体内可再利用的元素。所以花生缺氮时，老叶片中的蛋白质会分解并被运送到生长旺盛的幼嫩部位供再生利用，所以缺氮导致下部叶片首先受害。此外，缺氮时，由于蛋白质的合成减弱，花生植株体内的碳水化合物相对过剩，在一定条件下，这些过剩的化合物可转化为花青素，使老叶和茎基部呈现红色。但氮素过多，尤其是磷、钾配合不当时，会造成植株营养失调，生殖体发育不良，叶片肥大浓绿，植株体内的碳水化合物过多地消耗在蛋白质合成上，用于加固细胞壁的部分减少，组织柔软，植株贪青晚熟或倒伏，结果少，荚果秕，同时共生的根瘤菌生长受阻。

（2）氮素的吸收与利用：花生以铵态氮（NH_4^+）和硝态氮（NO_3^-）形式吸收氮素营养。铵态氮被吸收后与有机酸作用合成氨基酸和蛋白质。硝态氮被吸收后经硝酸还原酶还原成铵态氮。

花生需要的氮素有三个来源，即土壤供氮、肥料供氮、根瘤供氮。而三种氮源的供氮率也受到土壤质地、土壤肥力、氮肥用量、氮肥种类等因素的影响。

花生根瘤菌有很强的固氮能力，花生需要的氮素大部分来自根瘤固氮。通常认为，花生根瘤菌的固氮量能满足花生需氮总量的70%，而其他30%部分则要由土壤和施肥补充。据测定，亩产300kg荚果，根瘤菌固氮量约18kg，除供花生生长发育需要外，还有大约6kg氮素残留在土壤中。

花生生育前期，根瘤初形成，固氮能力很弱，如果土壤缺氮，会影响幼苗生长及根瘤发育，不利于高产。随着肥料和土壤供氮率增加，根瘤菌供氮率则显著减少。

花生由根系吸收的氮素首先运转到茎叶，然后再输送到果针、幼果和荚果。花生根系对肥料中氮素的吸收利用因施肥量、肥料种类、营养配比、品种类型等有差异。

花生叶片对氮素有良好的直接吸收能力，喷施到叶片的氮素，通过叶片角质层上裂缝和从表层细胞延伸到角质层的胞间连丝吸收到植株体内，速度快，利用率高，已被作为补充根部营养不足的有效手段。

花生对氮素的吸收总量随生物产量的增加而增多。花生各生育时期吸氮量占全生育期吸氮总量的比重，早熟种以花针期最多，晚熟种以结荚期最多，不同品种幼苗期和饱果期均较少。

花生所吸收的氮素在各器官的分配比率，幼苗期和开花下针期氮的运转中心在叶部，结荚期氮的运转中心转向果针和幼果，饱果期氮的运转中心转向荚果。

随着花生氮肥施用量的增加，当季氮素吸收利用率和生殖体对氮素的利用率都随之降低，营养体差异不大，氮素在土壤中的残留率降低，损失率增加。

据山东花生研究所在中等肥力沙土地对花生施用等氮量硫酸铵、尿素、碳酸氢铵、氯化铵等4种氮肥的试验，花生对当季氮素吸收利用率分别为60.5%、57.0%、55.1%和53.3%。以硫酸铵较好，尿素和碳酸氢铵次之，氯化铵较差，但差异不显著。

花生对有机肥料中氮素的吸收利用与有机肥料的含氮率、氮素存在形态等多种因素有关。总体来说，花生对有机肥中氮素的吸收利用率较氮素化肥显著降低，而有机肥在土壤中的氮素残留率显著提高，损失率显著降低。

氮磷肥配合施用可显著提高氮素的吸收利用率，而且氮素在土壤中的残留率增加，损失率减少。钾素利于蛋白质合成，促进根瘤菌固氮，氮肥与钾肥配施可增加花生体内的总氮量，而且主要来自根瘤菌固氮。

不同类型品种因其遗传特性不同，其植株体内的氮素来源比例也显著不同，对施入土壤中氮的吸收利用率差异明显。丰产型品种对氮素的吸收利用率高，低产型品种吸收利用率低。

（3）氮肥的种类与性质：氮肥分为铵态氮肥、硝态氮肥、酰胺态氮肥等3类（表4-1）。

表4-1　主要氮肥品种的成分与性质

氮肥形态	肥料名称	含氮量/%	性质和特点
铵态氮肥	氨水	12~17	碱性、液体肥料，有挥发性、腐蚀性
	碳酸氢铵	16.8~17.5	白色或灰白色细小结晶，有强烈刺激性气味，弱碱性、化学性质不稳定，易吸湿分解，氨易挥发，水溶性
	硫酸铵	20~21	白色或淡黄色晶体，弱酸性，属生理酸性，易溶于水，吸湿性小
	氯化铵	24~25	白色结晶，物理性状较好，吸湿性比硫酸铵稍大，结块后易碎。易溶于水，弱酸性，属生理中性，水溶性，吸湿性强，无副成分，能助燃
硝态氮肥	硝酸铵	34~35	白色结晶或白色、浅黄色颗粒，吸湿性强，易结块、潮解，发生"出水"现象。易溶于水，属化学酸性、生理中性速效氮肥。水溶性，无副成分，能助燃
	硝酸钙	13~15	中性，为钙质肥料，吸湿性强，生理碱性肥
酰胺态氮肥	尿素	45~46	白色结晶，中性，有一定吸湿性，肥效缓慢，需经转化分解成铵态氮才能被根系吸收

1）尿素［$CO(NH_2)_2$］：含氮46%，可作基肥和追肥，中低肥力土壤上每亩施用5~10kg作基肥；中后期低肥力田块有脱肥现象，或中高产田块因土壤积水根系吸收养分困难时，可以1%~2%尿素水溶液叶面喷施。不宜作种肥，因尿素含氮量高且含有缩二脲（尿素在造粒中温度过高会产生少量对作物有害的缩二脲），花生种子大，易接触尿素颗粒，使蛋白质变质，造成烂种缺苗。

尿素在常温（10~20℃）下吸湿性弱，高温（30℃）、相对湿度增大时，或与颗粒过磷酸钙和磷酸二铵接触时易吸湿潮解，长期储存会结块。

2）硫酸铵［$(NH_4)_2SO_4$］：含氮20%~21%，易溶于水，肥效快。其溶液呈弱酸性，在土壤中解离成铵离子和硫酸根离子，铵离子被花生根系吸收或被土壤吸附，硫酸根则残留在土壤溶液中，所以硫铵被称为"生理酸性"肥料。硫也是作物必需养分，但在酸性土壤中硫酸根会增加酸度，应配合施用有机肥和石灰，以吸附中和土壤酸性；在碱性土壤中硫酸根与钙离子生成难溶的硫酸钙（即石膏），易堵塞土壤孔隙，引起土壤板结，需增施有机肥消除土壤板结。在淹水时，硫酸根会被还原成硫化氢（H_2S），引起作物根变黑，影响根系吸收养分。

硫酸铵适合作花生基肥、种肥和追肥。硫酸铵要深施，因硫酸铵在石灰性土壤表层易与碳酸钙起作用生成氨气而损失掉，在碱性土壤中铵态氮易生成氨气挥发。硫酸铵堆积受潮易结块，阳光下暴晒会分解生成氨气。

3）碳酸氢铵（NH_4HCO_3）：含氮 17% 左右，化学碱性（水溶液 pH 值 8.2~8.4）、生理中性速效铵态氮肥。化学性质不稳定，温度高、湿度大时易分解为氨、二氧化碳和水，造成氮素损失。散装堆放密封性不好、破损、受潮等都会加快氮素挥发。宜密闭储存于阴凉、通风干燥处。水溶性很好，易分解吸收利用，属速效氮肥。当季利用率有 25% 左右，其损失主要因为铵分解和氨气挥发。可作基肥、追肥，开沟深施立即覆土。

4）硝酸铵（NH_4NO_3）：含氮 34%~35%。其中硝态氮和铵态氮约各占一半。硝酸铵与易被氧化的金属粉末混在一起，经剧烈摩擦、冲击能引起爆炸。所以结块的硝酸铵不能用铁锤敲打，可用木棒打碎。肥效快，以每亩 10kg 追肥，不宜作基肥和种肥。在土壤中无残留，均能被花生吸收利用。施用后，铵离子被花生吸收或被土壤吸附，部分硝酸根离子不被土壤吸附，易随水淋失，因而在旱地上施用好于易涝田块。

5）氯化铵（NH_4Cl）：含氮 24%~25%，速效铵态氮肥。氯化铵适宜作基肥、追肥，不宜作种肥，因为氯离子抑制种子萌芽。在中性和石灰性土壤上，施肥后应及时灌水，使氯离子淋洗到土壤下层，不会因积累而引起"氯害"。因为氯化铵残留的氯离子与钙离子结合生成溶解度较大的氯化钙（$CaCl_2$），易随雨水或灌溉水排走。钙盐流失过多会破坏土壤结构，造成板结。同时花生需钙量也大。在酸性土壤上施用氯化铵需配合施用石灰（但不能混施，以免引起氨的挥发损失）。

因酸性土壤中氯离子与氢离子结合生成盐酸，能增强土壤的酸度，使土壤有益微生物活动受影响。

2. 磷

（1）磷素的生理功能：磷是核酸、酶的构成元素，参与碳氮代谢、能量传递，起着以磷促氮的作用。对光合作用、呼吸作用、蛋白质形成、糖代谢和油分转化起重要作用。也有部分磷以无机状态存在于茎叶等器官中。磷促进花生种子萌发、新器官形成、根系根瘤发育和固氮能力的提高，促进花芽早分化，多开花，提高受精率、结果率和饱果率。磷充足时，幼苗健壮，延缓叶片衰老。

1）磷能提高植株抗逆能力：一是促进根系发育，提高原生质胶体保持水分能力，增强抗旱耐涝性。二是促进花生碳代谢，增加植株体内可溶性糖，降低细胞原生质冰点，增强抗寒性。三是提高花生的耐盐、耐酸能力。花生植株体内磷酸盐（磷酸二氢钾、磷酸氢二钾）在细胞中稳定原生质 pH 值，增强花生的适应能力。因此，碱性土壤可施用酸性磷肥过磷酸钙，其含有 50% 硫酸钙能直接代换被土壤黏粒吸附的钠，使碳酸钠和重碳酸钠等有害盐变为碳酸钙和重碳酸钙等无害盐。富含硅、铁、铝的南方酸性红黄壤土，可施用碱性磷肥钙镁磷肥，其含有的 25%~30% 氧化钙可降低土壤酸度，并增加土壤中钙素。

2）花生对磷要求高且敏感：花生植株中磷的临界值为 0.2%。缺磷时植株生长发育不良，矮小，分枝少，根瘤少而小，叶色暗绿无光泽，向上卷曲，开花量和结果数减少，饱果率降低，晚熟低产。由于花青素的积累，下部叶片和茎基部常呈红色或有红线。缺磷地块施用磷肥，主茎和侧枝显著增高，分枝和叶片数目明显增多，花芽分化和成熟期提前，受精率、结实率和饱果率提高。

（2）磷素的吸收与利用：花生对磷以磷酸盐（$H_2PO_4^-$）吸收。磷进入植株体大部分成为有机物，一部分仍保持无机形态。植株中磷在根、茎生长点分布较多，嫩叶比老叶多，荚果和籽仁中很丰富。磷素幼苗期的运转中心在茎部，花针期、结荚期的运转中心转向果针和幼果，饱果期的运转中心为荚果。

根系吸收的磷素先运转到茎叶，再输送到果针、幼果和荚果。同侧根吸收的磷优先供应同侧侧枝。根系吸收的磷素供给根瘤菌发育，因而有"以磷增氮"之说。

叶片能直接吸收磷并运往全株。前期磷在植株体内相互运转较少，结荚期叶片吸收和储存的磷素从营养器官大量运往生殖器官。结荚期到饱果成熟期，中、下部叶片脱落前输出的磷素有43%~73%运往荚果。而饱果期植株上部叶片对营养物质有较强的运转能力，对荚果的饱满度很重要。因而，结荚期、饱果期以2%的过磷酸钙溶液喷洒叶面，特别在前期磷肥不足时，有较好的增产效果。

入土后的果针、幼果、初成型荚果均可直接从土壤中吸收磷素供其自身需要，越是幼龄吸收能力越强。至收获期，磷素在荚果中含量最多，占全株总磷的62%~79%。这表明生育前期营养体中磷素积累是后期荚果充实饱满的重要物质基础，且花生叶片运往荚果中的磷素，运转已发育好的饱果多，运往幼果少。

花生根系对当季所施磷素化肥的吸收利用率比较低，为5%~25%，一般在15%以下。因为磷肥施入土壤后，在酸性土壤中易为铁、铝所固定形成磷酸盐，在碱性土壤中则易形成磷酸三钙而被固定。土壤pH值6.5时磷的利用率最高。花生磷肥施用一般以基肥为主，基施磷肥在施用前最好和圈肥混合堆沤15~20天，然后于播种前撒施后翻入耕作层，可减少土壤对磷的固定，提高磷肥利用率。磷肥追施要早，且均匀地集中施于根部周围，有利于根系对磷的吸收。

（3）磷肥的种类与性质：磷肥按溶解度不同分为三类：水溶性磷肥，如过磷酸钙、重过磷酸钙；枸溶性磷肥，溶于2%的柠檬酸或柠檬酸铵溶液，如钙镁磷肥、沉淀磷肥；难溶性磷肥，如磷矿粉、骨粉，只溶于强酸。花生生产中常用的为水溶性磷肥。

1）过磷酸钙 $[Ca(H_2PO_4)_2 \cdot CaSO_4]$：又称普通过磷酸钙，含有效磷（$P_2O_5$）12%~20%，5%游离酸和2%~4%的硫酸铁、硫酸铝，副成分为40%~50%硫酸钙。属水溶性，呈深灰或灰白色、淡黄色的粉状物，酸性较强，易吸湿结块。有效磷易被土壤固定，移动性小，利用率低。常作为花生基肥、种肥和追肥、叶面喷施。作基肥用量为30~50kg/亩，结合整地翻入耕作层；施用量少时，可在起垄时

15~20kg/亩集中施入垄内或作种肥施入土壤浅层；作追肥应在花针期前进行。

过磷酸钙因含有硫酸铁、硫酸铝等杂质，水溶性磷会逐渐转化成难溶性的磷酸铁、磷酸铝，有效性下降，这个过程就是磷酸盐退化。含铁、铝量越多，温度越高，储存时间越长，退化越严重。

2）重过磷酸钙［$Ca(H_2PO_4)_2 \cdot CaHPO_4$］：又叫三料过磷酸钙，含有效磷（$P_2O_5$）46%，是过磷酸钙的2~3倍。吸湿性强，易溶于水，属水溶性，呈深灰色颗粒或粉状，弱酸性，易结块，腐蚀性、吸湿性也较强。不含硫酸钙（石膏）；不含硫酸铁、硫酸铝，不会发生磷酸盐退化。浓度高，多为粒状，物理性状好，便于运输和储存。适用于各种土壤，用法与普通过磷酸钙相同，因其有效磷含量高，用量可相应减少。但花生是喜硫作物，在缺硫少钙地块的效果不及等磷量的过磷酸钙。

3）钙镁磷肥：含有效磷（P_2O_5）12%~20%，氧化钙25%~30%，氧化镁15%~18%，以及数量不等的硅、镁等氧化物，多呈灰白色或灰绿色粉末。属枸溶性磷肥，溶于弱酸，不溶于水，呈碱性，有效磷不易被淋失，无腐蚀性，不吸潮，不结块。除供给作物磷素外还能改善作物的钙、镁、硅、铁等营养。在磷和中量、微量元素缺乏的地块肥效更好；施在缺磷的石灰性土壤上当季肥效偏低，但后效长。施入土壤后移动性小，被土壤酸和根系分泌酸溶解后才能被花生吸收利用。因含钙、镁氧化物，故呈碱性反应。适于酸性及缺钙、镁的土壤施用。作基肥一般用量为20~40kg/亩。因肥效慢，不宜作追肥。

4）磷矿粉：主要成分是磷酸三钙和含氟磷酸钙，含有效磷（P_2O_5）10%~20%，其中3%~6%为弱酸性，可被花生直接吸收利用，其余大部分必须强酸溶解和转化才能吸收利用。在缺磷的酸性和微酸性土壤施用效果好。最好作堆肥的添加物，经堆沤后施用。在酸性和微酸性土壤上以50~100kg/亩的用量可直接作基肥施用。

3. 钾

（1）钾素的生理功能：钾与氮、磷不同，虽不是有机化合物的组成成分，但钾以酶的活化剂形式存在，有高速通过生物膜的特性，广泛影响着花生生长代谢。钾能提高光合强度，促进碳水化合物代谢，促进低分子化合物氨基酸、单糖、脂肪酸转变为高分子化合物的蛋白质、双糖、淀粉、脂肪、纤维素，减少可溶性养分，加快同化产物向贮藏器官运输。钾素在茎叶中占钾素总量50%~70%，其次为果壳中。

钾促进硝态氮的吸收和还原作用，有利于蛋白质合成，促进根瘤菌固氮作用。供钾充足，植株吸收氮素多，合成蛋白质速度快。

钾提高花生抗逆能力。钾通过维持细胞的膨压提高原生质胶体对水分的束缚能力，调节叶片气孔开闭和细胞渗透压，从而提高花生抗病、耐旱、耐涝和耐寒能力；钾通过促进维管束发育，提高植株抗倒伏能力。钾能代换出土粒吸附的钠离子使其流失，减轻钠离子对根的危害。钾能平衡氮、磷素营养，还能减轻白绢病、锈病、叶斑病的危害。

花生缺钾时，体内双糖和淀粉则水解为单糖，滞留在叶片中，影响花生光合效率和荚果饱满度。缺钾代谢机能失调，首先从下部老叶开始，叶片呈暗绿色，叶缘变黄或棕色焦灼，随之叶脉间出现黄萎斑点，逐步向上部叶片扩展，直到叶片脱落或坏死；茎蔓细弱，开花下针量减少，秕果率增加。钾在花生植株体内流动性大，所以缺钾的外观症状较缺氮、磷迟晚，直到开花期、结荚期，植株含钾量下降到1%以下时才显露出来。

（2）钾素的吸收与利用：钾素以离子态（K^+）被花生吸收，多以离子态存在于植株体内，部分吸附于原生质中，并由老组织向新生部位移动。花生植株含钾量可高达4%，多集中于生长点、幼针、形成层等最活跃部位，而老组织和籽仁中含量较低。以花针期吸收最多，结荚期次之，饱果期较少。花生吸收钾素，幼苗期运转中心在叶部，花针期、结荚期和饱果期在茎部。

（3）钾肥的种类与性质：常用钾肥有硫酸钾和氯化钾，均为水溶性钾肥。工农业副产品如窑灰、草木灰、秸秆等也含有较多钾素。

1）硫酸钾（K_2SO_4）：含氧化钾（K_2O）46%~52%，水溶性速效钾肥，无色结晶体，吸湿性弱，不易结块，化学中性、生理酸性，施用方便。适用于各种土壤，尤其适于中性或碱性土壤。施入土壤后，钾离子被花生直接吸收或被土壤吸附，而硫酸根残留在土壤溶液中，增加土壤酸度。在酸性土壤施用应配合施用有机肥料和石灰以中和酸性，减少土壤中活性铝、铁的释放；在石灰性土壤配合增施有机肥，因硫酸根与土壤中钙离子结合生成硫酸钙（石膏），过多会造成土壤板结。钾在土壤中移动性小，作基肥效果好于追肥，最好在花生播种前与氮、磷肥配合施用，通过深耕使全层土壤都含有适量钾肥。钾离子与钙离子有拮抗作用，结荚层钾素过高易引起烂果，用量不宜超过 20kg/ 亩，并应适当深施。

2）氯化钾（KCl）：高浓度速效钾肥，含钾（K_2O）高于 60%，还含氯化钠（NaCl）1.8%、氯化镁（$MgCl_2$）0.8%，呈白色或浅黄色结晶，有时含有铁盐而呈红色。吸湿性小，溶于水，化学中性、生理酸性。在酸性土壤施用应配合有机肥料和石灰以中和酸性，减轻氯离子对花生根瘤菌的毒害。因为在酸性土壤中，钾被作物吸收，而余下的氯离子与土壤胶体中氢离子生成盐酸（HCl），土壤酸性增强，会增大土壤中活性铝、铁的溶解度，加重对作物的毒害。在石灰性土壤上，氯离子与土壤中钙离子结合，生成氯化钙（$CaCl_2$）。氯化钙易溶于水，遇灌溉或降雨会随水排走，不会对土壤结构产生不利影响。氯化钾宜作花生基肥，缺钾土壤用量为 10~20kg/ 亩，方法同硫酸钾。不宜作种肥，以免对发芽和幼苗产生不利影响。避免双氯化肥施用，即氯化钾和氯化铵同时施用。

3）窑灰钾肥：窑灰钾肥是水泥工业的副产品，含有多种营养元素的碱性肥料。呈灰黄色或灰褐色的粉末，碱性强，pH 值为 9~11，易吸潮，易结块。一般含钾（K_2O）8%~15%。其中 95% 有效钾（氯化钾、硫酸钾、碳酸钾等水溶性钾约占 40%，铝酸钾、硅酸钾等弱酸溶性钾占 55% 左右），作物不能吸收的难溶性钾约占 5%。此外，窑灰钾肥还含二氧化硅（SiO_2）15%~18%、氧化铝（Al_2O_3）6%~12%、氧化钙（CaO）35%~40%、氧化铁（Fe_2O_3）2%~5%、氧化镁（MgO）1%~1.5% 等。适用于酸性土壤和喜钙作物。不宜与铵态氮肥、过磷酸钙等混合，以免引起氮挥发和磷的有效性下降。宜作基肥；碱性强，不直接拌种；因颗粒细，施用时可与农家肥混合堆沤以消除碱性，减少随风吹散。

4）草木灰：草木灰不含有机质和氮，主要成分为碳酸钾等可溶性钾，属碱性肥料，性质和施用与窑灰钾肥相似。含钾（K_2O）5%~8%，其中90%以上为以碳酸钾（K_2CO_3）形式存在的水溶性钾，含磷（P_2O_5）1.5%~3%（枸溶性磷），还含有较多的钙、磷、镁、硅、硫和各种微量元素。不同材质的草木灰中钾（K_2O）含量差异很大，如松木灰约含12%，而烟煤灰仅含0.7%。高温燃烧生成的草木灰呈白色，钾以溶解度较低的硅酸钾（K_2SiO_3）为主，肥效较差；低温燃烧残留较多燃烧不完全炭，呈黑色。草木灰质地疏松，不结块，含有燃烧不完全炭，色泽深，易吸收太阳热量，适宜早春、秋播和高寒地区作盖种肥，除供给幼苗养分外，还可提高地温，防止烂苗。草木灰应单独积攒储存，防止风吹雨淋，杜绝与铵态氮肥、粪尿肥、圈肥混合施用，避免引起氮的挥发和钾的流失。草木灰适用于各种土壤，酸性土壤上施用效果最佳，作基肥、种肥和追肥施用皆可（表4-2）。

表4-2　不同种类灰质肥料养分含量

种类	N/%	P_2O_5 / %	K_2O / %
草木灰	—	1.13	4.61
炉灰	—	0.29	0.20
稻草灰	—	0.59	8.09
麦秆灰	—	4.3	7.7

4. 钙

（1）钙素的生理功能：钙素是构成细胞壁的重要元素。大部分钙与果胶结合形成果胶钙，与细胞壁的形成、强化有关。钙是细胞分裂的必需物质，缺钙时细胞壁不能形成，影响细胞分裂和新细胞的生成。钙能与蛋白质分子相结合，是质膜的成分，可降低细胞壁的渗透作用，限制细胞液外渗。钙对碳水化合物转化和氮素代谢有良好的促进作用。钙充足有利于花生对硝态氮的吸收利用，缺钙时花生只能利用铵态氮。钙能调节细胞的生理平衡，与代谢过程中的有机酸结合形成盐，起中和与解毒作用，并调节植株体内酸碱度。如钙与草酸结合形成不溶解的草酸钙结晶，使作物免受酸害。在酸性土壤中钙减轻氢离子、铝离子的毒害，在碱性土壤中能减轻钠离子的毒害。钙还能加速铵离子的转化，消除其过多的危害；与钾离子配合调节原生质的胶体状态，使细胞具备充水度、黏滞性、弹性、渗透性，保证植株顺利代谢。

花生对钙的需求量和敏感性都强于其他作物。钙素在花生叶部含量最多，占全株总钙量的 50%~55%，其中水溶性钙、草酸钙及磷酸钙、果胶钙和硅酸钙分别占 30%、20% 和 50%；其次茎部占 26%~32%。钙可以促进花生根系和根瘤菌的形成和发育，促进荚果的发育，使果壳中钙盐增多，促进果壳中营养物质向种仁中运转。

花生缺钙时，植株矮小，植株幼嫩茎叶变黄，地上部生长点枯萎，顶叶黄化有焦斑，根系弱小、粗短而黑褐，植株生长缓慢，荚果发育不良，秕果率、空果率、单仁果率增高，种子的胚芽变黑。严重缺钙时，整株变黄，顶部死亡，根部器官和荚果不能形成。实验观察，正常供钙花生的根细胞、叶肉细胞壁、膜上均有钙的分布，叶绿体内大量含钙；而缺钙时根细胞壁松弛，扭曲畸形，质壁分离，叶绿体松散膨胀，结构破坏且含钙减少。研究表明，钙能有效抑制高温胁迫对叶绿素的破坏，提高 SOD 等抗氧化酶活性。说明钙对于维持细胞正常结构与生理功能起重要作用。

（2）钙素的吸收与利用：花生以钙离子（Ca^{2+}）从土壤钙盐中吸收钙，在体内呈离子状态或钙盐状态，或与有机物结合。花生需钙量仅次于氮、钾，居第三位。花生吸钙量是大豆的 2 倍、玉米的 3 倍、水稻的 5 倍、小麦的 7 倍。

花生根系吸收的钙素，除自身需要外主要输送到茎叶。运往叶片最多，其次是茎枝，送到生长点和荚果较少。花生叶片也可直接吸收钙运往茎枝，微量运至荚果。钙在体内流动性差，植株一侧施钙，并不能改善另一侧的果实质量。荚果发育所需要的钙素主要依靠荚果本身从土壤和肥料中吸收。不同生育时期对钙的吸收差别大，结荚期最多，花针期次之，幼苗期和饱果期较少。幼苗期钙素运转中心在根和茎部，花针期果针和幼果开始直接从土壤中吸收钙，结荚期根系吸收的钙随蒸腾流在木质部中自下向上运输，果针和幼果对钙的吸收量明显增加，饱果期吸收钙量减少。

花生缺钙临界值是土壤耕层总钙含量 1.35g/kg。在中、低钙土壤施用钙肥 30~45kg/ 亩，高钙土壤无须施钙。钙促进花生对氮、磷、镁的吸收，而抑制钾的吸收。土壤中的钙一般随雨水淋溶向下移动，而不会向上移动。因此，钙肥的施用区域、施用时期对钙肥的应用效果影响较大。

（3）钙肥的种类与性质：花生常用的钙肥主要有石灰和石膏等。

1）石灰：石灰适用于酸性缺钙土壤。生石灰主要成分为氧化钙（CaO 90%~96%）；熟石灰为氢氧化钙，两者都是生理碱性。沿海地区还普遍烧螺、蚌、牡蛎制成"壳灰"，主要成分都是氧化钙（CaO）。

2）石膏：石膏适用于中性、碱性土壤。主要成分是硫酸钙（$CaSO_4 \cdot 2H_2O$），含 CaO 31% 左右，是既含钙又含硫的生理酸性肥料，对缺钙缺硫土壤更适宜。施在盐碱地不仅补充土壤活性钙，还可调节土壤酸碱度，减轻土壤溶液中过量钠盐对花生根系的危害。宜作基肥、初花期追肥施用，30~50kg/亩。

过磷酸钙、钙镁磷肥、重过磷酸钙等磷肥及磷肥厂的副产品——磷石膏中常有含钙的成分。此外各种农家肥中也含有一定量的钙，如骨粉、草木灰均含丰富的钙（表4-3）。

表4-3 常见钙肥品种成分含量

名称	CaO/%	其他成分 /%
石灰石粉（$CaCO_3$）	44.8~56.0	
生石灰（CaO）	84~96	
熟石灰 [Ca（OH）$_2$]	64~75	
石膏（$CaSO_4 \cdot 2H_2O$）	32	
磷石膏	20.8	（0.7~3.7）P_2O_5
磷矿粉	40~55	（14~40）P_2O_5
过磷酸钙	16~28	（12~20）P_2O_5
重过磷酸钙	20	（40~54）P_2O_5
钙镁磷肥	25~30	（14~20）P_2O_5
氯化钙	47.3	
硝酸钙	27.2	15（N）
石灰氮	54	21（N）
窑灰钾	30~40	6~20（K_2O）

5. 镁

（1）镁的生理功能：镁是叶绿素的成分，叶绿素 a 和叶绿素 b 中都含有镁。镁是多种酶的活化剂或辅助因子，从而促进碳水化合物代谢和细胞分裂。镁促进磷酸盐转移，缺镁时磷素利用减少。镁参与脂肪代谢，镁的丰缺与籽仁含油量有关。镁还能促进维生素 A、维生素 B、维生素 C 合成，提高花生的保健品质。

缺镁叶片失绿与缺氮叶片失绿不同，前者是叶肉变黄而叶脉仍保持绿色，且失绿首先发生在老叶上；后者则全株的叶肉、叶脉都失绿变黄。

（2）镁的吸收与利用：镁以离子状态被花生根系吸收，在体内向新生部位转移。生育初期镁多存在于叶片，到结实期又转入籽仁，并以核酸的形式贮藏起来。

（3）镁肥的种类与性质：镁肥有水溶性镁盐和难溶性含镁矿物两大类，应用溶解度较好的含镁矿物肥较多（表 4-4）。

表 4-4 常用镁肥品种成分含量

名称	MgO/%	其他成分 /%
氯化镁	20	
硫酸镁	16	
碳酸镁	28.8	
硝酸镁	16.4	
水镁矾	29	
硫酸钾镁	14	26（K_2O）
白云石	20	
菱镁粉	45	
钙镁磷肥	14.5	16.5（P_2O_5）
钢渣磷肥	3.8	12.5（P_2O_5）
窑灰钾	1.0	12.6（P_2O_5）
粉煤灰	1.9	0.1（P_2O_5），1~4（K_2O）

镁肥肥效与土壤有效镁含量密切相关。土壤酸性强、质地粗、淋溶强、母质中含镁少以及过量施用石灰或钾肥易缺镁。酸性土壤缺镁

时施用碳酸镁（菱镁粉）、白云石粉，碱性土壤施氯化镁或硫酸镁效果好。用量以镁计算在 1~1.5kg/ 亩为宜，基肥、追施或喷施，与农家肥配合施用。

6.硫

（1）硫的生理功能：硫是构成蛋白质、氨基酸、维生素的成分，虽然不是叶绿素的组成成分，但却是许多酶不可或缺的成分，影响碳水化合物代谢和叶绿素形成。一般植物只有半胱氨酸、胱氨酸、蛋氨酸三种氨基酸含硫，但花生体内的许多蛋白质都含有硫。花生蛋白态氮与蛋白态硫的比率约为15∶1，即花生合成蛋白质时，每同化15份氮，就需要 1 份硫。花生施硫既增产，又能提高蛋白质与油分含量。

硫与花生生长发育关系密切。缺硫时形成层作用减弱，花生不能正常生长。缺硫时叶绿素含量降低，叶色变黄甚至黄白，叶片寿命缩短。在外观上，花生缺硫与缺氮难以明显区别，所不同的是缺硫症状首先表现在顶端叶片，而花生缺氮时，下部叶片首先受害。硫还能促进根瘤形成，增强子房柄的耐腐烂能力，使花生不易落果和烂果。

（2）硫的吸收与利用：硫以硫酸根离子状态被花生根吸收，进入植株体后，一部分保持不变，大部分被还原，进一步同化为含硫氨基酸。硫的吸收高峰在盛花期，此前硫主要集中在茎叶里，根部较少。硫也能被花生荚果吸收。成熟期硫在荚果中占 50% 左右，其他各器官中分布比例相近。

（3）硫肥的种类与性质：常用化肥如过磷酸钙、硫酸铵及石膏和铁、铜、锰、锌的硫酸盐（微量元素肥料）中都含有丰富的硫，加上农家肥所含的硫，空中含硫降雨、降尘、灌溉水中的硫等，缓解农田硫素不平衡状况。而生产上被作为硫肥施用的有硫黄粉、石膏两种。硫黄即单质硫，含硫 80%~100%，难溶于水，不易从耕层淋失，肥效长久。生石膏（$CaSO_4 \cdot 2H_2O$）含硫 18.6%、钙（CaO）23%，微溶于水。生石膏加热脱水而成熟石膏（$CaSO_4 \cdot 1/2H_2O$），含硫 20.7%，呈白色粉末，吸水性强，吸湿后又变成普通石膏，易结块，贮存注意防水防潮。磷石膏成分是硫酸钙，含硫 11.9%、P_2O_5 2%，酸性，易吸潮（表4-5）。

表4-5 常用的硫肥品种及性质

品种	分子式	含硫量 /%	溶解性	说明
硫黄粉	S	80~100	难溶	常用硫肥
石膏	$CaSO_4 \cdot 2H_2O$	18	微溶	常用硫肥
硫酸钾	K_2SO_4	18	易溶	常用硫肥
硫酸铵	$(NH_4)_2SO_4$	24	易溶	
硫酸铜	$CuSO_4 \cdot 5H_2O$	12.8	易溶	
硫酸锰	$MnSO_4 \cdot 7H_2O$	11.6	易溶	
硫酸铁	$FeSO_4 \cdot 7H_2O$	11.5	易溶	
硫酸锌	$ZnSO_4 \cdot 7H_2O$	17.8	易溶	
普钙	$Ca(H_2PO_4)_2$ $\cdot CaSO_4H_2O$	12	微溶	常用硫肥
硫衣尿素	$(NH_2)_2CO\text{-}S$	10	易溶	常用硫肥

常用微量品种及性质见表4-6。

表4-6 常用微肥品种及性质

种类	肥料品种	分子式	含锌量 /%	溶解性	说明
锌肥	硫酸锌	$ZnSO_4 \cdot 7H_2O$	23	易溶	常用锌肥
		$ZnSO_4 \cdot H_2O$	35	易溶	常用锌肥
	氧化锌	ZnO	78	难溶	常用锌肥
	碱式硫酸锌	$ZnSO_4 \cdot 4Zn(OH)_2$	55	可溶	
	氯化锌	$ZnCl_2$	48	易溶	
	碳酸锌	$ZnCO_3$	52	难溶	
	锌螯合物	$Na_2ZnEDTA$	12~14	易溶	
硼肥	硼砂	$Na_2B_4O_7 \cdot 10H_2O$	54	溶于40℃热水中	常用硼肥
	硼酸	H_3BO_3	36	易溶	
	硼泥		2.4 (总 B_2O_3)	部分溶	碱性高
钼肥	钼酸铵	$(NH_4)6Mo_7O_{24} \cdot 4H_2O$	54	易溶	常用钼肥
	钼酸钠	$Na_2MoO_4 \cdot 2H_2O$	36	易溶	
	三氧化钼	MoO_3	66	难溶	
铁肥	硫酸亚铁	$FeSO_4 \cdot 7H_2O$	19	易溶	常用铁肥
	硫酸亚铁铵	$(NH_4)_2SO_4 \cdot FeSO_4 \cdot 7H_2O$	14	易溶	
	螯合态铁	$FeEDTA$	14	易溶	

7. 锌

（1）锌的生理功能：锌是一些酶的组成成分或活化剂。锌通过酶的作用对花生碳、氮代谢产生广泛影响，促进蛋白质代谢和生殖器官的发育。锌参与生长素的合成。

（2）锌的吸收与利用：锌促进花生对氮、钾、铁的吸收利用，缺锌土壤施锌后，花生植株中氮、钾含量比不施锌的对照高一倍以上，但锌与铁、锰有拮抗作用。锌不足时，花生叶片发生条带式失绿，植株矮小；严重缺锌时，花生整个小叶失绿。缺锌还降低花生油的生化品质。

（3）锌肥的种类与性质：锌肥分为水溶性与难溶性两类。水溶性锌肥包括硫酸锌、氯化锌及螯合态锌等；难溶性锌肥为碳酸锌、氧化锌及硫化锌等。生产上常用有硫酸锌、氧化锌、氯化锌。

七水硫酸锌又称锌矾、皓矾，含锌21.3%，无色颗粒或粉末，水溶液呈弱酸性，干燥空气中易风化，作基肥、追肥、喷施、浸种、拌种、蘸根等。一水硫酸锌含锌35%。白色粉末，易溶于水，与七水硫酸锌施用方法相同。氧化锌又称锌氧粉、锌白，含锌78%，白色晶体或粉末，难溶于水，溶于酸、氢氧化钠和氯化铵溶液，用于土壤施肥。氯化锌又称锌氯粉，含锌48%，白色粉末或块、棒状。易潮解，溶于水，宜土壤施肥。

施锌肥促进花生对氮、钾、铁的吸收，促进生长，提升抗性，增加果数果重。锌在土壤中移动慢，残留期较长。花生常用锌肥为硫酸锌喷施，浸种一般用0.10%~0.15%溶液浸种12小时，作基肥一般1~2kg/亩撒施或开沟条施。

8. 硼

（1）硼的生理功能：硼与钙的吸收运转有关，影响细胞壁果胶形成和输导组织功能。硼能提高花生根瘤菌固氮量，增强抗旱性，促进对氮素的吸收。硼在花生植株体内的含量一般为干物质重的0.01%~0.03%。硼比较集中地分布在茎尖、根尖、叶片和生殖器官中，含硼量最多的部位是花，尤其是柱头和子房。硼能刺激花生花粉萌发和花粉管伸长，利于受精。

（2）硼的吸收与利用：花生对硼的吸收以苗期占 46.9%，花期占 31.2%，收获期占 21.9%。土壤有效硼临界值为 0.5mg/kg。南方红壤、北方黄土及黄河冲积土壤为主要缺硼区。

土壤中有效硼临界值为 0.5mg/kg。土壤缺硼植株矮小瘦弱，分枝多，丛生状，心叶叶脉颜色浅，叶尖发黄，老叶色暗，最后生长点停止生长以至枯死；根尖端有黑点，侧根很少，根系易老化坏死；开花很少，甚至无花，荚果和籽仁的形成受到影响，出现大量子叶内面凹陷的"空心"籽仁。

（3）硼肥的种类与性质：花生施用的硼肥主要为硼砂、硼酸和硼泥等。硼砂（$Na_2B_4O_7$）含硼 11%，无色半透明或白色结晶粉末，40℃热水易溶，干燥空气中易风化。硼酸（H_3BO_3）含硼 17%。白色结晶，有滑腻感，易溶于水，水溶液弱酸性，溶解度随温度升高而增大，并随水蒸气挥发。硼泥是生产硼砂的下脚料，含有可利用的硼，呈碱性，还含有镁、硅、钙、铁等成分，可直接作硼肥，亦可用于制取硼镁肥及含硼复合肥等。

施硼肥促发苗，促根瘤形成，增加叶绿素含量，提高结实率、饱果率。硼砂、硼酸可作基肥、种肥、追肥或叶面喷洒。硼泥只可做基肥。

1）基施：一般硼砂、硼酸 0.5~1kg/ 亩，或硼泥 25~30kg/ 亩，与有机肥或常用化肥拌匀或混入部分细土，撒施并耕翻于土壤或开沟条施。

2）拌种：1kg 种子用 0.4g 硼酸或硼砂加少量水溶解后，均匀拌种，或用 0.02%~0.05% 浓度的硼酸水溶液浸种。

3）追施：硼砂、硼酸 50~100g/ 亩，于开花前结合中耕培土扶垄，与钙肥一起追施。

4）叶面喷施：硼酸或硼砂 0.1kg/ 亩，加水制成 0.1%~0.25% 的水溶液，于始花期和盛花期各喷一次。

9. 钼

（1）钼的生理功能：钼是硝酸还原酶和固氮酶的成分，参与氧化还原反应，可促进根瘤菌固氮能力提高几十倍。钼可促使硝态氮由不能被利用状态变为可利用状态，还可改善对磷的吸收，可消除过量铁、锰、铜等金属离子的毒害作用。钼与维生素 C 的形成有关。花生根、茎、叶各时期含钼量从高到低为初花期、结荚期、收获期。钼素主要积累在籽粒中。

（2）钼的吸收与利用：钼是花生微量营养元素中最"微量"的元素。花生所吸收的钼用于固氮作用的量大于植株其他代谢的量。花生对钼的吸收量与土壤有效钼含量有关，有效钼含量随土壤 pH 值升高而显著增加。

土壤有效钼的临界值为 0.15mg/kg。花生缺钼时，根瘤发育不良，结瘤少而小，固氮能力减弱或不能固氮，植株矮小，根系不发达，叶脉失绿，老叶变厚呈蜡质。

（3）钼肥的种类与性质：花生施用的钼肥为速效钼肥钼酸铵、钼酸钠。钼酸铵 $[(NH_4)_6Mo_7O_{24} \cdot 4H_2O]$ 含钼 54%，无色或黄绿色结晶，易溶于水，水溶液弱酸性。钼酸钠（$Na_2MoO_4 \cdot 2H_2O$）含钼 39%，白色结晶粉末，易溶于水。可追肥、浸拌种、幼苗期或花针期叶面喷施，提高出苗率，促进根瘤菌形成，增加结实率和饱果率。

1）拌种：用钼酸铵或钼酸钠 6~15g/ 亩，兑水成 0.2%~0.4% 的溶液均匀拌种。

2）浸种：钼酸铵 15~18g/ 亩，兑水 10~15kg 成为 0.1%~0.2% 的水溶液，浸种 3~5 小时。

3）叶面喷施：浓度为 0.02%~0.05% 的水溶液，苗期、花针期各喷一次。每亩用量不超过 20g，否则易引起蛋白质中毒而减产。

10. 铁

（1）铁的生理功能：铁不是构成叶绿素的成分，但铁是铁氧化还原蛋白、豆血红蛋白和固氮酶的组成成分，对花生植株体内硝酸还原很重要，必须有含铁的酶进行催化才能合成叶绿素。铁参与细胞氧化还原反应和电子传递，从而影响呼吸作用。

花生缺铁时，叶肉和上部嫩叶失绿，叶脉和下部老叶仍保持绿色；严重缺铁时，叶脉也失绿，进而黄化，上部嫩叶全呈黄色，久之则叶片出现褐斑坏死组织，直至叶片枯死。铁在花生体内与铜、锰有拮抗作用。

（2）铁的吸收与利用：铁离子（Fe^{3+}）进入花生植株体内处于被固定的状态，流动性小，老叶中的铁不能向新叶转移。锌、锰、铜对铁的吸收有拮抗作用。

（3）铁肥的种类与性质：花生常用铁肥有硫酸亚铁（$FeSO_4 \cdot 7H_2O$，浅蓝绿色结晶，含铁 19%~20%）、硫酸亚铁铵（含铁 14%）、螯合态铁（含铁 5%~14%），均为易溶于水的速效铁肥。

速效铁肥施用方法为浸种和叶面喷施。

1）浸种：0.1% 的硫酸亚铁溶液浸种 12 小时。

2）叶面喷施：叶面喷施减少土壤固定，效果明显。0.2% 的硫酸亚铁稀释液 5~6kg/ 次。由于二价铁在叶面上易氧化为三价铁，且铁在体内运转差，喷着地方叶色转绿，应每隔 7 天喷一次，连喷 2~3 次。

3）基施追施：基施追施硫酸亚铁，对矫正缺铁症有一定效果，但是硫酸亚铁施入土中很容易被转化成不溶的高价铁而失效，可采用硫酸亚铁与 10~20 倍的有机肥混合施用，效果较好。

11. 锰

（1）锰的生理功能：锰是多种酶的组成成分，又是氧化还原酶的活化剂，对三羧酸循环与氮素代谢产生作用。锰与叶绿素形成、维生素 C 合成有关，促进光合作用过程中水的光解。锰可提高氮素利用率。

（2）锰的吸收与利用：缺锰时蛋白质的合成受影响，同时叶肉失绿变黄白，并出现杂色斑点。花生叶片含锰量通常在 50~100mg/kg，低于 20mg/kg 时即出现缺锰症状。花生是较耐过量锰的作物，叶片中锰含量达 4 000mg/kg 时，叶片上才有坏死斑。

花生对锰的吸收量随土壤 pH 值升高而降低，在酸性土壤中，活性锰含量很高，锰易被吸收利用，甚至可能发生致毒作用；而在 pH 值较高的情况下，可利用率常可降低到缺素临界点，花生容易因锰利用率低而达到缺素状态。

（3）锰肥的种类与性质：常用锰肥为硫酸锰（含锰 26%~28%），粉红色晶体，溶于水。在石灰性冲积沙土施锰肥效果好。基施、浸种和叶面喷施均可提高结果数，增加果重。根外追施、浸种和拌种效果好于土壤施肥。

1）基施：1.5~3kg/ 亩随耕地施入土中。

2）种肥：2kg/ 亩种肥异位同播。

3）浸种、拌种：1kg 种子用 4g 硫酸锰兑水制成 0.1% 的水溶液浸拌种。

4）叶面喷施：0.1% 水溶液，花期每隔 10~14 天喷一次，连喷 3 次。

12. 铜

（1）铜的生理功能：铜是许多氧化还原酶的组成成分和某些酶的活化剂。铜对叶绿素有稳定作用，避免其过早地受到破坏，从而延长光合时间。铜也参与氮素代谢，影响固氮作用。铜还促进花器官的发育。铜与铁、锌、锰、钼有交互作用。

（2）铜的吸收与利用：花生缺铜时植株出现矮化和丛生症状，叶片出现失绿现象，在早期生长阶段凋萎或干枯。小叶因叶缘上卷而呈杯状，有时小叶外缘呈现青铜色及坏死的缺铜症状。

（3）铜肥的种类与性质：铜肥主要有硫酸铜（含铜 24%~25%）。石灰性土壤和有机质含量高的土壤易缺铜。土壤中有效铜临界值为 1mg/kg。基施 30~60g/ 亩硫酸铜，每隔 3~5 年施一次。

13. 氯

（1）氯的生理功能：氯参与花生光合作用的水光解过程。氯调节细胞液渗透压和维持生理平衡，对气孔的开闭也起着调控作用。

（2）氯的吸收与利用：适量的氯有利于碳水化合物的合成，并可抑制某些病虫发生；过量则抑制种子发芽和根瘤菌的固氮作用，加重土壤酸性，对钙流失亦有一定影响。

14. 稀土元素

（1）稀土元素的生理功能：稀土元素是由化学性质十分相近的镧、铈、镨、钕等 15 种镧系元素和钪、钇元素组成。施用稀土元素能提高花生种子活力，促进发芽出苗，明显促进营养体生长，根系发达，增加叶面积和叶绿素含量，提高叶净光合强度，增加根瘤数量，提高固氮酶和叶片硝酸还原酶的活性，提高叶片铵态氮和全氮含量，降低硝态氮含量，从而改善花生的碳氮代谢，促进氮、磷等养分的吸收与运转等。

（2）稀土肥料的种类与性质：农用稀土产品常用的是硝酸稀土，是以水溶性化合物硝酸镧、硝酸铈为主要成分的复合产品，常用于花生浸、拌种和叶面喷施。浸种浓度为 500mg/L。拌种时 1kg 种仁用 4g 稀土微肥加水 50g 溶解后，均匀拌种，晾干后当天播种。叶面喷施，苗期浓度为 0.01%，初花期为 0.03%。由于稀土和磷肥有共同促进花生的吸收与运转的特点，因此施用稀土时，同时增施磷肥增产效果更好。

（四）花生常用有机肥料的种类与性质

目前常用的有机肥料种类主要有粪尿类、饼粕类、秸秆类等有机物料，以及堆肥（以粪尿与作物秸秆或其他有机物料沤制的优质腐熟有机肥）、商品有机肥、绿肥等。有机肥一般作基肥施用，经过充分腐熟的有机肥也可作种肥或追肥。

1.粪尿类有机物料 粪尿是指人和猪、牛、马、羊等畜禽动物的排泄物，含丰富的有机质和氮、磷、钾、钙、镁、硫、铁等营养元素及有机酸、脂肪、蛋白质及其分解物。粪尿综合利用应与沼气项目、规模化养殖场有机结合，可有效开辟人畜粪便资源化利用，同时减少因养殖引起的河道、土壤、地下水污染。

（1）人粪尿的成分与性质：人粪的主要成分为水、有机物和矿物质。有机质占 5%~10%、全氮占 0.5%~0.8%、有效磷占 0.2%~0.4%、氧化钾占 0.2%~0.3%，还含有大量微生物。人粪中的养分主要呈有机态，需要经过分解腐熟后才能被作物吸收利用。人尿含 95% 水分，5% 水溶性含氮化合物和无机盐类，其中尿素 1%~2%、食盐 1% 左右。人尿中氮素 70%~80% 以尿素态存在，施用土壤后在脲酶作用下，尿素分解成铵态氮，及时被作物吸收利用，故人尿的肥效快。人粪尿含氮多而磷钾少，通常把人粪尿当作氮肥施用。

（2）家畜粪尿的成分与性质：家畜粪的主要成分是纤维素、半纤维素、木质素、蛋白质及其分解产物、脂肪类、有机酸、酶以及各种无机盐类。一般家畜粪中含有机质 15%~30%，氮、磷含量比钾高，且一半以上为速效性，含全氮 0.32%~0.65%，含有效磷 0.25%~0.50%。家畜尿的成分全部是水溶性物质尿素、尿酸、马尿酸以及钾、钠、钙、镁等无机盐类，含氮、钾较多而磷少，含有机物 2.5%~7%，全氮

0.3%~1.4%，有效磷 0.01%~0.12%，氧化钾 0.6%~2.1%。家畜种类、年龄、饲料和饲养管理方法等不同，其粪尿养分差异也很大。

羊粪在家畜粪中养分含量最高，尤其有机质、全氮、磷、钾、钙、镁等物质含量最多，而猪、马次之，牛最少。羊是反刍动物，粪质细密、干燥；羊粪比马粪发热量低，但比牛粪的发热量大，发酵速度快，为热性肥料。猪粪中氮含量是牛粪的 2 倍，磷、钾含量均多于牛粪和马粪，钙、镁含量低于其他粪肥；猪粪碳氮比较低，且含有大量氨化细菌，比较容易腐熟；猪粪劲柔和，后劲长。牛是反刍动物，粪质细密，分解腐熟缓慢，养分含量是家畜粪中最低的一种，氮素含量很低，碳氮比较大；牛粪的阳离子交换量较大，对于改良有机质含量少的轻质土壤具有良好效果。兔粪氮、磷、钾含量比羊粪还高，且兔粪还有驱虫作用，用兔粪液在番茄、白菜、芸豆等蔬菜根旁施用，可防止和减轻地下害虫的危害。

（3）家禽粪的成分与性质：家禽粪主要有鸡、鸭、鹅、鸽粪等。鸡粪、鸽粪的养分含量最高，而鸭、鹅粪次之。家禽其消化道短，营养成分吸收不彻底，粪尿是混合排泄的，其养分远高于大牲畜；家禽的饲料组成比大牲畜的复杂，家禽粪的性质和养分含量与家畜粪尿不同。家禽粪含有机物 23%~30%，全氮 0.55%~1.7%，有效磷 0.5%~1.8%，氧化钾 0.6%~1.0%，氧化钙 1%~2%。新鲜禽粪有 30% 的总氮量存在于粪中，其余 70% 由尿中排出。家禽粪中氮多呈尿酸态，不能直接被作物吸收利用，用量过大时，易伤作物的根系。因此，家禽粪施用前必须经过腐熟处理。家禽粪是热性肥料，在堆放过程中易产生高温，易造成氮的挥发损失，因此，家禽粪在堆放时，应添加对氨吸附能力强的物料，如膨润土、生物炭等，防止氮的损失（表 4-7）。

表 4-7　粪尿肥的种类及主要养分含量

品种	N/%	P_2O_5/%	K_2O/%
人粪	1.00	0.5	0.37
人尿	0.5	0.13	0.19
人粪尿	0.5~0.8	0.2~0.4	0.2~0.3
猪粪	0.5~0.6	0.45~0.6	0.35~0.5

续表

品种	N/%	P$_2$O$_5$/%	K$_2$O/%
猪尿	0.3~0.5	0.07~0.15	0.2~0.7
鸭粪	1.10	1.40	0.62
鸡粪	1.63	1.54	0.85
牛粪	0.3~0.45	0.15~0.25	0.05~0.15
牛尿	0.6~1.2	0.15	1.3~1.4

2. 饼粕类有机物料 饼粕类有机物料是油脂加工业的副产品，富含有机物和氮磷钾等元素，营养价值高，采用压榨法提取油之后的剩余物为饼，有机溶剂提取油之后剩余物为粕，饼和粕的组成成分略有不同，一般都用于饲料。在受潮、霉变和生物毒素污染不宜作饲料的情况下，可作为优质有机肥料来源。按照油料品种不同，可以分为花生饼粕、大豆饼粕、棉籽饼、菜籽饼、蓖麻饼等。

此外，酿酒企业的副产品酒糟，玉米发酵提取过谷氨酸钠（味精）的加工废弃物，作物种子生产加工后的副产品，也是重要的优质有机肥料的来源，也可称之为饼粕类的有机物料（表4-8）。

表4-8 饼粕的种类及主要养分含量

品种	N/%	P$_2$O$_5$/%	K$_2$O/%
花生饼	6.32	1.17	1.34
大豆饼	7.0	2.13	1.32
茶籽饼	1.1	0.37	1.23
棉籽饼	3.41	1.63	0.97
菜籽饼	4.6	2.48	1.40
蓖麻饼	5.0	2.0	1.9
酒糟	2.54	1.27	1.15

3. 秸秆类有机物料 秸秆作为有机肥源的利用，主要有直接还田、过腹还田和堆沤还田等形式。直接还田即整株或粉碎还入土壤；过腹还田即通过动物消化道后以粪尿形式还田；堆沤还田即通过沤制堆肥形式施入土壤。当前，直接还田是秸秆利用的主要方式。

（1）不同秸秆的成分与性质：秸秆中的营养元素齐全，富含有机碳，氮、磷、钾含量较高（表4-9）。

表4-9 秸秆主要营养元素平均含量（烘干基）

种类	粗有机物 /%	N/%	P_2O_5 / %	K_2O/%
玉米秆	90.2	1.15	0.12	0.72
小麦秆	86.8	0.80	0.06	0.71
花生秆	84.3	0.82	0.2	1.07
稻草	76.8	0.89	0.08	0.74
油菜秆	82.8	0.72	0.10	0.62
棉花秆	90.9	1.24	0.15	1.02

（2）秸秆直接还田的方法：秸秆直接还田分为翻压还田和覆盖还田两种方法。翻压还田即作物秸秆耕翻入土，秸秆翻压还田最好粉碎，如小麦收获与秸秆粉碎一次完成，再用旋耕或者耕翻的方式把秸秆翻入土中。当土质松、土壤含水量低时，若秸秆切不碎，耕埋质量不好，易引起土壤失墒，影响整地和播种质量。北方耕翻深度以18~25cm较好，南方稻草还田耕埋深度以10~15cm为好。秸秆覆盖还田是指将作物秸秆铺盖于土壤表面，具有保温、保墒、防止杂草滋生的作用，但由于秸秆分解缓慢，对当季作物的肥效较差，如麦垄套种花生田的小麦秸秆基本上是在土壤表面慢慢腐烂。

（3）秸秆直接还田的作用：

1）改善土壤结构：秸秆还田后，由于秸秆在腐解过程中产生多糖类物质，可以促进土壤微团聚体的形成。相关研究表明，秸秆改良土壤的作用比堆肥大，连续施用麦秸，土壤中水稳性团聚体、孔隙度及含水率提高，土壤容重下降，紧实度变松。

2）增加土壤微生物活性：秸秆还田后，由于微生物获得了大量的能源物质而数量激增，距秸秆越近，土壤微生物增加越多，一般总数量增加18.9%。其中细菌和放线菌增加更为明显。

3）节本增效：采用大型机械秸秆直接还田，节省秸秆运输处理劳力成本，保护生态环境，符合现代农业规模化生产的要求。

（4）秸秆直接还田注意事项：秸秆还田要适量。一般秸秆还田量200~300kg/亩比较适宜。还田量过大时，秸秆腐烂慢，造成耕作困难，土壤跑墒加重，播种出苗质量差；还田量小时起不到培肥土壤的作用。

1）碳氮比适合：微生物生活与繁殖的碳氮比为25：1左右，而禾本科作物秸秆碳氮比较高，如麦秸碳氮比为（60~80）：1，因此禾本科秸秆还田时应配施适量的氮肥，以满足微生物生长的需要，加速秸秆腐熟分解，防止微生物与幼苗争氮。

2）加强水分管理：水分是决定秸秆腐熟分解速度的重要因素，直接还田需把秸秆切碎后翻埋土中，翻埋深度20cm左右并覆土严密，以防跑墒；对土壤墒情差的，翻耕后应灌水，而墒情好的则应镇压保墒，促使土壤密实，以利秸秆吸水分解。

3）粉碎后还田：前茬随收获粉碎秸秆，秸秆粉碎长度小于5cm。

4）避免病害传播：若作物病虫害严重，不宜直接还田，需高温堆沤后再还田。

4. 堆肥　堆肥又称腐熟有机肥、土圈肥，是利用人粪尿、家畜粪尿混入沼渣、饼粕、作物秸秆、绿肥、落叶、杂草等有机物质，再混入水和泥土进行堆制而成。堆肥具有原料广泛、养分齐全、质量好、肥效长、增产显著、改善土壤结构、提高土壤肥力的作用。堆肥肥效高低与肥源种类、掺土多少、沤积方法和腐熟程度有很大关系，普通堆肥一般含有机质15%~25%、氮0.4%~0.5%、有效磷0.18%~0.26%、氧化钾0.45%~0.71%；高温堆肥含有机质24%~40%、氮1%~2%、有效磷0.30%~0.82%、氧化钾0.5%~2.5%（表4-10）。

表4-10　堆肥的养分含量

种类	水分/%	有机质/%	氮（N）/%	磷（P_2O_5）/%	钾（K_2O）/%	碳氮比（C/N）
高温堆肥	55~65	24~40	1~2	0.30~0.82	0.50~2.50	10~11
普通堆肥	60~65	15~25	0.4~0.5	0.18~0.26	0.45~0.71	16~20

（1）堆肥沤制的作用：有机物料需经过沤制形成堆肥才能施用。其原因：一是由于未腐熟畜禽粪中的氮是以尿酸形态氮为主，尿酸盐不能直接被作物吸收利用，它在土壤中分解消耗大量的氧气，释放出

二氧化碳，故易烧苗、烧根。二是由于未腐熟秸秆及畜禽粪中带有大量真菌和寄生虫，堆沤可有效杀灭病虫卵。三是由于部分畜禽粪由于饲料中大量添加重金属元素，存在着重金属元素含量超标的问题；有的畜禽饲料添加剂激素成分也很高，需通过堆制中的微生物的腐熟分解进行脱激素处理。

（2）堆肥成分与性质：堆肥属热性肥料，其养分含量全，碳氮比高，肥效持久。根据堆制方法不同，分为普通堆肥与高温堆肥。高温堆肥养分和有机质含量都比普通堆肥高。腐熟的堆肥颜色为黑褐色，汁液棕色或无色，无恶臭味，有机物质易拉断和变形。

（3）堆肥沤制方法：积制堆肥有普通堆肥法与高温堆肥法。普通堆肥是在常温、嫌气条件下通过微生物分解、积制而成的肥料。由于腐熟温度低（<50℃），有机质分解缓慢，腐熟时间较长，一般需 3~4 个月。

高温堆肥又叫速成堆肥，是在通气良好、水分适宜、高温（50~70℃）条件下，好热性微生物对纤维素进行强烈分解、积制而成的肥料。由于好热性微生物的存在，有机质分解加快，是人粪尿无害化处理的一个主要方法。

（4）堆肥的施用：堆肥是一种含有氮、磷、钾等多种营养元素的全营养肥料，一般用作基肥。大量施用堆肥时，在土壤耕翻前均匀撒开，随着土壤耕作翻入土中，做到与土壤充分混合；用量少时，可采用沟施或穴施，施后覆土。作物换茬相隔时间短，最好施用腐熟堆肥。换茬相隔时间长，如秋季翻耕，春季播种，宜施用半腐熟堆肥。

5. 商品有机肥　商品有机肥是在堆肥沤制的基础上工厂化生产的粒状或粉状有机肥。商品有机肥较之堆肥所不同的是：商品有机肥营养成分较高；原料比例、成品品相更规范化、标准化。其中，以畜禽粪便、动植物残体和以动植物产品加工的下脚料为原料，并经发酵腐熟后制成的有机肥料，产品质量标准应符合《有机肥料》（NY/T 525—2021）。

6. 绿肥　绿肥就是用植物绿色体的全部或部分耕翻掩埋作为肥料。绿肥可分为栽培绿肥和野生绿肥两大类。栽培绿肥中，分为冬季绿肥作物、夏季绿肥作物、多年生绿肥作物和水生绿肥作物。一般在花生种植前 20~30 天，用机械翻压绿肥还田，在种植花生时绿肥能充分腐熟分解，从而为花生生长提供矿质养分和小分子活性物质（表4-11）。

表4-11　几种新鲜绿肥营养成分含量

养分	紫云英	苕子	田菁	紫花苜蓿
有机物 /%	9.7	17.5	27.5	34.6
全氮 /%	0.40	0.62	0.67	0.61
全磷 /%	0.04	0.06	0.06	0.07
全钾 /%	0.27	0.46	0.43	0.69
钙 /%	0.14	0.39	0.24	
镁 /%	0.14	0.05	0.03	
硫 /%	0.05	0.06	0.05	
硅 /%	0.08	0.14	0.09	
铜 /（mg/kg）	1.8	2.8	4	4.3
锌 /（mg/kg）	8.0	13.2	20.2	33.5
铁 /（mg/kg）	145	256	109	135
锰 /（mg/kg）	10.4	16.7	31.8	35.9
硼 /（mg/kg）	3.8	5.1	9.2	
钼 /（mg/kg）	0.39	0.57	1.16	
碳氮比（C/N）		13.5	17.9	

（1）紫云英：又名红花草、草子等，豆科黄芪属一年生或越年生草本植物。紫云英固氮能力强，茎叶柔嫩，氮素含量较高，是肥饲兼用的绿肥品种。南方多秋播，北方多春播。

紫云英喜湿润温暖，怕渍水，抗寒力弱，耐旱力较差，种子发芽的适宜温度为 20~25℃。宜生长在土壤水分为田间持水量的60%~75%、pH 值 5.5~7.5、较肥沃的壤质土壤上。温度降低到 -10~-5℃

时易受冻害。全生育期 230~240 天，忌连作。套种时宜接种根瘤菌，特别是未曾种过紫云英的田块，接种根瘤菌是成败的关键。紫云英在盛花期产草量与含氮量达到高峰，是翻沤的最佳时期，每亩压草量为 1 000~1 500kg。

（2）苕子：苕子俗名兰花草、苕草、野豌豆等，豆科巢菜属，一年生或越年生草本植物。苕子固氮能力强，养分含量高，茎叶柔嫩，氮、磷、钾含量均高于紫云英。苕子嫩苗可作蔬菜，茎叶可作青饲料。

苕子喜湿润，耐旱，忌渍水，不耐炎热，15~20℃生长最快。在排水良好、pH 值 6~8 的土壤上生长较好。花期是苕子肥、饲价值最佳时期，每亩压青 1 000~2 000kg。

（3）田菁：田菁又名碱青、涝豆等，一年生或多年生豆科田菁属草本植物。原产热带和亚热带地区，最早种植于我国的南方，现早熟品种可在华北、东北种植。

田菁喜温暖湿润气候，抗盐碱、耐涝渍，是改良盐碱地的先锋作物，但苗期不耐旱、涝。种子发芽最低温度为 12℃，最适温度为 20~30℃，适宜 pH 值 5.5~7.5、含盐低于 0.5% 的土壤上。6 月中旬播种，主要在改良盐碱地、夏闲地、荒地、沟渠路边以及两季作物空隙种植。适宜翻压期为初花期。

（4）紫花苜蓿：紫花苜蓿又名苜蓿，多年生宿根性豆科草本植物，可肥饲兼用。

紫花苜蓿喜温暖半干燥性气候，抗寒、抗旱、抗瘠能力强，不耐渍。种子发芽的最低温度为 5℃，幼苗期可耐 -6℃ 的低温，植株能在 -30℃ 的低温下越冬。对土壤要求不严，能在 pH 值 6.5~8、含盐量 0.3% 以下的钙质土壤上生长。春播苜蓿第一年秋刈割 1 次，2 年后每年可收割 2~3 次。初花期为收割的最佳期，收割的鲜草可作饲料或异地还田。4~5 年后鲜草产量下降，可耕翻作绿肥压青，每亩 500~750kg。

（五）常用复混（合）肥料种类与性质

复混（合）肥料是复合肥和混合肥的统称，是指含有氮、磷、钾三要素中的两个或两个以上的化学肥料。应用复合肥的优点在于养分比较全面，能同时供给花生 2~3 种营养元素，避免单一化肥造成的养分失调；养分含量高，便于贮运和施用；副成分少，对土壤的不利影响小；配合比例多样化，可以物化施肥技术，供不同类型土壤选用，达到平衡营养、提高肥效、降低成本的目的。

1. 复合肥料 花生生产上常用的复合肥料有磷酸铵、硝酸磷肥、偏磷酸铵、硝酸钾、磷酸二氢钾等，多属二元复合肥料。

（1）磷酸铵：磷酸铵可分为磷酸一铵（$NH_4H_2PO_4$）、磷酸二铵（NH_4）$_2HPO_4$，磷酸与氨反应生成的高浓度化成复合肥，速效性肥料，纯品是白色结晶，生产过程中含杂质，工业产品呈灰色颗粒状。磷酸一铵含氮 10%~14%，含磷（P_2O_5）42%~44%；磷酸二铵含氮 18%，含磷（P_2O_5）46%；pH 值为 7.0~7.2，水溶液中性，空气潮湿易分解，使氮挥发损失。可作基肥、种肥和追肥。作基肥 10~20kg/ 亩，作种肥 2~4kg/ 亩，避免接触种子。不能与草木灰等碱性肥料混施，以免造成氮的挥发和磷的有效性降低。

（2）硝酸磷肥：利用硝酸或硝酸、硫酸混合物分解磷矿粉而制成的氮磷复合肥，主要成分为 NH_4NO_3、（NH_4）$_2HPO_4$、$CaHPO_4$。深灰色，中性，吸湿性强，易结块。含氮（N）、磷（P_2O_5）分别为 26%、11%，其中氮素以铵态氮和硝态氮各占一半，磷素中水溶性磷占 2/3，弱酸溶性磷占 1/3，均为花生吸收的形态。适宜于各种土壤，因肥料中的硝态氮不被土壤吸附，易随水流失，硝酸磷肥用于旱地花生效果更好。可作基肥、种肥和追肥，作基肥 10~20kg/ 亩，作种肥 2~4kg/ 亩。注意防潮，不与碱性肥料一起堆放，以免造成氨的挥发和降低磷的肥效。

（3）氨化过磷酸钙：它是以氨处理过磷酸钙而制成的一种含氮、磷都很低的速效氮磷复合肥，含氮 2%~3%，含磷量与原料过磷酸钙的含磷量有关。过磷酸钙经过氨化后酸性得到中和，吸湿性和结块性均降低，水溶性好，便于贮藏和运输，钙、镁、硫养分含量较高。避免和碱性肥料混施造成氨的挥发，不宜长期贮藏。

（4）硝酸钾（KNO_3）：硝酸钾也称钾硝石，俗名火硝，白色结晶体，是一种低氮高钾的二元氮钾复合肥。含氮（N）13%、钾（K_2O）46%，氮、钾比为 1：3.5，吸湿性小，不易结块，不含副成分，属化学中性和生理中性肥料，易溶于水。旱地花生可作基肥、种肥或早期追肥，用量不宜多。根外追肥浓度为0.6%~1%。由于硝态氮易流失，旱地肥效比水田更好。硝酸钾与易燃物接触或在高温下易引起燃烧爆炸，运输应减轻摩擦和振动。

（5）磷酸二氢钾（KH_2PO_4）：磷酸二氢钾一般含磷（P_2O_5）52%、钾（K_2O）34%，吸湿性较小，易溶于水，速效肥料，水溶液呈酸性（pH值为3~4）。多用于浓度0.1%~0.2%叶面喷施。

（6）氮钾复合肥：将明矾石、硫酸钾铝在550~570℃下熔烧，使其脱水分解，然后通入6%的氨水沉淀去铝，得到硫酸钾和硫酸铵，再经浓缩结晶即得到氮钾复合肥。白色结晶，含氮14%、钾16%，易溶于水，吸湿性小，pH值为中性；施用后钾和铵被作物吸收的量多于硫的吸收量，使得土壤硫酸根增加，为生理酸性肥料。可作基肥、种肥和追肥。

（7）磷钾复合肥：以磷矿石和钾长石为原料经高温制成磷钾复合肥，含磷（P_2O_5）11%、钾（K_2O）3%，磷素中有效磷10%，钾素大部分为有效钾。性质及施用方法与钙镁磷肥相似，宜作基肥深施，其肥效比钙镁磷肥稍好。

2. 复混肥料 复混肥料包括各种专用肥料以及冠以各种名称的以氮、磷、钾为基础养分的三元或二元固体肥，氮、磷、钾总养分含量高于25%。一般可分为无机复混肥和有机 – 无机复混肥等。目前花生生产上应用的主要有氮磷钾复混肥、三元复混肥（硝酸磷钾肥、铵磷钾肥）、花生专用肥、多元素复混肥、微生物复混肥、有机 – 无机复混肥等。

（1）氮磷钾复混肥：氮磷钾复混肥分为高、中、低浓度复混肥料，高浓度复混肥料的氮、磷、钾含量不低于40%，养分含量高，适于机械施肥；中浓度复混肥的氮、磷、钾含量为30%~40%；低浓度复混肥氮、磷、钾含量为25%~30%。根据其配方和作用又分为专用复混肥和通用型复混肥。专用复混肥料是针对不同作物对氮、磷、钾的需求特点而生产出不同氮、磷、钾含量和比例的肥料。通用型复混肥氮、磷、钾的比例相对稳定。

（2）三元复混肥：三元复混肥料一般都是在生产二元复合肥过程中加入第三种元素而形成的，它们的主要品种有硝磷钾肥、铵磷钾肥等。

硝磷钾肥是在混酸法制硝酸磷肥基础上增加钾盐而制成，淡黄色颗粒，有吸湿性，氮（N）、磷（P_2O_5）、钾（K_2O）比例为10：10：10。其中的氮、钾都是水溶性速效养分，磷有30%~50%为水溶性的，70%为枸溶性。具体施用技术同一般复合肥料。

铵磷钾肥是用硫酸钾和磷酸盐按不同比例混合而成，物理性状好，易溶于水，易被作物吸收利用。可作基肥、早期追肥。

（3）花生专用肥：根据花生的需肥特点配制而成的多元复合肥，其氮、磷、钾合理搭配，并含有钙、硫、钼、硼、锌等元素。适于各种类型土壤施用，一般25~40kg/亩作基肥。

（4）多元素颗粒复混肥：含多种元素的复混肥。如含氮（N）9%、磷（P_2O_5）7.5%、钾（K_2O）2.8%、钙13%、镁7%、铁2.1%，并配有1%的硼、锰、锌、铜、钼等微量元素，用2.5%的腐殖质作黏合剂制成颗粒复混肥料，兼有化肥的特性和有机肥的优点，作基肥10~15kg/亩。

（5）微生物复混肥料：在生产复混肥过程中加入一种或多种有益微生物菌剂而制成。如固氮菌、磷细菌、钾细菌、抗生菌、增产菌、酵素菌，可加入单一、两种或多种复合菌，利用其在土壤中大量繁育扩散，使土壤中难以被作物利用的营养元素活化，或将空气中氮素更多地固定在土壤中，改善农作物营养条件。施用效果取决于加入微生物的存活率和扩繁力。微生物存活率取决于肥料中盐分、水分含量、微生物耐盐性以及仓储、运输时间、包装密封性等，微生物扩繁力取决于微生物状态和土壤生态环境。

（6）有机－无机复混肥：含有机物质和无机营养的复混肥料。以化学肥料配合加工后的有机肥料或有机物料，或再加入微生物菌剂和刺激生长的物质如腐殖酸、氨基酸等，经造粒或直接掺混而制成。有机－无机复混肥常被称作有机活性肥料或生物缓效肥等。氨基酸复混肥料生产时加入一些对植物有刺激作用的氨基酸，可促进根系发育，增强抗旱性和防治作物病害。腐殖酸复混肥为腐殖酸（黄腐酸、褐腐酸）与化肥混合生成。腐殖酸促进根系发育，刺激作物生长，增强抗逆力，改良土壤。

（7）含稀土复混肥：将稀土制成固体或液体的调理剂，常用0.3%的硝酸稀土。该复合肥可以活化土壤中一些酶的活性，促进根发育。

3.掺混肥料 掺混肥料是将已经加工成的两种以上的颗粒肥料（单质肥料、复合肥料、复混肥料），根据农作物的需要和当地土壤情况，掺混而成的肥料。随掺随用，掺后不能积压。要求各种基质化肥颗粒大小为2~4 mm，以免分层造成施肥不匀，影响肥效。

（六）微生物肥料种类与性质

微生物肥料又称菌肥、菌剂、接种剂，是通过微生物的生命活动使农作物改善土壤微生态环境，来促进生长发育和增产提质。按肥料中微生物种类可分为细菌类肥料（如根瘤菌肥、固氮菌肥）、放线菌类肥料、真菌类肥料等；按作用机制分为根瘤菌类肥料、固氮菌类肥料、解磷菌类肥料、解钾菌类肥料等。

1.根瘤菌肥的种类及性质 豆科植物的根瘤菌共生固氮是已知固氮力最强的生物固氮体系。根瘤菌剂是从土壤和植株中分离出来的生活力强、固氮能力高的优良根瘤菌株，经人工繁殖培养制成的粉剂和液体细菌肥料。花生常用根瘤菌肥有琼脂菌剂、液体菌剂、矿物油菌剂、蛭石菌剂、草炭菌剂及含有0.1%稀土化合物的稀土菌剂等。根瘤菌肥的施用效果，在低肥力土壤好于高肥力土壤，生茬地好于重茬地。最适宜土壤pH值为7的中性环境，酸性土壤根瘤菌活性降低，要结合施用石灰；盐碱地施用要结合增施有机肥和石膏。稀土菌剂能增强根瘤菌的存活率和对寄主作物的侵染结瘤能力；根瘤菌与钼肥混合拌种效果好。

2.磷细菌肥的种类及性质 磷细菌是指能将难溶性的磷化合物转化为有效磷的细菌。磷细菌肥可作种肥、基肥或追肥。有机质丰富而缺磷土壤，磷细菌肥与磷矿粉混合施用效果显著。在堆肥中加入磷细菌0.5~1.5kg/亩，翻入土壤效果更好。

3.硅酸盐细菌（钾细菌）肥的种类及性质 硅酸盐细菌又名钾细菌，俗称生物钾肥，能强烈分解土壤中硅酸盐类的钾，使其转化为作物可利用的有效钾。按生产剂型不同可分为液体菌剂、固体菌剂和颗粒菌剂三种。钾细菌肥基施、作种肥效果最好。

（1）基施：硅酸盐细菌肥 3~4kg/ 亩，与有机肥（或细土）20~30kg/ 亩混匀，结合播前整地沟施或条施，施后覆土。

（2）种肥：播种时施用硅酸盐细菌肥 3~4kg/ 亩，撒入播种沟后覆土，使菌肥与土壤充分接触，提高根际速效钾的含量。生物钾肥不宜与农药、生理酸性或碱性肥料混合施用。

（七）新型肥料的种类与性质

1. 缓释肥料种类及性质　缓释肥料是指所含的氮、磷、钾养分能在一定时间内缓慢释放供植物持续吸收利用的肥料。缓释肥的优点：一是使用安全，延缓养分向根域释出速度，避免对作物根系的危害；二是省工省力，一次性施用能满足整个生育期养分需要；三是提高肥效，减少养分与土壤接触面积，减少土壤生物、化学、物理作用对养分的固定或分解；四是保护环境，减少养分的淋溶和挥发。根据生产工艺和化学性质分为化学合成型、物理包膜型和抑制剂添加型等类型。

（1）化学合成型：包括脲甲醛、丁烯叉二脲、异丁叉二脲、草酰胺等。其中脲甲醛第一个商品化生产，由尿素与甲醛缩合而成。

1）磷酸铵镁：枸溶性缓释氮磷复合肥，白色固体，水溶解度极低，施入土壤在微生物的作用下逐步发生硝化作用，其硝化速率受肥料颗粒大小制约。因此，通过控制粒径大小，便能在预定的时间内为作物提供所需要的氮、磷、镁养分。由于其缓溶性，可一次施入几年用量不致烧苗。沙土缺镁，其缓溶性不会被淋失，在沙土上效果特别好。

2）硅酸钾肥：由火力发电厂排出的粉煤灰、碳酸钾和氢氧化镁为主要原料制成。硅酸钾不易被雨水溶脱，与氯化钾和硫酸钾相比，长期施用也不会造成土壤酸化板结。同时，其肥效成分（K_2O、SiO_2、MgO、CaO 等）呈微溶性，既能被较好地平衡吸收，又减少淋失，比其他钾肥更利于根系生长。

（2）物理包膜型：它是在速效粒状肥料表面涂上一层疏水性的物质，形成半透性的或难溶性的薄膜，以减缓养分释放速度。常用的包膜材料有硫黄、磷酸盐、石蜡、沥青等。

1）包膜尿素：常用硫黄包膜尿素，粒状，含氮 36%~37%，38℃水中浸泡 7 天溶解率 20%~30%，比普通尿素吸收利用率高 1 倍。

2）包膜复混肥：以粒状速效肥（如尿素、碳酸氢铵、硝酸铵、钾肥等）为核心，以枸溶性的钙镁磷肥（或其他类型枸溶性磷肥）为包裹层，根据不同作物的需要，在包裹层中加入钾肥、微肥及螯合剂、氮肥增释剂、农药（杀虫剂、除草剂）等物质，以无机酸复合物和缓溶剂为黏结剂包裹而成的一种新型肥料。调节包裹层的组成、厚度和黏结剂，可制成适于多种作物的专用型复混肥。

（3）抑制剂添加剂型：氮肥增效剂有硝化抑制剂、脲酶抑制剂等类型，可降低氮素损失，增加氮肥肥效。

1）硝化抑制剂类型：氮肥施入土壤后，由于土壤中亚硝化、硝化、反硝化细菌的活动，使氮肥的铵态氮转化为亚硝酸离子、硝酸离子而淋失，或产生氧化氮、氮气而损失。硝化抑制剂与氮肥配合施用，抑制了亚硝化等细菌的活动，减少氮素损失，提高氮肥利用率。

2）酶抑制类型：酶抑制剂抑制酶活性，如脲酶抑制剂。尿素施入土壤借助脲酶的催化转化为铵后被植物吸收利用。若土壤脲酶活性强，尿素转化成铵速率快，作物来不及吸收就损失了。因此，施入土壤尿素肥效 30~45 天，利用率 50%。如果同时施入脲酶抑制剂，抑制率 65%~69%，减缓尿素分解，肥效延长至 110 天，利用率提高 10%，减少氮肥损失 10%~20%。

2. 腐殖酸肥料种类及性质　以泥炭、褐煤、风化煤等为原料，经化学处理或再掺入各种无机肥制成。常见有腐殖酸铵、腐殖酸钠、黄腐酸、黄腐酸混合肥。

（1）腐殖酸铵：以用氨水或碳酸氢铵处理的泥炭、褐煤、风化煤制成，可提供氮素、改良土壤理化性状、刺激作物生长发育。适于各种土壤，结构不良的沙土、盐碱土、酸性土壤及瘠薄土壤施用效果最好。以撒施、条施或穴施的方式作基肥施用（表 4-12）。

表 4-12　腐殖酸铵技术指标 *

技术指标	一级	二级
水溶性腐殖酸铵（干基）	≥ 35%	≥ 25%
速效氮（干基）	≥ 4%	≥ 3%
水分（应用基）	≤ 35%	≤ 35%

* 表内数据引自中华人民共和国化工行业标准。

（2）腐殖酸钠：由泥炭、褐煤、风化煤与氢氧化钠和水混合加热反应制成。可作基肥、追肥、浸种。基肥：250g/ 亩左右按 0.05%~0.1% 的浓度稀释，与有机肥混合施用。浸种：兑水制成 0.005%~0.05% 溶液浸种 5~10 小时。追肥：25g/ 亩稀释成 0.01%~0.05% 的水溶液进行根部浇灌（表 4-13）。

表 4-13　腐殖酸钠技术指标 *

技术指标	一级	二级	三级
腐殖钠（干基）	≥ 70%	≥ 55%	≥ 40%
水分	≤ 10%	≤ 15%	≤ 15%
pH 值	8.0~9.5	9.0~11.0	9.0~11.0
水不溶物（干基）	≤ 20%	≤ 30%	≤ 40%
灼烧残渣（干基）	≤ 10%	≤ 20%	≤ 25%
1.0mm 筛的筛余物	≤ 5%	≤ 5%	≤ 5%

* 表内数据引自中华人民共和国化工行业标准。

（3）黄腐酸：黄腐酸是腐殖酸的一部分，可刺激根系生长、增强光合作用、提高抗旱能力。制品黄腐酸含量 80% 以上，水分小于 10%，pH 值 2.5。用于拌种和叶面喷施。

3. 氨基酸肥料种类及性质　以皮革、毛发等为原料，经化学水解或生物发酵而制得氨基酸，再添加微量元素混合浓缩而成。主要用于叶面喷施（表 4-14）。

表 4-14　氨基酸叶面肥的生产技术指标

项目	指标	
	发酵	化学水解
氨基酸含量	8.0%	10.0%
微量元素总量（元素计）	2.0%	
水不溶物	5.0%	
pH 值（1：250 水溶液）	3.5~8.0	
有害元素　砷（As）　（元素计）	0.002%	
铅（Pb）　（元素计）	0.002%	
镉（Cd）　（元素计）	0.01%	

二、花生的科学施肥

花生科学施肥就是根据花生生育规律、营养特点和土壤肥力状况、肥料特性进行施肥，实现花生丰产提质、节本增效，土壤用养结合、生态友好。

（一）花生科学施肥的原则

1. 有机无机结合　我国花生产区的土壤质地普遍较差，结构不良，肥力较低，应施用有机肥、生物肥活化土壤，改良结构，再结合化学肥料及时补充土壤速效养分。

有机肥料的许多作用是化学肥料所不能替代的。有机肥营养成分齐全，含有大量有机质和氮、磷、钾、钙矿质营养和多种微量元素，肥效持久，施用后经微生物分解可源源不断地释放各种养分供花生吸收利用；还能不断地释放出二氧化碳，改善花生的光合作用环境。有机质在土壤中形成有机胶体物质即腐殖质，具有多种较强的缓冲能力，能够改善土壤理化性状，提高土壤通透性和蓄水保肥能力。有机肥料分解产生的有机酸和无机酸，可以促进土壤中难溶性磷酸盐的转化，提高磷的有效性。有机质还是土壤微生物的碳素能源，促进有益微生物的活动，特别是有利于根瘤菌的增殖，增强其活力，增加花生氮素供应。

但有机肥料也有缺陷，所含养分大多是有机态的，肥效迟缓，当季利用率低，不能及时满足生育旺盛期养分需求。而化学肥料速效养分含量高，肥效快，可弥补有机肥料的不足。但长期单施化学肥料，投入大，损失率高，不利于改良土壤和保护环境。因此，采用有机与无机配合，肥效互补，缓急相济，既改良土壤，培肥地力，又能减少化肥中的养分流失和固定，提高肥效，同时促进有机养分的分解，提高肥料利用率。

2. 基肥为主，追肥为辅 基肥足则幼苗壮，为高产优质奠定基础。要把大部分肥料冬、春耕或播前整地作底肥、种肥施用。一年两熟制夏播花生，可重施前茬底肥配合当季种肥、追肥。在蓄水保肥能力好的规模化、机械化种植地块，一次施足底肥，配合播种时施足种肥，少追肥或不追肥。因为花生根系的吸肥能力在开花下针期前最强，对肥料的吸收高峰在盛花期前后，等量肥料，作基施的效果比追施要好得多。

在保水保肥能力差的沙土地，为避免速效化肥一次基施过多造成肥料损失，可留一部分速效肥料，根据生长发育情况追施。或者因为基肥施用不足又未施种肥的，如夏播花生通常为了抢时抢墒早播来不及施底肥、种肥，且前茬地力已经大量消耗，可及早抢在苗期、始花期根际追肥或根外追肥，满足花生幼苗早生快发的需要。追肥掌握"壮苗轻施、弱苗重施；肥地少施、瘦地多施"的原则。

对于花生而言，增加氮、钾肥基施比重可满足幼苗生根发棵的需要。因氮肥追施比重过高，则易引起徒长、倒伏和病虫害发生；钾肥追施比重过高，则易引起烂果，且肥料报酬递减。肥效迟缓的有机肥、磷肥更应以基施为主。

3. 测土配方，平衡施肥 按照土壤肥力状况，根据养分最小限制因子原理，因地制宜地通过施肥来补充和调节营养，注意大量元素与中、微量元素的平衡施用，充分发挥肥料元素间协同增效。施肥效应与土壤肥力关系极为密切，若施用不当，则增产不多，甚至减产，报酬递减。要做好这一点，应当运用土壤普查、土壤化验、肥料试验结果，并根据田间长相进行综合分析，确定合理施肥方案。

4. 瞻前顾后，统筹施肥 花生有"喜乏肥"的特点。对于花生来说，前茬多施肥，土壤基础肥力高，比当季多施肥增产效果更为明显。但当季施肥不容忽视，尤其高产田块花生对土壤养分消耗较大，当季施肥及时补充土壤养分，避免肥力减退、养分失衡。

（二）花生配方施肥

花生配方施肥是根据花生的需肥规律、土壤的供肥能力和肥料效应，按照氮、磷、钾等营养元素的适当用量，科学配比，合理施用，满足生长发育营养需求，实现丰产提质增效。

1. 花生配方施肥的作用和要求

（1）配方施肥的作用：一是提高产量品质。根据土壤营养状况和目标产量，计算出施肥种类和数量，有针对性地补充短缺营养元素，实现营养调控和平衡供应，促进高产优质。二是节肥增效。合理分配有限肥源，提高养分间正交互效应，以较少投入获得较高报酬。三是培肥地力。配方施肥将植物带走的养分归还给土壤，使土壤养分平衡。

（2）配方施肥的技术要求：一是实际产量与目标产量的吻合度90%以上。二是增产提质效果要稳定。三是根据不同土质、土壤肥力和品种类型，施肥指标定量化和半定量化。四是要利于下茬作物生长发育。

（3）明确花生需肥特点：一是养分吸收利用率。花生产量目标300~500kg/ 亩时，生产 100kg 荚果所吸收的氮、磷、钾元素大致为纯氮（N）5kg、磷（P_2O_5）1kg、钾（K_2O）2kg；花生对氮、磷、钾化肥的当季利用率分别为50%、15%、50%。二是花生施氮肥量越多，对氮肥吸收利用率越低，氮肥损失率越高，根瘤菌供氮越少。三是适宜于花生的氮素化肥种类为硫酸铵、尿素、碳酸氢铵，不宜施用氯化铵。

2. 确立花生施肥配方的方法

（1）目标产量法：首先确定目标产量、单位产量养分吸收量、土壤供肥量和肥料利用率等参数。花生产量的形成，应由土壤、肥料和根瘤菌供给养分，根据这一原理计算肥料施用量。目标产量可以按土壤肥力确定，也可以以当地前 3 年的平均产量为基础，将增加 10%~20%

作为目标产量。目标产量法分为养分平衡法和地力差减法两种。

1）养分平衡法：以土壤养分测定值来计算土壤供肥量，再计算需肥量。

需肥量=［（花生单位产量养分吸收量×目标产量）-（土壤测定值mg/kg×0.15×校正系数）］/（肥料中养分含量%×肥料当季利用率%）

式中：

★花生吸收养分量=花生单位产量养分吸收量×目标产量；

★土壤供肥量=土壤测定值×0.15×校正系数；

★0.15是土壤耕层养分含量测定值换算成每亩土壤养分含量的系数。一般把0~20cm厚的土壤看作植物营养层。该层每亩土重为15万kg；

★校正系数：表示土壤测定值与作物产量的相关性，一般采用0.55。

★土壤养分测定值以mg/kg表示。

举例：某花生田的目标产量为400kg/亩，测定土壤有效氮含量为60mg/kg，有效磷为30mg/kg，有效钾为90mg/kg，求需肥量。

需氮肥量=花生吸收养分（氮）量=0.05（生产1kg花生需氮量）×400=20（kg）

土壤供肥量=60×0.15×0.55（校正系数）=4.95（kg）

代入公式，并折成46%尿素：

每亩需施尿素=（20-4.95）÷（0.46×0.50）=15.05÷0.23=65.43（kg）

式中：

★0.46为尿素含氮量；

★0.50为肥料当季养分利用率。

由于花生的氮素60%来源于自身的根瘤固氮，故实际施氮肥量按计算所得数字的40%即可，即每亩施用46%尿素=65.4×0.4=26（kg）。同理可求出所需的磷、钾肥量。

养分平衡法的优点是概念清楚，容易掌握，缺点是土壤测定值是一个相对量，因为土壤养分处于动态平衡中，还要通过试验取得校正系数来调整，而校正系数变异性大，影响准确性。

2）地力差减法：不需要进行土壤养分化验分析，比较省事，但必须通过田间试验，得出空白区产量。花生在不施肥情况下的产量称为空白田产量，它所吸收的养分全部来自土壤和根瘤菌固氮。根据花生产量由土壤提供养分增产和由肥料提供养分增产的原理，从目标产量中减去空白田产量就是施肥所得的产量。

肥料需要量 = ［花生单位产量养分吸收量 × （目标产量 – 空白田产量）］÷（肥料中养分含量 % × 肥料当季利用率 %）

举例：某花生田的空白田产量为 200kg/ 亩、目标产量为 400kg/ 亩，则每亩应施 46% 尿素为

尿素用量 = ［0.05 × （400–200）］÷（0.46 × 0.50）= 43.5（kg）

式中：

★0.05 为每 kg 花生吸收纯氮量（kg）；

★0.46 为尿素含氮量；

★0.50 为肥料当季养分利用率。

按 60% 的氮素来自根瘤固氮，40% 来自施氮肥量，则实际应施 46% 尿素为

每亩施尿素量 = 43.5 × 40% = 17.4（kg）

同理计算出每亩磷肥、钾肥用量。

地力差减法适用于无测试手段的地区。缺点是空白田的产量受多种因素影响，是地力基础水平的综合反应，也无法表达土壤中氮、磷、钾、钙、镁、硫等多种元素中某种元素的丰缺情况，也就无法知道土壤中哪种养分是最小养分。

（2）养分丰缺指标法：养分丰缺指标法通过田间试验获得土壤养分测定值，利用土壤养分测定值和花生吸收养分之间存在的相关性，把土壤养分测定值按照一定级差划分成不同的养分丰缺等级，提出不同等级条件下的施肥量，制成养分丰缺及应施数量检索表，以后只要取得土壤测定值，就可以对照检索表按级确定肥料施用量。

为了制定养分丰缺指标，首先要在不同土壤上安排田间试验，设置全肥区（NPK）和缺肥区（NP）两个处理，最后测定各试验

区土壤速效养分的含量，并计算不同养分水平下的相对产量（NP/NPK×100）。相对产量越高，说明土壤含该种养分比较丰富，该养分的施肥效果越差。一般以相对产量高于90%为养分含量"高"，70%~90%为养分含量"中"，50%~70%为养分含量"低"，低于50%为养分含量"极低"。在养分含量低和极低的田块施肥，肥效显著，增产幅度大；在养分含量中等的田块施肥，肥效一般，可增产10%左右；在养分含量丰富或极丰富田块施肥，肥效差或无效。

养分丰缺指标法简单易行，定肥方便，也便于生产应用。山东省花生研究所经多年试验，初步确立了氮磷钾丰缺指标及其最佳用量。

1）土壤氮素的丰缺指标及其最佳用量：土壤全氮含量低于0.45g/kg时，合理施用氮肥，可增产15%以上；0.45~0.65g/kg时，合理施氮可增产10%~15%；高于0.65g/kg时，施氮增产不明显。据此，可根据土壤化验资料和花生原产量水平，确定一个合理的氮肥用量；亩产量为350kg时，纯氮的最佳用量为5.5kg/亩。

2）土壤有效磷的丰缺指标及其最佳用量：土壤中有效磷含量低于27mg/kg时为极缺磷，施磷增产率大于15%；土壤中有效磷含量27~30mg/kg时为缺磷，施磷增产率10%~15%；土壤中有效磷含量30~35mg/kg时为较缺磷，施磷增产5%~10%。前两种情况必须施磷，第三种情况应酌情施磷。亩产350kg应施磷5kg/亩；若单产高于350kg时应施磷7.5kg/亩。

3）土壤有效钾的丰缺指标及其最佳用量：土壤中速效钾含量高于90mg/kg时，基本不缺钾；土壤中速效钾含量介于67~90mg/kg时，为缺钾；土壤中速效钾含量低于67mg/kg时，为严重缺钾。在缺钾及严重缺钾土壤，每亩氧化钾用量少于7.5kg时，花生荚果产量随施钾量的增加而提高，增产率为5%~15%；每亩氧化钾用量超过10kg时，花生荚果产量则随施钾量的增加而降低。

养分丰缺指标法的应用，应根据不同养分类型区分对待。在花生施肥过程中，氮、磷、钾养分比较适合，可采用养分丰缺指标法进行施肥推荐；而钙、钼、硼、锰、铁等中微量元素不适宜时，则不能采用养分丰缺指标法，因为这些营养元素的土壤测定值较低，测定误差也较大，进行丰缺指标等级划分比较困难，建议采用临界值法推荐施肥法。相关研究结果表明，土壤钙含量一般代换性钙0.14%~0.25%为宜；石灰性土壤中，代换性锰的临界值为2~3mg/kg，还原性锰的临界值为100mg/kg。其他微量元素临界值大致为：铁5mg/kg、硼0.2mg/kg（钙质土）或0.5mg/kg（酸性土）、钼0.15mg/kg、锌0.5mg/kg、铜为0.2mg/kg。

（三）花生的施肥技术

花生施肥通常有基肥和追肥。基肥包括底肥和种肥，在播种前结合耕地施入的肥料称底肥，播种开沟或开穴集中施用的肥料为种肥。生育期内追施的肥料为追肥。花生的施肥方法需根据花生需肥特点、栽培制度、地力水平、品种特性、长势长相等综合因素灵活掌握。

1. 花生的施肥种类、数量及其比例

（1）施肥种类：高产花生施肥在增施有机肥的基础上，氮、磷、钾合理配比，酌情施用钙、锌、硼、钼等中微量元素和菌肥。有机肥料要施用堆制有机肥、商品有机肥等充分腐熟的优质肥料。化学肥料可根据不同土壤养分含量选用尿素、硫酸铵、粉状过磷酸钙、水溶性磷酸铵、硫酸钾等进行科学配比合理施用，也可根据不同土壤养分水平选用 N、P_2O_5、K_2O 不同比例的花生专用肥或复合肥；钙肥可根据土壤酸碱性合理选用磷石膏、石膏或石灰、粉状过磷酸钙等。菌肥有复合微生物肥料、生物有机肥、根瘤菌肥料、生物钾肥等。其他微量元素可根据土壤丰缺酌情选用。

（2）施肥数量、比例：按照配方施肥方法计算氮、磷、钾施肥量，以地定产，以产定肥。如目标产量法，中等肥力每生产100kg花生需吸收氮（N）5kg、磷（P_2O_5）1kg、钾（K_2O）2kg，根据花生根瘤菌自身供氮50%~60%，花生氮、磷、钾化肥当季吸收利用率分别为50%、15%、50%，总结出"氮减半、磷加倍、钾全量"的原则计算施肥量（表4-15）。

表4-15 河南中等肥力土壤花生不同目标产量氮磷钾施肥方案参考

项目	总吸收量 /（kg/ 亩）			100 kg 荚果吸收量 /kg			三要素吸收比例	三要素施肥方案（kg）
荚果产量 /（kg/ 亩）	N	P_2O_5	K_2O	N	P_2O_5	K_2O	N，P_2O_5，K_2O	N，P_2O_5，K_2O
300	15	3	6	5	1	2	5：1：2	7.5, 6, 6
400	20	4	8	5	1	2	5：1：2	10, 8，6~8
500	25	5	10	5	1	2	5：1：2	12, 10, 8~10

例如，河南中等肥力土壤花生目标产量 300~500kg/ 亩，在前茬秸秆还田和每亩施商品有机肥 200kg 或腐熟有机肥 500~1 000kg 基础上，一般每亩施氮（N）7.5~12kg、磷（P_2O_5）6~10kg、钾（K_2O）6~10kg。相当于 46% 尿素 15~25kg（或硫酸铵 25~35kg）、16% 粉状过磷酸钙 40~60kg、50% 硫酸钾 15~20kg（或草木灰 100~130kg），或者施用数量、营养比例相当的三元素复合肥或花生专用肥 30~40kg。目前常年秸秆还田量大的土壤基本不缺钾，如果土壤速效钾含量小于 90mg/kg 时，可酌情少施钾肥。根据河南花生产区土壤养分测定结果，提出参考施肥方案（表 4-16）。

南方红黄壤和北方的棕壤土等酸性缺钙地块，应再每亩施熟石灰 15~25kg；黄淮平原潮土应再每亩施生石膏粉或磷石膏粉 30~40kg。

2. 基肥施用方法 花生的基肥是苗壮、花旺、果多、果饱的基础。花生基肥分为底肥和种肥，用量一般应占总用量的 80%~90%，并以腐熟的有机肥料为主，配合氮、磷、钾等化学肥料。

（1）基肥要深施和分层施：由于氮素易挥发，磷在土层中移动和扩散性很小，钾素与钙素有拮抗作用，钾施浅了会影响荚果对钙的吸收，并易造成烂果，加之花生根系对肥料吸收能力最强的部位是地表下 5~25cm 的根群，因此，基肥应深施和分层施。施肥量多时，在播前整地作底肥撒施，可将全部有机肥、钾肥和 2/3 的氮肥、磷肥混合撒施，结合深耕施于 20~25cm 土层内，其余 1/3 的氮肥、磷肥和钙肥作种肥，结合播前起垄做畦施于 15~20cm 的垄畦内；施肥量少时，结合起垄播

表4-16　河南省不同花生产区中等肥力土壤氮磷钾施肥配方技术推荐表

花生产区	土质	养分含量	基追肥结合施肥方案（中等肥力）				一次性减工节肥施肥方案（中等肥力）			
			推荐肥料	产量（500kg/亩）	产量（400kg/亩）	产量（300kg/亩）	推荐肥料	产量（500kg/亩）	产量（400kg/亩）	产量（300kg/亩）
豫南（驻马店、南阳、信阳）	砂姜黑土、黄褐土、黄棕壤、水稻土	有机质10～15g/kg 全氮0.99g/kg 速效磷10.4mg/kg 速效钾107mg/kg	N、P_2O_5、K_2O比例为15：15：15的专用配方肥或相近配方肥增磷补硼	基施配方肥30～35kg，花生前追施尿素8～10kg	基施配方肥25～30kg，花生前追施尿素6～8kg	基施配方肥20～25kg，花生前追施尿素6～8kg	有机-无机缓释氮磷钾专用复合肥N，P_2O_5，K_2O比例为12：15：13	复合肥40kg作为基肥或花前一次追施	复合肥35kg作基肥或花前一次追施	复合肥30kg作基肥或花前一次追施
豫东（开封、商丘、周口、中牟）	砂姜黑土、潮土	有机质13.0g/kg 全氮0.86g/kg 速效磷11.5mg/kg 速效钾142mg/kg 有效锌1.13mg/kg 有效硼0.252mg/kg	N、P_2O_5、K_2O比例13：15：12的专用配方肥或相近配方肥	基施配方肥30～35kg，花生前追施尿素8～10kg	基施配方肥25～30kg，花生前追施尿素6～8kg	基施配方肥20～25kg，花生前追施尿素6～8kg	有机-无机缓释氮磷钾专用复合肥N，P_2O_5，K_2O比例为15：20：10	复合肥40kg作基肥或花前一次追施	复合肥35kg作基肥或花前一次追施	复合肥30kg作基肥或花前一次追施
豫中（漯河、许昌、平顶山、新郑）	潮土、砂姜黑土、黄褐土	有机质14.9g/kg 全氮0.89g/kg 速效磷12.3mg/kg 速效钾143.8mg/kg 有效锌0.92mg/kg 有效硼0.227mg/kg	N、P_2O_5、K_2O比例20：12：8的专用配方肥或相近配方肥	基施配方肥30～35kg，花生前追施尿素8～10kg	基施配方肥25～30kg，花生前追施尿素6～8kg	基施配方肥20～25kg，花生前追施尿素6～8kg	有机-无机缓释氮磷钾专用复合肥N，P_2O_5，K_2O比例为10：4：14	复合肥40kg作基肥或花前一次追施	复合肥35kg作基肥或花前一次追施	复合肥30kg作基肥或花前一次追施

续表

花生产区	土质	养分含量	基追肥结合施肥方案（中等肥力）				一次性减工节肥施肥方案（中等肥力）			
			推荐肥料	产量/（500kg/亩）	产量/（400kg/亩）	产量/（300kg/亩）	推荐肥料	产量/（500kg/亩）	产量/（400kg/亩）	产量/（300kg/亩）
豫北（新乡、安阳、焦作、濮阳、鹤壁）	潮土、褐土	有机质15.1g/kg 全氮1.03g/kg 速效磷17.6mg/kg 速效钾136.7mg/kg 有效锌0.83mg/kg 有效硼0.31mg/kg	N、P$_2$O$_5$、K$_2$O比例为20:10:10的专用肥或相近配方肥	基施配方肥30~35kg, 花前追施尿素8~10kg	基施配方肥25~30kg, 花前追施尿素8~10kg	基施配方肥20~25kg, 花前追施尿素6~8kg	有机-无机缓释氮磷钾专用复合肥N、P$_2$O$_5$、K$_2$O比例为25:7:8	复合肥40kg作基肥或花前一次追施	复合肥35kg作基肥或花前一次追施	复合肥30kg作基肥或花前一次追施
豫西（洛阳、三门峡、济源）	潮土、红黏土、褐土	有机质13.1g/kg 速效氮0.812g/kg 速效磷12.5mg/kg 速效钾180.5mg/kg 有效锌0.5mg/kg 有效硼0.213mg/kg	N、P$_2$O$_5$、K$_2$O比例为13:12:10的专用配方肥或相近配方肥 注意施硼肥	基施配方肥30~35kg, 花前追施尿素8~10kg	25~30kg, 花前追施尿素8~10kg	20~25kg 花前追施尿素6~8kg	有机-无机缓控释氮磷钾专用复合肥N、P$_2$O$_5$、K$_2$O比例为23:12:10	复合肥40kg作基肥或花前一次追施	复合肥35kg作基肥或花前一次追施	复合肥30kg作基肥或花前一次追施

种作种肥集中条施或穴施。

（2）种肥施用应注意的问题：一是氯化铵、氯化钾等化肥含有氯离子，施入土壤后，会产生水溶性氯化物，抑制种子发芽；二是硝酸铵和硝酸钾等肥料中含有硝酸根离子，对种子发芽和幼苗生长不利，不宜用作种肥；三是尿素在生产过程中，常产生少量的缩二脲，含量超过2%时，对种子和幼苗会产生毒害，也不宜用作种肥；四是碳酸氢铵具有腐蚀性和挥发性，过磷酸钙含有游离态的硫酸和碳酸，两者对种子都有强烈的腐蚀作用，如必须用作种肥，应避免与种子接触，可将碳酸氢铵施在播种沟之下或与种子相隔一定的土层，或将过磷酸钙与土杂肥混合施用，避免施种肥与种子接触，造成烂种缺苗。

（3）种肥异位同播技术：在花生播种时通过机械设置好种子和肥料的间隔距离以及其他参数（播种量、施肥量、施肥深度等），一般种子和肥料的间隔距离小于8cm，肥料深度为15~20cm，种子播种深度为3~5cm，种肥同播且能单粒播种，将播种和施肥一次性作业完成。该技术的优点在于节约成本，苗齐苗匀，可提高肥料利用率，减少肥料损失。农艺方面，一是种子大小均匀，发芽率高；二是采用包膜肥料、缓释控释肥料，有利于提高肥效，降低养分流失，避免烧种烧苗，减少对水资源的潜在污染，保证花生中期营养成分足，后期不脱肥；三是前茬小麦秸秆还田地块，播种时要适当增施氮肥，有利于秸秆腐烂和幼苗生长，防止秸秆腐烂时微生物与幼苗争水争肥。以每亩增施10kg硫酸铵为宜。如果土壤墒情不足，播后1~3天要及时浇蒙头水，既补充土壤水分，又避免烧种烧苗。

（4）根瘤菌拌种及生物菌肥应用：

1）根瘤菌拌种：生茬地或3~5年未种过花生的田块，以及病虫害相对较轻且低肥力的土壤，无须化学药剂拌种，提倡用根瘤菌剂拌种，以扩大花生的氮素营养来源，减施氮肥20%，降低氮素化肥成本，减轻化学肥料对环境的污染。花生根瘤菌拌种通常有以下三种方法。

A.湿菌拌干种：用根瘤菌剂25g/亩含活菌15亿，清水200mL调成糊状，将种子拌入，种子都沾上菌肥，立即播种，随即覆土，在拌种和播种过程中，勿与农药接触，不要在太阳下暴晒。

B. 湿种拌干菌：花生种用水浸泡半天后沥水，拌入 25g 菌剂，使每粒种子都沾上菌剂后播种。

C. 沾菌种子丸衣：种子沾菌后，再用 1% 甘薯面浆、泥糊、钙镁磷肥等作为附着剂进行滚球形成丸衣，以利根瘤菌在土壤中的存活，然后播种。

2）根瘤菌 + 微量元素浸拌种：先采用 0.2%~0.3% 钼酸铵或 0.1% 硼酸、硫酸锌等水溶液浸种，补充微量元素，再进行根瘤菌拌种。

3. 肥料追施方法 花生追肥一般是为了弥补基肥不足，应根据地力、基肥施用情况和花生生长状况灵活机动追肥。追肥又分苗期追肥、花期追肥、中后期叶面喷肥。

根际追肥要早追和追匀，在花生吸收肥料高峰之前，一般在开花下针前结合浇水进行。沙薄地容易漏肥，氮肥可分成苗期、始花期两次追施。由于花生根系所吸收的肥料有优先供给同列同侧的特点，追肥时要在根际两边均匀施肥，不能单追一边，以充分发挥追肥效果。追肥时，氮、磷、钾要深施在 10cm 以下的土层，钙肥要浅施在 5~10cm 的结果层。同时钙肥的施用宜与有机肥料配合，以防止过量施钙引起土壤板结。在南方酸性红黄土壤施用熟石灰 25~50kg/ 亩，在弱碱性土壤施用生石膏或磷石膏 30~40kg/ 亩，以调节土壤酸碱度，促进土壤有益微生物活动和补充钙质营养。

（1）苗期追肥：土壤肥力低或基肥用量不足，幼苗生长不良时，应早追苗肥。尤其是麦套花生，多数不能施用基肥和种肥，幼苗又受前茬作物的影响生长瘦弱，更需及早追肥促苗。夏直播花生生育期短，前作收获后，为了抢时播种，基肥往往也施用不足，苗期及早追肥也很重要。应在始花前每亩施用有机 – 无机缓控释氮磷钾专用复合肥 15~30kg，或每亩 46% 尿素 7.5~10kg（或 21% 硫酸铵 15~20kg）、16% 过磷酸钙 25~30kg 与优质腐熟有机肥 200kg 混合后施用。也可再开沟条施追草木灰 50~80kg。

（2）花针期追肥：花生始花后，株丛迅速扩大，前期有效花大量开放，大批果针陆续入土结实，对养分的需求量急剧增加。花生开花以后根瘤固氮能力较强，根际追肥效果较差。一般在前期施足肥的条件下，开花以后不再追施速效氮肥。如果基肥、苗肥未施足，或在保肥力差的沙薄地，则应根据长势长相，及时在花期追肥。追施氮肥可参照苗期追肥。同时根据花生果针、幼果有直接吸收磷、钙营养的特点，每亩可追施16%过磷酸钙25~30kg（南方酸性红黄土壤施用熟石灰25~50kg/亩，北方中性弱碱性土壤施用生石膏或磷石膏40~50kg/亩），与优质腐熟有机肥150~200kg混合后施用，能显著改善花生磷、钙营养，减少空壳，提高饱果率。

花期追肥应在始花期进行。盛花期后大量果针入土，为避免农事操作伤及果针，则不便在花生植株周围进行土壤施肥。

（3）叶面喷肥：花生叶面喷施肥料具有提高肥料吸收利用效率、节约用肥、增产增收的效果。同时需要注意以下问题：一是要根据长相和生育时期确定施肥时间，一般氮磷钾大量元素叶面喷施在生育后期效果较好。花生盛花期以后进入生育中后期，如果植株瘦弱，叶片发黄，株高低于30cm，封垄较晚，表现肥力不足，有早衰趋势，可在中后期采用叶面喷肥补充氮磷钾养分。微肥可根据土壤养分测定、缺素症状等适期喷施。二是要尽量延长肥液在花生叶面上的湿润时间。选择无风的阴天或晴天上午9时前、下午4时后喷施，如喷后4小时内遇雨，应在雨后补喷。三是要严格掌握喷施浓度。浓度过大易伤害叶片，注意喷匀喷细，叶的正反面都要喷到。四是喷施次数适当。一般2~3次。肥液随配随用，不能久存。五是科学混喷。微肥之间合理混合喷施，或与其他肥料或农药混喷，可起到"一喷多效"的作用，但要弄清肥料和农药的理化性质，防止发生化学反应而降低效果。

1）叶面喷施氮肥：花生生育中后期，如果花生长势偏弱，有脱肥现象，或生长期连续降雨，土壤积水严重，根系吸收养分困难时，可喷施尿素稀释液。称取尿素1kg，用清水100kg充分搅拌溶解为1%的尿素溶液。每亩每次喷施50kg肥液，每间隔5~7天连喷2次即可。

2）叶面喷施磷肥：花生叶片对磷的吸收能力较强，而且很快就能运转到荚果内，促进荚果充实饱满。因此，在生育中后期叶面喷施2%~3%的过磷酸钙澄清液，可提高花生产量。将2~3kg过磷酸钙加100kg清水搅拌浸泡，经1昼夜后取其上层澄清液施用；一般每隔

7~10天施1次，连喷2~3次，每次喷50kg/亩左右。配制肥液时要注意彻底去除残渣，以免伤害叶片。

3）叶面喷施钾肥：一般用草木灰配制，取未经雨淋的草木灰5~10kg，加水100kg充分搅拌，浸泡12~14小时，取其澄清液即为5%~10%的草木灰浸出液，每次喷施50kg/亩；或用2%的硫酸钾水溶液，每次喷施50kg/亩，连喷2次。

4）叶面氮、磷肥混喷：中后期在缺磷又缺氮的花生田，可喷1%的尿素和2%的过磷酸钙混合液。混合液的配制是在100kg 2%的过磷酸钙水溶液中加入尿素1kg。

5）叶面磷、钾肥混施：中后期为补充磷钾肥，可用磷酸二氢钾0.2~0.3kg，加水100kg喷施；也可取干草木灰5kg，加水40~50kg浸泡，同时取过磷酸钙2kg，撒入浸泡液中，充分搅拌，半天后过滤出清液；余下的再加水20kg浸泡过滤，将两次的清液混合，兑水至100kg，即土法制造的磷酸二氢钾溶液。每次喷施50kg/亩，连喷2次。

6）叶面氮磷钾肥混喷：结荚期至饱果期，每10~15天叶面喷施一次氮磷钾的混合液（尿素的浓度1%，磷酸二氢钾的浓度0.2%~0.3%），喷2~3次，以延长顶叶功能期，促荚果充实。

7）叶面喷施钼肥：播种时未施用钼肥，可在主茎4~6叶期叶面喷施0.1%~0.2%钼肥水溶液，以促进根瘤的形成发育和根瘤菌的固氮活性。

8）叶面喷施硼肥：缺硼的地块，始花后8~10叶期，叶面喷施0.2%~0.3%硼砂或硼酸水溶液，以促进开花受精，减少无效花，提高下针结实率。

9）叶面喷施铁肥：黄河沿岸及黄河冲积平原花生种植区，土壤多属石灰性土壤，呈碱性，土壤中能被根系吸收的Fe^{2+}容易被固定，从而引起花生缺铁、叶片黄化，影响光合作用的正常进行，造成减产。一般表现为灌水后或降雨后易出现新叶变黄白色。应叶面喷施0.2%~0.3%的硫酸亚铁水溶液。连续喷洒2~3次，结合排水、散墒，可缓解叶片发黄症状，恢复生长。

10）叶面喷施锌肥：缺锌地块用0.1%~0.5%硫酸锌溶液浸种，或叶面喷施 0.2% 的硫酸锌溶液。

4. 注意防止肥害

（1）追肥适量：尿素每次用量控制在 10kg/ 亩以下；碳酸氢铵每次追施控制在 25kg/ 亩，并注意深施，施后覆土或中耕。施用叶面肥时，大量元素在 0.3% ~2%，各种微量元素适宜浓度一般在 0.01% ~0.1%。

（2）种肥隔离：播种时，宜先将肥料施下并混入土层中，避免与种子直接接触。

（3）合理供水：土壤过于干旱时，宜先适度灌水后再行施肥，或将肥料兑水浇施。

（4）化肥匀施：撒施化肥时，注意均匀，必要时，可混合适量有机肥或泥土、细沙撒施。

（5）适时施肥：一般宜掌握在日出露水干后或午后施肥，切忌在烈日当空进行施肥。

（6）及时补救：若不慎使植株发生肥害，宜迅速采取适度灌、排水等措施控制其发展，促进长势恢复正常。

（四）不同种植制度花生施肥技术

春花生有充裕的整地施肥时间，但一般是丘陵旱薄地、沙薄地，要注重提高有机质和氮、磷、钾等各种营养元素含量。夏直播花生与麦套花生区一般肥力中等，总体上生长期短，有效花期短，根瘤发育不良，耐旱耐瘠能力差，施肥管理上以促为主，促控结合，确保群体壮而不旺。

1. 春花生施肥技术

（1）冬季种植绿肥：利用春花生田冬季休闲空间种植绿肥，适时翻压，在 9 月下旬至 10 月上中旬播种绿肥，翌年 3 月中旬翻压掩青。绿肥掩青土壤容重降低，调节土壤酸碱度，土壤有机质含量、活性提高，总腐殖酸、全氮含量增加，土壤中有益微生物大量增加。同时绿肥对某些微量元素可起到富集作用，如苕子植株中锌的含量占干物质的 13.2~31.0mg/kg。

（2）基肥科学搭配、分层施用：在每亩施用商品有机肥 150~200 kg 或优质腐熟有机肥 500~1 500kg，施用氮磷钾复合肥或专用配方肥 30~40kg。将全部有机肥、钾肥和 2/3 的氮肥、磷肥混合撒施，结合冬季深耕或早春深耕施于 20~25cm 土层内，为全生育期稳长打下基础；其余 1/3 的氮肥、磷肥和钙肥（或复合肥料或缓控释肥料），结合播种前起垄作畦作种肥，施于起垄 12~15cm 土层内，促壮苗发棵。注意种肥间隔，以免烧苗。因地膜覆盖栽培根际追肥困难，更应施足基肥。生荏地可用根瘤菌拌种。

（3）追肥要早追、追匀：基肥不足可及早在苗期或始花期根际追肥速效肥。46% 尿素 7~10kg、16% 过磷酸钙 20~30kg 与优质腐熟有机肥 100kg 混合后，施入根际两侧 0~10cm。中后期叶面喷肥，促进荚果充实。

2. 夏直播花生施肥技术　夏花生高产地块根瘤数、根瘤菌固氮量不超过需氮总量的 50%。因此，高产夏花生需肥量较大，而且夏花生生育期短，生长高峰期突出，需肥强度大，需要土壤有很强的供肥能力。

（1）重施前荏底肥：根据花生喜前荏肥的特点，小麦 – 花生一体化施肥，即前荏小麦（油菜、大蒜等）播种时将腐熟有机肥 1 000~2 000kg、46% 尿素 15~20kg、16% 过磷酸钙 35~40kg、50% 硫酸钾 15~20kg，全部施在前荏上，培肥地力。这样既促进前荏增产，又为后荏花生打下基础。

（2）当季种肥异位同播：花生当季每亩施有机 – 无机缓控释氮磷钾专用三元素复合肥 30~40kg 作种肥，采用种肥异位同播施入土壤12~15cm。

（3）苗期花期适时追肥：苗期可追施尿素 7~10kg/ 亩，始花期追施过磷酸钙 20~25kg（石膏或生石灰 20~35kg）。

（4）中后期叶面喷肥：结荚后期至饱果期叶面喷施 1% 尿素加0.1%~0.3% 磷酸二氢钾溶液（或 2%~3% 过磷酸钙水澄清液）1~2 次，以延长顶叶功能期，防早衰，提高饱果率。

3. 麦套花生施肥技术　麦套花生与小麦有 15~20 天共生期，花生播种时无法整地施基肥，需瞻前顾后，统筹施肥。

（1）小麦－花生一体化统筹施基肥：统筹施肥，促进粮油双增收，也满足花生"喜乏肥"（肥料在土壤中停留一段时间更有利于花生的吸收利用）的特点，解决麦套花生施基肥难的问题。

重施前茬基肥，即在秋季小麦播前整地时适当加大基肥施用量，商品有机肥 150~200kg 或腐熟有机肥 1 000~2 000kg、46% 尿素 15~20kg、16% 过磷酸钙 35~40kg、50% 硫酸钾 15~20kg 作基肥施在前茬小麦上，满足小麦、花生全年两茬作物的需要。

（2）苗期根据不同模式追肥管理：麦套花生田前茬对土壤养分消耗量很大，而且花生与小麦共生期间通风透光不良，生长环境差，幼苗生长瘦弱。麦收后结合中耕灭茬及早追肥补充养分，围绕促根早发、促苗生长、促花芽分化的"壮苗早发"管理目标科学追肥。

1）大垄宽幅麦套花生：如土壤肥力较低或播种前施肥不足，应结合灌溉进行水肥一体化追肥，施纯氮 3.5~5kg/亩、磷（P_2O_5）1.5~2kg/亩，以促进大批果针入土。

2）小垄麦套花生：出苗后 6 叶期应立即浇麦黄水，以促进花生根系生长和花器官形成。麦收后花生 8~9 叶期，结合灭麦茬穿沟培土，追施 46% 尿素 7~10kg/亩、16% 过磷酸钙 10~15kg/亩。并在追施后立即浇好初花水，以促进侧枝分生和前期花大量开放。

3）常规麦套花生（行行套）：花生受小麦影响大，在麦收后 5 天左右幼苗适应露地环境后，结合中耕灭茬及时追施 46% 尿素 7~10kg/亩、16% 过磷酸钙 10~15kg/亩。

（3）中后期叶面喷施速效肥料：麦套花生进入结荚后期，叶面喷施 1% 的尿素和 2%~3% 的过磷酸钙水溶液（或磷酸二氢钾水溶液）1~2 次，每次喷施溶液 50kg/亩，以延长顶叶功能期，提高光合效率，增加产量品质。

（五）花生水肥一体化施肥技术

1. 水肥一体化施肥技术的概念　水肥一体化施肥技术就是按照作物需水、需肥特点，将可溶性固体或液体肥料配兑成的肥液与灌溉水一起，借助压力系统（或地形自然落差），由灌溉管道带均匀、准确地输送到作物根部土壤表层或直接渗入土壤中，水肥同时供应作物需要（图4-2）。

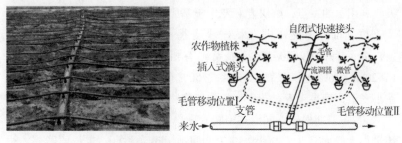

图4-2　花生水肥一体化田间布局

水肥一体化施肥技术需建立在一定的规模化、标准化、机械化、智能化水平基础上，需要相应的供水、供肥自动精准灌溉施肥管网设施，其组成部分包括施肥装置、过滤装置、混肥装置等。在土壤养分、墒情测定、各生育时期灌溉定额、施肥量等技术参数测定的前提下，按照作物生长需求，进行全生育期水分和养分定量、定时、按比例供应，不仅提高灌溉水、肥料利用率，还降低因过度施肥对土壤造成的环境污染，具有节水、节肥、省工、省时、高产、高效、环保等诸多优点。

2. 水肥一体化技术的特点　水肥一体化施肥条件下的土壤水肥运行规律与大水漫灌条件有很大不同，其灌溉和施肥的理论及方法发生较大变化，其特点为小流量、长时间、高频率、局部灌溉、按需分配。

（1）水肥一体化供水特点：一是水肥一体化技术减少土壤的湿润深度和湿润面积。二是灌水均匀度可提高至80%~90%。三是田间持水率由以前的50%~100%变化为65%~90%。

（2）水肥一体化供肥特点：一是氮素的淋溶和深层渗漏减少，从而使氮肥的利用率大大提高。测定结果表明，地面灌溉0.5~0.8m深度土壤碱解氮含量是耕层含量的67%，而水肥一体化技术0.5~0.8m深度土壤碱解氮含量仅为耕层含量的30%~50%。二是磷素和钾素在根系集中土层中的分布均匀度提高。测定结果表明，水肥一体化亚耕层有效磷、速效钾含量与耕层基本一致，地面灌溉亚耕层有效磷含量仅为耕层的37%，速效钾含量为耕层的61%。三是提高了土壤持续保水保肥能力。

3. 水肥一体化技术关键

（1）肥料溶解度要高：适合水肥一体化的肥料要在田间温度及常温下能够完全溶解于水，溶解度高的肥料沉淀少，不易堵塞管道和出水口。目前，市场上常用的溶解性好的普通大量元素固体肥料有尿素、硝酸铵、硫酸铵、硝酸钙、硝酸钾、磷酸、磷酸二氢钾、磷酸一铵（工业级）、氯化钾（加拿大钾肥除外）等，常用的中量元素肥料有硫酸镁，微量元素应选用螯合态的肥料。

（2）肥料养分含量较高：若肥料中养分含量较低，肥料用量就要增加，可能造成溶液中离子浓度过高，易发生堵塞。

（3）肥料相容性要好：通过微灌系统随水施肥，肥料混合后相容性好，不产生沉淀物堵塞微灌管道和出水口。

（4）减少对灌溉水的影响：灌溉水中通常含有各种离子和杂质，如钙离子、镁离子、硫酸根离子、碳酸根离子、碳酸氢根离子等。比如 pH 值大于 7.5 的灌溉水中，钙镁离子就会和硫酸根离子结合形成沉淀。因此，在选择肥料品种时，要考虑灌溉水质、pH 值、电导率和灌溉水的可溶盐含量等，硬度较大的灌溉水应采用酸性肥料，如磷肥选用磷酸或磷酸一铵。

（5）减少灌溉设备的腐蚀性：设备材质搭配不当易腐蚀。如铁制施肥罐，磷酸会溶解金属铁，铁离子与磷酸根生成磷酸铁沉淀物。水肥一体化宜应用不锈钢或非金属材料的施肥罐，同时根据灌溉设备材质选择腐蚀性较小的肥料。镀锌铁设备不宜选硫酸铵、硝酸铵、磷酸及硝酸钙；青铜或黄铜设备不宜选磷酸二铵、硫酸铵、硝酸铵等；不锈钢或铝质设备适宜大部分肥料。

（6）微量元素肥料选用螯合态微肥：微量元素肥料一般通过基肥或叶面喷施应用，如果借助水肥一体化技术施用，应选用与大量元素肥料混合不会产生沉淀的螯合态微肥。

（六）花生营养缺素诊断及补救

1. 花生营养缺素的影响因素

导致花生营养元素失调的原因，既有生态环境因素，又有人为栽培因素。

（1）土壤因素影响：我国花生种植区域广，土壤条件差别大，南方土壤容易出现缺氮、磷、钾、钙、镁等元素。南方长期淹水土壤还易出现微量元素过量或中毒症状。北方通气良好的石灰性碱性土壤易缺铁、锰、铜、锌等元素，贫瘠或沙质土壤易出现各种营养元素缺乏，中性或碱性土壤易缺乏锌和锰。

（2）耕作制度影响：耕作方式改变土壤的通透性、紧实度和水分状况，影响营养元素的有效性。北方平原地区深耕能够提高土壤通透性，容易使铁、锰、铜、锌等微量元素的有效性降低；南方地区水旱轮作可促进土壤中锰、锌、铁等的还原淋溶。

（3）施肥方法影响：施肥方法不当引起土壤养分和作物营养失衡，如施磷肥过多会诱发缺锌，磷不足氮肥效果难以很好发挥；施氮多会诱发缺钙等。另外，南方酸性土壤过量施用石灰或碱性肥料易使土壤中铁、锰、锌、铜等有效性降低。

2. 花生营养缺素诊断方法

（1）土壤养分诊断：采集土壤样品，对营养元素有效含量进行测定分析，确定不同营养元素丰缺状况，对可能出现的营养失衡问题，采取补救措施，减少因营养问题而导致的花生减产。对某些需要用新鲜土样分析的指标，如铵态氮、硝态氮、低价铁等，最好土样取回后直接分析，分析结果与土壤丰缺指标进行对比。不同地区土壤养分含量差异较大。黄淮海花生产区土壤养分丰缺指标见表4-17。

表4-17　黄淮海花生产区土壤养分丰缺指标　　　单位：mg/kg

元素	缺乏	适中	丰富
碱解氮	< 60.0	60.0~100.0	> 100.0
有效磷	< 10.0	10.0~30.0	> 30.0
速效钾	< 100.0	100.0~200.0	> 200.0
有效铁	< 2.5	2.5~5.0	> 5.0
有效锰	< 5.0	5.0~10.0	> 10.0
有效铜	< 0.2	0.2~1.0	> 1.0
有效锌	< 0.5	0.5~1.0	> 1.0
有效硼	< 0.5	0.5~1.0	> 1.0
有效钼	< 0.15	0.15~0.2	> 0.2
交换性钙	< 1.4	—	—
交换性镁	< 50	—	—

（2）花生外部形态诊断：根据植株外部形态症状诊断简单实用，但在生产中常常几种营养缺素症状同时表现或表现相似，如镁、铁、锌缺乏症状就有类似之处。需要丰富的经验加田间缺素试验来诊断。同时，缺素症状要与其他情况区别。一是与环境影响和作物生理状况区别，如干旱时的叶片发黄并不缺素。二是与病虫害症状区别，如红蜘蛛为害叶片时常出现褐色小死斑。三是排除污染干扰，如废气中的二氧化硫可使叶子漂白，与缺素引起失绿相似。

（3）花生营养元素丰缺诊断：测定植物体内某种营养元素的含量，低于临界值时可能表现缺素症状。如花生植株磷的临界值为 0.2%，钾的临界值为 1.0%，当花生 9 叶期上 5 叶每千克鲜重的水溶性钙含量低于 1.7g 时可能缺钙，花生叶片含锰低于 50mg/kg 出现缺锰症状，花生前期叶片硼含量低于 26mg/kg、中后期叶片含硼低于 50mg/kg 时可能缺硼，花生植株 P/Zn 值大于 140 可能缺锌，花生叶片钼小于 0.5mg/kg 时出现缺钼症状。

3. 花生营养元素缺乏症状表现与补救措施　当田间土壤中某种营养元素供应不足时，花生体内物质代谢发生障碍，表现在植物形态上专一性的特殊症状即缺素症。但缺乏不同营养元素也可能表现在植株同一部位。比如下部老叶发黄是缺乏氮素，而上部新叶发黄可能是缺铁，也可能是缺硫等。需要不断积累实践经验，在田间进行识别和判断，及时采取补救措施对症施治，减少损失。

（1）花生缺氮：花生施氮过多导致徒长可采取化学调控（详见第三章）。花生缺氮时生长缓慢，叶片小而薄，叶片淡黄，叶色变黄从老叶开始向上发展，有时老叶和茎基部呈现红色，导致花生分枝和开花减少，从而影响果针形成和荚果发育，使花生产量降低（图 4-3、图 4-4）。

花生出现缺氮时，盛花期前可追施氮肥（46% 尿素，7~10kg/ 亩），结合降水或者灌溉进行氮肥补充。中后期可喷施 1% 尿素稀释液 50kg/亩，每间隔 5~7 天连喷 2 次。

（2）花生缺磷：花生缺磷时，根系发育不良，茎秆细弱，叶色暗绿，颜色发紫，叶向上卷曲，由于花青素的积累下部叶片和茎基部出

图 4-3　花生施氮过多导致徒长　　　　图 4-4　花生植株缺氮症状

现红色分布或红线。开花少，果针少，荚果发育不良，晚熟低产。

花生表现出缺磷症状时，可以追施磷酸二铵或者溶解性好的磷肥。如在花生生育前期出现症状，每亩可开沟条施过磷酸钙 15~25kg，还可用 0.1%~0.2% 磷酸二氢钾溶液叶面喷施进行矫正。

（3）花生缺钾：钾在花生体内流动性大，缺钾症状较缺氮、磷稍晚。花生缺钾时，开始表现为叶色稍变暗，接着叶尖出现黄斑；缺钾严重时，叶缘变黄干枯或棕色焦灼，叶脉仍保持绿色，叶片易失水卷曲，抗逆能力差，荚果少或畸形（图 4-5）。

图 4-5　花生植株缺钾症状

花生缺钾时可以土壤追施硫酸钾 5~10kg，或者叶面喷施 0.3%~0.5% 的磷酸二氢钾溶液。对于质地较轻的土壤，钾肥应分 2~3 次施用，且要深施。

（4）花生缺钙：花生缺钙时地上生长点枯萎，新生叶片慢而小，心叶发黄，叶背部有白斑，老叶叶缘及叶面会出现不规则的白色小斑点。生育前期缺钙严重时，叶面失绿，叶柄断落，生长点萎蔫死亡，根系细弱，甚至不分化生长，根瘤减少。如果整个生育期缺钙，植株矮小，生长缓慢，荚果发育差，影响果仁发育形成空壳，易烂果，形成"黑胚芽"（图 4-6）。

施用有机肥和钙肥较少，加上大量施用化肥，化肥中的酸根可促进土壤中钙的流失导致缺钙；有机质含量低的沙质土壤容易缺钙；由于元素间的拮抗作用，养分供应不平衡也会导致缺钙，如氮、钾、镁等会抑制钙的吸收。对于缺钙土壤可在初花期结合中耕培土将石灰或石膏 30~50kg/ 亩浅施于结荚区内。盛花以后出现缺钙可用 0.5% 左右硝酸钙或 2%~3% 过磷酸钙澄清液叶面喷施。

（5）花生缺镁：花生缺镁时，老叶叶缘先失绿变黄，症状继续发展后，叶缘部分变成橙红色，并迅速从下部向上部嫩叶转移，叶脉间失绿，茎秆矮化，严重缺镁会造成植株死亡（图 4-7）。

图 4-6　花生籽粒缺钙症状　　　　图 4-7　花生叶片缺镁症状

花生缺镁只是在酸性过重的土壤上出现。防止花生缺镁的根本措施是提高土壤 pH 值，增加土壤交换性镁含量。出现缺镁症状时，可用 0.5% 硫酸镁溶液进行叶面喷施。酸性土壤要增施有机肥，增强土壤缓冲能力与保肥能力，同时要注意施用硫酸镁、钾镁肥和钙镁磷肥等。

（6）花生缺硫：硫促进花生蛋白质合成，花生缺硫症状与缺氮、缺铁类似，容易混淆。缺硫时叶绿素含量降低，顶部心叶先失绿黄化，幼叶叶色变黄，严重时变黄白，叶片寿命缩短。缺硫症状首先表现在顶端叶片，而缺氮时多先从老叶开始变黄。

花生出现缺硫症状时，可以用硫酸钾、硫酸铵等速效肥追施或叶面喷施。

（7）花生缺铁：花生缺铁时上部嫩叶叶肉失绿，而叶脉和下部老叶仍保持绿色；缺铁严重时叶脉失绿黄化，上部新叶全部变白，叶片出现褐斑并坏死，直至叶片枯死（图 4-8、图 4-9）。

图4-8 花生叶部缺铁症状 | 图4-9 花生田间缺铁症状

土壤中含铁量可达10%左右，但其中有效铁占比例很低。因此，土壤虽铁含量多，但能够被花生吸收利用的有效铁却很少。加剧花生缺铁的原因有很多，一是中性或碱性土壤铁有效性较低。二是铁在花生体内移动性差，土壤中出现影响铁吸收的因素，如雨水过多，根部呼吸受阻，吸收力差，会导致缺铁。三是施用磷肥过量，花生体内过剩的磷与铁结合，引起铁的不足。

出现缺铁症状时可采取以下补救措施，盛花期前每亩追施0.2~0.4kg硫酸亚铁与有机肥或过磷酸钙混合作追肥。也可每隔5~6天根外喷施0.2%硫酸亚铁溶液20kg/亩，连喷2~3次。

（8）花生缺锰：花生早期缺锰时新叶叶脉间呈淡绿色或灰黄色，老叶症状不明显。后期缺锰时，叶片呈青铜色，但叶脉仍有绿色。缺锰植株容易感染叶斑病。花生缺锰有很多原因，一是可能由于土壤中有效锰减少；二是当土壤过分干旱或者土壤腐殖质较少时，土壤中二价锰变成不溶性的四价锰。另外，土壤中的钾、氮有利于锰的吸收，而钙、铜、铁、锌、磷等元素抑制锰的吸收，并且限制锰在花生体内的转运。可追施硫酸锰1~2kg/亩，或在苗期、花针期用0.1%~0.3%硫酸锰溶液叶面喷施2~3次。

（9）花生缺铜：花生缺铜时首先出现在中上部叶片，严重时可发展到全株叶片。叶片失绿，失绿部位在叶脉间组织下形成黄绿色的叶斑，甚至白化，叶缘卷曲甚至枯萎，有时小叶外缘呈现青铜色及坏死的缺铜症状，植株出现矮化和丛生症状，甚至凋萎或干枯。

花生缺铜症状较少发生。施用铜肥过量容易出现毒害，因此，铜的施用需要特别注意，以保证安全。土壤缺铜可用 0.05%~0.1% 的硫酸铜溶液浸种，或 0.1%~0.3% 硫酸铜溶液叶面喷施。

（10）花生缺锌：花生缺锌时叶片小而簇生，茎枝节间缩短，植株生长矮化，叶片呈条带状失绿，下部老叶上出现细小的褐色斑点，严重时整个叶片失绿甚至坏死。缺锌影响花生花针的形成和后期受精结果（图 4-10）。

图 4-10　花生植株缺锌症状

有机肥施用减少，土壤中的锌呈下降趋势；土壤 pH 值的升高影响锌的吸收利用；沙土上易缺锌；施磷过多抑制对锌的吸收。播种前可用 0.03%~0.05% 硫酸锌溶液浸种 8~10 小时。生长期可用 0.5%~1.0% 硫酸锌溶液叶面喷施 2~3 次。

（11）花生缺硼：花生缺硼时植株矮瘦，分枝多，呈丛生状。心叶叶脉颜色浅，叶尖发黄或暗紫色，逐渐扩散，老叶色暗，叶片小而皱缩，叶缘干枯，叶柄不能挺立。严重时生长点生长缓慢或停止生长。开花少、结果少，有时出现果实子叶凹陷的畸形籽仁（图 4-11、图 4-12）。

花生对硼的适宜范围较窄，补救花生缺硼时，要注意硼肥的用量和施用方法。可用硼酸或硼砂配成 0.03%~0.05% 的溶液拌种，用喷雾器直接喷洒花生种子，边喷边拌。可在苗期、始花期和盛花期叶面喷

图 4-11　花生叶片缺硼症状

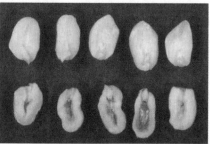

图 4-12　花生籽粒缺硼症状

施 0.1%~0.25% 的硼砂水溶液 2~3
次。

（12）花生缺钼：花生缺钼时
根瘤小而少，发育不良，固氮能力
下降，根系不发达，植株矮小，叶
片叶脉间失绿，叶尖萎缩，有时整
个叶片布满斑点，甚至发生螺旋扭
曲，老叶厚而无光泽（图 4-13）。

花生体内含钼量极低。防止缺
钼可采取以下措施。一是使土壤 pH
值在 6.5~7.5 的适宜范围，提高土

图 4-13　花生植株缺钼症状

壤钼的有效性，对于过酸和过碱土壤施用调理剂。二是施有机肥。有
机肥含钼可作钼的供源，避免缺钼又可改善土壤理化性状，提高土壤
钼的有效性。三是施用含钼土壤改良剂。作为土壤改良剂施用的矿渣
中含有一定量的钼，施用改良剂可补充钼。四是发现缺钼，苗期至花
期喷施 0.05%~0.1% 钼酸铵溶液。

第五章　花生的需水规律与水分管理

一、花生的需水规律

（一）花生的水分生理特性

1. 花生对水分的吸收　花生的生理活动必须在水分适宜的条件下才能正常进行。新鲜花生植株含水分 70% 左右。花生根系是植株吸收水分的主要器官，根系吸水动力来源于根压和蒸腾拉力。

植物根系的生理活动使液流从根部上升的压力称为根压。根压把花生根部的水分压到地上茎叶部，土壤中的水分便源源不断地补充到根部，这种吸水过程为主动吸水。

蒸腾作用是指水分以气体状态，通过花生植株表面（主要是叶子）从体内散失到体外的现象。由蒸腾失水产生蒸腾拉力而引起的吸水为被动吸水。蒸腾作用可以调节植株体温，能够保持地上部与根系之间的水势差，促进水分和营养物质向上运输，还有利于二氧化碳吸收。植株蒸腾作用较强时，蒸腾拉力为主要吸水动力；蒸腾速率很低时，根压才成为主要吸水动力。大气影响蒸腾速率而间接影响根系吸水；土壤通过土壤中可用水分、土壤通气状况、土壤温度、土壤溶液浓度等直接影响根系吸水。

土壤中可用水分是指永久萎蔫系数（植物叶片刚显示萎蔫后，转到阴湿处仍不能恢复原状，此时土壤含水量对土壤干重的百分率）以外多余的土壤水分。当土壤含水量下降时，土壤溶液水势亦下降，土壤溶液与根部之间的水势差异小，土壤可用水分少，根部吸水慢。土壤含水量下降到永久萎蔫系数时，根部吸水很慢，不能维持叶片细胞的紧张度，叶片就萎蔫。

土壤通气状况好，根系正常吸水；土壤通气不良，氧气缺乏，二氧化碳浓度过高，细胞呼吸减弱，影响根压，则阻碍吸水，时间较长就形成无氧呼吸，产生积累较多乙醇，使根系中毒受伤。

土壤温度过低时，水分本身黏性增大，扩散速度降低；原生质黏性增大，水分不易通过原生质；呼吸作用减弱，影响主动吸水。温度过高则易加快根的老化，吸收面积减少，吸收速率也会下降。

土壤溶液浓度较低，土壤与根系之间水势较高，利于根系吸水。

若因盐碱含量较高或过量施用化肥造成土壤溶液浓度高，水势较低，则根系吸水困难。

2. 花生田水分的散失　据测定，花生全生育期单株平均耗水量为23.61kg。花生吸收的水分除少部分（约5%）用于植株生理生化活动外，绝大部分（约95%）通过叶片气孔蒸腾作用散失到大气中。花生气孔随着光照作用昼启夜关。

对花生植株本身来说，根系吸收功能和蒸腾面积、叶面表皮气孔数、气孔大小、气孔下腔容积、气孔开度等都与蒸腾速率密切相关，影响着花生水分散失。当根系吸收功能强和蒸腾面积大，叶面表皮气孔数目多，气孔和气孔下腔容积大、气孔开度大时，花生蒸腾作用强，水分散失快。相反，水分散失就慢。

影响花生水分散失的外界因素为水分供应状况、光照、空气温度、湿度、二氧化碳浓度、叶片水分状况、叶温和生长调节剂等，这些因素都影响植株蒸腾作用。植株缺水时气孔变小，蒸腾变弱。光照促使气孔开放，减少内部阻力，增强蒸腾作用。叶面温度高于大气温度，使叶内外蒸汽压差增大，蒸腾速率加快；叶面温度过低，气孔开度低，蒸腾明显减弱；但温度过高（30~35℃）时，气孔开度也低，蒸腾作用也减弱。

3. 水分胁迫对花生生长发育的影响

（1）花生的耐旱性：花生较耐旱。一是花生根系发达，吸水能力比较强。二是干旱胁迫下花生叶片的气孔并不完全关闭，即使在叶片已经萎缩时，仍保持一定的光合能力。三是具有较强的恢复能力。在干旱时，花生的生长虽然受阻，但水分供应一旦恢复正常，其生长可以很快恢复甚至超过原来的水平。四是在前一期经过适度的干旱后，在下一期再遇干旱时，表现出明显的干旱适应能力，抗旱性进一步增强。但长期严重干旱，也会影响花生高产，花生生长发育缓慢，果少粒秕，甚至萎蔫枯死。

（2）水分胁迫对花生生理活动的影响：水分胁迫是指植株体内因缺水导致植株不能维持正常的生理活动，生长发育受到抑制，表现为萎蔫、干枯甚至死亡。水分胁迫时花生叶片水势明显降低。有研究表明，50.5%的土壤最大持水量是影响花生光合作用的土壤水分临界点，低于该含水量，净光合速率显著下降。同时干旱造成叶面积减少，干物质积累减少。

干旱胁迫对花生的固氮有一定的影响。有研究表明，随着干旱的加深，花生的固氮作用逐渐下降。花生生育中期干旱往往导致氮素的不足，若在干旱开始15天和25天后分别叶面喷施2%的尿素溶液（60kg/亩），可以显著提高花生荚果产量。据相关报道，干旱影响花生叶部K^+积累及其他矿物质营养的吸收。

（3）水分胁迫对花生生育性状的影响：干旱（土壤干旱和大气干旱）、土壤温度过低、盐度过高、通气不良、根系受伤等都可以导致水分胁迫，影响程度取决于水分胁迫的程度、持续期、生育期和不同生理过程对水分亏缺的敏感性。水分亏缺会导致植株生长受到抑制，株高降低，节间缩短，节数减少，叶片变小，细胞结构更加紧密，干物质积累量减少；花芽分化和开花期推迟，花量减少，生育期延长，单株结果数减少，饱果率降低，最终影响产量品质。据测定，水分胁迫对花生籽仁脂肪和蛋白质含量均有明显的影响，但不同生育时期表现不同。花针期干旱对籽仁脂肪含量影响较少，对蛋白质含量影响较大；结荚期和饱果期干旱则脂肪含量显著降低，而蛋白质含量却有所提高。

4. 土壤过湿对花生生长发育的影响

（1）花生的耐淹耐渍性：花生比其他作物耐受渍淹，短时期水淹后，仍可恢复正常生长发育。但若土壤水分长期饱和，土壤空气严重缺乏，影响根系呼吸，根系生理活动受限。上部发育停止，叶片变黄，叶片轻度发黄的主根已腐烂，发黄枯死的整个根系均已腐烂。轻度水渍开花少，荚果发育不良，严重时造成烂根、烂针、烂果甚至全株死亡（图5-1）。

图5-1　花生田间涝渍灾害

（2）土壤过湿对花生生理活动的影响：土壤水分过多，土壤空气严重缺乏，造成土壤缺氧，影响根系呼吸，根系长期进行无氧呼吸生成乙醇或乙醛、乳酸等不彻底的氧化产物，使植物体内代谢失调，生理活动受限，造成根系腐烂，无法从土壤中吸收植株生长所需的各种营养；氧气缺乏，也影响土壤中根瘤菌、氨化细菌、硝化细菌等有益好气性微生物的活动，不利于花生植株的养分供应；土壤过湿，造成缺氧环境，土壤中嫌气性微生物活跃，土壤中有机酸积累增多，酸度增高，不利于花生根系对矿物质营养的吸收，且易产生硫化氢等有害物质，直接毒害根部，影响根的吸收功能。

（3）土壤过湿对花生生育性状的影响：播种时土壤过湿，空气减少，妨碍花生种子萌发时的正常呼吸，容易引起烂种，影响全苗。苗期土壤水分过多，根系发育不良，植株生长加快，新叶变黄，植株瘦弱；根瘤形成晚，数量少，固氮能力差。花针期土壤过湿，植株生长过快，节间长，后期易倒伏；开花量虽大，但受精率很低，开花节位高，下针困难，结实率降低。结荚期土壤过湿，对产量影响最大，尤其是肥沃田块，过湿易引起徒长倒伏，倒伏花生茎叶重叠，通气透光不良，光合作用减弱，光合产物形成少；同时，由于湿度大、温度高，造成花生叶部病害的发生蔓延，严重影响荚果产量。饱果期土壤过湿，不利于荚果发育，轻者果壳变色，含油率下降，品质降低；重者荚果发芽、霉烂、变质和降低产量。

（二）花生各生育时期的需水特点

1. 花生的需水量 花生的需水量指花生生育期间生理活动、叶面蒸腾和地面蒸发消耗水量的总和。花生耗水量远较玉米、小麦、棉花等作物少，花生同高粱和谷子一样，被称为"作物界的骆驼"。花生需水量因生态条件、耕作制度、土壤质地、栽培技术及品种不同而差异较大，但其需水规律基本一致。

花生耗水量随产量的增加而增加。每生产 1kg 干物质需耗水 450kg（包括生理活动、叶面蒸腾、地面蒸发）。花生全生育期单株平均耗水量 23.61kg。结荚期耗水量最大，占全生育期耗水量的 44.2%；其次是花针期、饱果期，分别占全生育期耗水量的 30.1% 和 15.2%；苗期耗水量最小，为 10.5%。相同条件下，大粒花生比小粒花生耗水量稍大。

2. 花生各生育阶段的需水特点 花生全生育期需水规律是"两湿两润"（湿和润的土壤含水量分别为 60%~70% 和 50%~60%），即播种出苗期要湿（播种后约 20 天内），利于种子发芽和幼苗出土，保证苗全苗齐；苗期始花期要润（播种后 20~45 天），以利于根系下扎和幼苗生长，达到幼苗健壮，枝多节密；盛花和结荚期要湿（播种后 45~90 天），以促进营养体迅速生长，同时利于下针、结荚和荚果膨大；成熟期要润（播种后 90~120 天），以促进荚果发育，果多果饱，减少芽果、烂果（表 5–1）。

表 5-1 花生各生育阶段需水特点（两湿两润）

生育时期	阶段需水量占比 /%	土壤相对含水量 /%			土壤水分对花生各生育阶段生长发育的影响
		适宜	低限	高限	
播种出苗期	4~7	60~70	40	80	足墒下种是壮苗基础。过干不易萌发或发芽后回芽；过湿空气少，抑制萌发时正常呼吸，易烂种
苗期	12~24	50~60	40	70	一生最耐旱阶段。短期干旱可促根深扎，得水后 2~3 天即重新形成大量新根；长期干旱根生长缓慢；过湿根系弱，分布浅，植株瘦，新叶变黄，根瘤形成晚、少、固氮力差
开花下针期、结荚期	50~60	60~70	40	80	需水量大且对水分敏感。缺水开花下针少，果秕果少。过湿植株生长过快，节间长，易倒伏，开花量大但受精率低，开花节位高，下针困难，结实率降低。肥地过湿尤其易徒长倒伏，通风透光不良，光合作用减弱，病害蔓延
饱果成熟期	20~30	50~60	40	70	较耐旱阶段。但过干不利于荚果灌浆充实，土壤水分 30% 时花生易感染黄曲霉菌。过湿果壳变色，含油率下降，品质降低，重者荚果发芽、霉烂、变质

（1）播种出苗期：播种出苗期是花生一生中需水量最少的阶段。主要由于时间短（7~10 天），加上气温不高，土壤蒸发量小，耗水量也较少，需水量占全生育期的 4%~7%。这一时期需水量虽少，

但由于种子处于土壤表层，加上种子大，吸水多（花生种子在 3~5cm 土壤表层吸水至自身风干重的 40%~60% 时才开始萌动，发芽到出苗时需吸收水分为种子重量的 4 倍），因此，土壤中需要有足够的水分才能保证种子顺利发芽出苗。此时播种层土壤水分以土壤最大持水量 60%~70% 为宜。土壤水分低于最大持水量 40%，种子吸水萌芽慢，根的生长尤其是胚轴伸长很慢，种子易落干，造成缺苗；土壤水分超过最大持水量的 80%，氧气不足而导致种子萌发时呼吸异常，易引起烂种烂芽。据广东农科院试验，土壤水分为最大持水量 40% 时，花生发芽率 86%；土壤水分为最大持水量 60% 时，发芽率 96%，发育正常；土壤水分为最大持水量 77% 以上时，发芽率降低至 60% 以下，种皮腐烂、主根褪色；超过 80%，发芽率严重降低，烂种缺苗。

（2）苗期：这一阶段花生根系生长快，地上部生长较慢，营养体较小，叶面蒸腾量不大，耗水量不多，耗水量占全生育期总耗水量的 12%~24%。幼苗期土壤水分不宜过多，春播花生土壤水分以土壤最大持水量的 50%~60%，夏播花生土壤水分以最大持水量的 55%~65% 为宜。土壤水分低于最大持水量的 40%，花生根系生长受阻，幼苗生长缓慢，而且对花芽分化进程影响较大；土壤水分高于最大持水量的 70%，地上部生长快而瘦弱，节间较长，同时影响根系向深处伸展，降低中后期的抗旱能力，不能很好生长发育（图 5-2）。

图 5-2 苗期为较耐旱阶段

（3）开花下针期和结荚期：开花下针期和结荚期是花生生长发育最旺盛期，也是营养与生殖生长并进期。生长旺盛，茎叶生长速度最快，叶面积最大；同时大量开花、下针，大量形成荚果。这个阶段由于株体大、气温高、土壤蒸发、叶面蒸腾量加大，是花生整个生长过程中需水最多的时期，也是花生需水临界期（最敏感期）。此期大粒花生耗水量占全生育期总耗水量的48.2%~59.1%，每亩昼夜耗水量达4 m³左右；中、小粒花生耗水量占全生育期总耗水量的52.1%~61.4%，每亩昼夜耗水量达1.3~2.1m³。此期受旱，不仅影响植株营养生长，而且影响开花下针和结荚，尤其是有效花针减少，结荚数下降；土壤水分过多或连续阴雨，排水不良，常会引起茎枝徒长，甚至发生倒伏减产。此期土壤含水量以土壤最大持水量的60%~70%为宜。此期土壤水分低于最大持水量的50%时，花量下降；5cm土壤水分低于6%、20cm土壤水分少于10%时，开花中断，严重影响开花受精、果针下扎和荚果发育。水分超过田间最大持水量的80%时，发生倒伏，开花下针量严重减少（图5-3）。但此时我国多数花生产区又是多雨季节，历年降雨量250mm左右，由于雨量分布不均，干旱和雨涝现象都可能发生。因此，这个时期必须同时做好抗旱和防涝工作，才能保证花生正常发育。

图5-3　中期为花生需水量最大期

（4）饱果成熟期：花生饱果成熟期植株营养生长逐渐衰退，进入以生殖生长为主的时期。根、茎、叶生长缓慢，贮藏的养分大量向荚果运转。由于植株叶片衰老，下部叶片脱落，叶面积减少，叶片蒸腾减弱，气温下降，土壤蒸发少，对水分消耗减少。大花生耗水量占全生育期的22.4%~32.7%，每亩昼夜耗水量1.9~3.4m³；中小粒花生耗水量占全生育期总耗水量的14.4%~25.1%，每亩昼夜耗水量0.8~1.4m³。此期土壤含水量占最大持水量的50%~60%为宜；若低于40%，荚果饱满度差，果壳变色，出仁率、含油率降低。土壤过湿，含水量高于最大持水量的70%，不利于荚果充实，严重的会烂果，丧失经济价值。尤其是后期长时间干旱后再浇水或降雨过多，会造成休眠期短的品种发芽、霉烂。

二、花生的节水灌溉

（一）输水系统节水技术

采用一定的渠道工程措施，包括渠系配套、渠道防渗、改土渠为低压管道输水等措施，减少输水损失量，提高灌水效率和供水质量，扩大灌溉面积，减少能耗。

1. 渠系防渗技术 传统的农田灌溉水利工程是将土渠作为灌溉渠道，因渗透量过大，造成严重的水源浪费。该技术相比于传统土渠，一是提高渠道的抗冲能力；二是增加渠道顺畅程度，加大水流速度，增加输水能力，输水时间可缩短 30%~50%；三是减少渗漏损失，防止盐碱化发生。在平原花生产区渠系防渗一般可节水 1/4~1/3，渠系有效利用系数可达 95%。目前先进的防渗衬砌渠道采用混凝土材料衬砌技术，亦有应用聚乙烯和聚氯乙烯薄膜加涂料保护层以及玻璃纤维布油毡做渠道防渗。

2. 低压管道输水灌溉技术 该技术是一种以低压管道代替渠道输水的灌水方法，通过低耗能机泵加低压或利用天然水头地形自然位差，将灌溉水通过管道输送到田间进行灌溉，避免了输水过程中水的蒸发和渗漏损失，节省了渠道占地，能克服地形变化的不利影响，节水、省工、省力、投资少，普遍适用于我国北方井灌区。该技术管理方便，输水速度快，田间水利用系数可达 0.95；比土渠、砌石渠道、混凝土板衬砌渠道分别多节水 30%、15% 和 7%；比土渠输水能耗减少 25% 以上；与喷、微灌技术相比，能耗减少 50% 以上；一般在井灌区可减少占地 2% 左右，在扬水灌区减少占地 3% 左右，便于机耕和养护。该技术有移动式、半固定式和固定式三种类型。

（1）移动式：一般指软管灌溉，除水源外，机泵和管道都是可移动的，使用方便，适合联户或单户使用。地面移动软管有聚乙烯和薄壁维纶涂料软管。为了降低低压管道输水灌溉建设的投资，采用地下埋塑料软管输水灌溉，效果也很好。

（2）半固定式：地面移动、地下固定，其中机泵、地下管道、给水系统设施都是固定的，而末级软管可移动，直接输水到田间，是目前较为正规的一种管道化灌溉系统。管道灌溉还可以利用自压输水，特别适用于丘陵花生产区。

（3）固定式：指地下固定管道系统，适用于水源可靠的机井或抽水站灌区。

（二）田间灌溉节水技术

田间灌溉节水技术主要包括地面灌溉技术改进和提高（如沟灌、波涌灌、膜上灌等），以及喷灌、微灌、雾灌等。

1. 改进地面灌溉技术

（1）沟灌：沟灌包括每沟灌和隔沟灌，即在花生行间开沟引水，水在沟中流动，通过毛细管和重力作用向两侧和沟底浸润土壤。其特点是能使水分从沟内渗到土壤中，减轻土壤板结，较畦灌节水。一般采用垄作沟灌，花生起垄种植，浇水时将水灌于垄沟内，由垄沟向两侧及底层浸润。在缺水地区或灌溉保证率低的地区，可采用隔沟灌节水技术。隔沟灌溉是隔一沟（垄）灌水，灌水时一侧受水，另一侧为干土层，土壤表面蒸发减少一半。隔沟灌溉不仅能省水、扩大灌溉面积，而且利于中耕等农事活动，是一种较科学的节水灌溉方法。对传统的沟灌适当改进，长沟改为短沟，可节水 10%~20%。基本原则是平整土地，加大灌水流量，并采用合适的流量和引水时间进行灌溉。适宜沟灌的地面坡度为 0.003~0.008，灌水沟长度不大于 100m。

（2）波涌灌：波涌灌即把传统沟灌一次放水改为间歇放水，使水流呈波涌状推进，由于土壤孔隙会自行封闭，在土壤表层形成一个很薄的封闭层，水流推动速度快 1~3 倍，从而大大减少了深层渗漏，提高灌水均匀度，田间水利用系数可达 0.8~0.9，比连续沟灌节水 38%，省时 50%。

（3）膜上灌：膜上灌即在田间进行灌水时利用膜上行水，通过放苗孔和专用灌水孔对作物进行局部的浸润灌溉，以满足作物生长过程中的需水要求，可节水。采用该技术需要平整土地，田块长度不超过 75m，宽度不大于 3m，覆膜后在膜两侧筑起畦梗，并把地膜两边翘起埋入畦埂中，将水完全约束在膜上流动，完全通过膜孔灌水。

2. 喷灌节水技术　喷灌是利用水泵和管道系统，在一定压力下，水通过喷头喷到空中，散为细小水滴，像下雨一样灌溉作物。喷灌可以控制喷水量、喷洒强度和喷洒均匀度，从而避免地面径流和深层渗漏，防止水、肥、土的流失；减少土壤团粒结构的破坏，地表不板结，保持土壤中水肥气热良好，有利于花生根系和荚果发育。喷灌可调节小气候，降低叶片温度，冲洗叶面尘埃，有利于缓解作物光合午休现象，提高光合效率，减少碳水化合物的消耗。与地面灌溉相比，喷灌具有显著的省水、省工、少占耕地、不受地形限制、灌水均匀和增产等优点。喷灌在沙土或地形坡度达到5%等地面灌溉有困难的地方都可以采用，比沟灌节水，提高工效，提高耕地利用率。但高温、大风天气不易喷洒均匀，喷灌过程中的蒸发损失较大。而且喷灌比一般地面灌水投资高，适用于水资源缺乏的经济较发达地区。进行喷灌时，为提高产量和节约用水，要注意雾化强度和喷灌均匀度。一般要求灌溉强度不超过土壤的渗透速度，使喷灌到地面的水能全部渗透到土壤中去。雾化程度一般情况下要求水滴直径1~3mm，同时还要注意喷灌均匀（图5-4）。

图5-4　花生田间喷灌

3. 微灌节水技术　微灌根据植物的需水要求，通过低压管道系统将有压水输送分配到田间，通过安装在末级管道上的特制灌水器，以微小的流量湿润作物根部附近土壤。微灌是一种局部灌溉技术，可将植物生长中所需水分和养分均匀准确地直接送到植物根部附近的土壤。相对于地面灌溉和喷灌而言，微灌属局部、精细灌溉，水的有效利用程度最高，比地面灌溉节水 50%~60%，比喷灌节水 15%~20%。微灌通常分为滴灌、微喷灌、小管出流灌和渗灌四种形式。

（1）滴灌：将水加压、过滤后，利用滴头（滴灌带）将灌溉水（或化肥溶液）以水滴状或连续细流状湿润花生根部附近的土层，使植株主要根区的土壤经常保持在适宜生长的最佳含水量，而植株行间和株间土壤则保持相对干燥。滴灌最为突出的优点是省水（图 5-5、图 5-6）。

图 5-5　花生膜下滴灌技术　　　　图 5-6　地埋管滴灌技术

（2）微喷灌：利用微喷头将压力水以喷洒状湿润土壤进行灌溉的方法。常见微喷头有固定式微喷头、旋转式微喷头、多孔式微喷头、脉冲式微喷头等。

（3）小管出流灌：利用直径 4mm 的塑料管作为灌水器，以细流状湿润土壤进行灌溉的方法。

（4）渗灌：利用一种特制的渗灌毛细管埋入地表以下，压力水通过渗灌毛细管的作用以渗流形式湿润作物根系分布层土壤。渗灌可使土壤水分较平稳地保持在作物需水适宜范围内，明显地减少蒸发消耗，大量水分通过植株根系吸收，提高了水分利用率，并具有省地、便于农田耕作等优点。

微灌是目前节本、增产、提质效果最好的一种节水灌溉技术，微灌与喷灌都能够自如地控制灌水的部位、时间、灌水定额及均匀度，不受土壤、地形对灌溉质量的影响，而实现精确灌溉，适宜现代农业发展方向。但微灌工程投资大，可依据经济状况、水源、地形、土质等，因地制宜应用。

4. 雾灌节水技术 雾灌由喷灌、滴灌技术发展而来。雾灌的特点是节水、节能、雾化程度高、适应性强。它与喷灌的主要区别在于，雾灌是低压运行，比喷灌节能；雾灌又多是局部灌溉，比喷灌省水。雾灌的喷头直径小于0.5mm，喷水雾化程度高，似毛毛细雨，对作物无损伤，土壤不板结。雾灌的毛细管以下的灌水器和配件与滴灌的不同。雾灌是通过高雾化喷头，水呈雾状供给作物利用，比滴灌供水快。喷头孔抗堵塞能力强。在进行雾灌时，作物似在云雾覆盖之中，既能增加土壤需要的水分，又能提高植株之间的空气湿度，还可降温，较好地调节田间小气候，特别是在干旱高温季节进行雾灌，降温和增湿的作用尤为突出，可以增加湿度30%，在午间高温时可以降温3~5℃，对于消除作物的光合午休现象效果更佳，为花生的正常生育创造了良好条件。

（三）节水灌溉机械

1. 机械化节水灌溉的作用

（1）节约水资源：利用灌溉设备控制灌水量，输水损失小，不容易产生深层渗漏和地面径流。

（2）灌水均匀：灌溉机械采用管道输水，受不同地形和土壤影响较小，灌水均匀（图5-7）。

（3）节省用工：尤其是采用固定式喷灌系统，减少修筑田间渠道、灌水沟、畦沟的投工，并可以结合水肥一体化作业，明显省工。

（4）节省土地：喷灌利用管道输水，固定管道可以埋于地下，减少沟渠占地，提高土地利用率，比明渠输水减少占地5%~15%。

（5）保持土壤结构：可根据土壤质地调整水滴大小和灌溉强度，不产生土壤冲刷，不破坏土壤团粒结构，避免水肥流失；控制湿润深度，消除深层渗漏，防止地下水位上升而引起次生盐碱化。

图 5-7　地面固定管道输水灌溉

（6）利于调节田间小气候：喷灌可以保持土壤适宜墒情，增加近地表层空气湿度，并能冲刷花生茎叶上的尘土，利于呼吸和光合作用，与传统的地面灌溉相比增产 20%~30%。

2. 节水灌溉系统和灌溉机械　按其用途分，主要由供水设备、输水设备和田间配水设备组成。供水设备是泵站从水源提水，为喷滴灌装置提供压力水的机电设备，主要由水泵、动力机、电气设备、阀件、管道和闸门等组成。输水设备由渠道或管道组成，能将灌溉水按所需要的流量输送至农田的灌溉系统上，确保良好的灌水质量。田间配水设备又称田间灌水设备，通过它将输送到田头的灌溉水均匀地分配给花生生长最需要的根系或叶面上。

按灌水的方法分为喷灌机械、微灌机械、地面灌溉机械、集雨灌溉机械等。

管道式喷灌系统包括固定管道式喷灌系统、半固定管道式喷灌系统、移动管道式喷灌系统（图 5-8）。

喷灌机组包括圆形喷灌机、平移式喷灌机、滚移式喷

图 5-8　花生移动管道式喷灌设施

灌机、端拖式喷灌机、双臂式喷灌机、绞盘式喷灌机、悬挂式远射程喷灌机、轻小型喷灌机。

按配套动力和作业幅宽分为大型喷灌机（圆形喷灌机、滚移式喷灌机、绞盘式喷灌机）、中型喷灌机（平移式喷灌机、双臂式喷灌机、悬挂式远射程喷灌机）、轻小型喷灌机或轻小型喷灌机组（图5-9）。

图5-9　大型喷灌机

固定、半固定管道式和轻小型机组式喷灌系统对分布在丘陵山地的花生产区灌溉较为适用。大部分又是梯田式种植，利用固定式喷灌，既可克服梯田难以修筑渠道及冲刷、倒塌等问题，又可防止地面径流和渗漏严重。移动管道式喷灌系统、大中型喷灌机组适用于地势平坦的花生产区。

三、花生的节水栽培

节水栽培技术是指在干旱缺水条件下采用保水、节水、蓄水措施，提高水的利用率，从而增加产量和改善品质的作物栽培技术。花生节水栽培主要包括加厚土层，蓄水保水；平整土地，减少径流；平衡施肥，以肥济水；抗旱耕作，蓄水保墒；地面覆盖栽培、选用抗旱品种以及施用抗旱保水剂等。

（一）深耕改土扩大土壤蓄水量

1. 加深活土层，深耕蓄水　花生的抗旱能力和产量随土层厚度的增加而提高。据试验测定，在花生生长期间，亩产荚果300kg的中产田，全土层厚度30~33cm，降雨80~100mm后，维持20~25天自然蒸发不显旱；亩产400kg的高产田，全土层厚度40cm左右，降雨120mm后，维持35天自然蒸发不凋萎；亩产500kg的高产田，全土层厚度50cm左右，降雨150mm后，维持50天自然蒸发不凋萎。

对土层不足 20~30cm 的旱薄地，应进行大犁深耕，破除犁底层，使耕作层再增加 10~15cm。冬前深耕比春耕可更多地积蓄水分，犁底层的土壤致密、坚实，透水性极低，并严重阻碍根系下扎，只有打破犁底层，才可有效增加雨水的渗透量，减少地面径流，防止水土流失，提高土壤的保墒蓄水能力，使旱薄地在雨季可以接纳雨水，形成"土壤水库"。同时犁底层的破除，有利于作物根系下扎，使根系营养范围扩大，可以吸收到较深土层内水分，提高花生抗旱能力。

在深耕的基础上进一步整平土地，更能减少降大雨后地面径流，减缓流速。特别是丘陵山地，要按照标准梯田的要求整地，在降雨500~600mm 的情况下，可使径流系数减少 50%，不仅能避免水土流失，还能保水保肥，在大旱之年获得花生丰收。

深耕也要根据不同土质、土壤肥力而采用不同的方法。有机质含量多、肥力较高、结构良好的黏壤土，由于长期耕作，表层土壤结构被破坏，养分也相应减少，把这样土壤的底层翻至表层，有利于花生生长发育。对于土壤瘠薄，底层肥力低，熟化慢的沙薄地、盐碱地，则采取只翻动表层"上翻下松"的深松耕作法。

2. 增施有机肥，以肥济水　增施有机肥，可以增加有机质含量，有机质经土壤微生物分解形成腐殖质，可把单粒分散的土壤胶结成团粒结构的土壤，使土壤疏松，容重变小，孔隙度增大。有团粒结构的土壤，能把雨水和地面径流的水快速渗入土层中，也能把渗到土壤中的水分变成毛细管水保存起来，以减少土壤蒸发，提高水分利用率。增施有机肥改善土壤结构，可以调剂水分，提高水的生产效率，充分发挥自然降水的增产潜力。有机质是土壤肥力的基础，除能稳定供给花生直接吸收利用的各种养分外，一部分转化为腐殖质，贮藏和调节土壤养分，促进土壤团粒结构的形成，增强蓄水保墒能力，提高田间持水量。据报道，土壤有机质含量每增加 1%，每单位体积土壤中植物可利用水约增加 1.8%。越是肥沃的旱地，越能提高水的生产效率。施肥可降低生产单位产量所需的水量，在山岭旱薄地上可降低 1/2 甚至 2/3。有机肥不足的田块，应提倡秸秆还田，增加有机质含量。

3. 改良土壤质地，增进持水　土壤储水总量取决于储水体积和持水能力。储水体积与土层或犁底层深度有关，持水能力与土壤质地、结构有关。花生多种植在沙土或沙壤土中，沙土持水能力差，掺入黏质土壤也可改善土壤结构，提高土壤持水能力。

（二）抗旱耕作提高入渗保水力

水分利用率是指单位土地面积上作物产量或干物质与蒸散量（单位土地面积上土壤蒸发水量和作物蒸腾水量之和）的比值。任何提高产量或降低蒸散量的因素都可以提高作物对水分的利用率。中低产区一般是丘陵干旱山区，土层浅，坡度大，应采用等高耕作和横坡垄作提高水分利用率。

1. 等高耕作　在地面坡度比较大的（比降超过1%）斜坡地，沿等高线进行横坡耕作，以增加降水入渗系数，减少地面径流，保持水土。据测定，这种方法一般可减少冲刷量20%左右。

2. 横坡垄作　在坡度较大的地块，进行横坡起垄种植，使之起到截水蓄水保墒作用，这种耕作种植方法已广泛应用。此外，要重视抗旱保墒，及时耙耢，春天适时顶凌耙地，耙后耢平。据试验，耙耢结合进行保墒效果很好，比只耙不耢的土壤含水量提高3.5%。

（三）抗旱栽培提高水分利用率

抗旱栽培就是在生产措施上尽可能地使可利用水分被植物吸收、利用和蒸腾，提高蒸腾效率，使供水和作物需水在季节上相匹配。

1. 选用抗旱品种　抗旱性强的品种，在干旱时叶片内源脱落酸含量较高，气孔关闭，蒸腾弱，减少水分的丢失；脯氨酸含量较高，提高渗透调节能力；叶片较厚，增加贮水量；叶内空隙小，减少水分蒸发面。实践表明，在非灌溉和干旱条件下抗旱品种的增产幅度为20%~30%。花生品种的抗旱性与稳产性有一定的相关性，通常是稳产性较好的品种，也表现出一定的抗旱性，如远杂9102、远杂9847等品种均有较好的抗旱性。

2. 抗旱播种　在缺乏水浇条件的产区，为了不误农时，适时播种，常采用抗旱播种技术。

（1）抢墒播种：在适播期内遇有小雨时，趁雨后土壤水分较多，空气潮湿，蒸发量小，及时抢播，可实现全苗。

（2）提墒播种：在表土有一层薄干土，但底墒较足时，在播种前一天下午，用机械将地表全面轻轻镇压一遍，使底土层水分借毛细管上升作用增加表层土壤含水量（可提高2%左右），第二天即可播种。

（3）造墒播种：在非灌溉区，土壤解冻后，按花生播种要求行距预先打成小垄，保持一定墒情。在播种时用耢将垄上干土耢入沟内露出正垄上湿土，然后开沟播种。农民称之为"假打垄"。

（4）闷墒播种：水源充足地区，于播前按要求的行距开沟灌水，灌水后覆土闷墒，第二天再按原垄开沟，然后播种，这种方法接近于较好的自然墒情，保墒效果很好。

3. 浇好关键水　不同作物在不同生育阶段的需水量和需水规律有很大差异。通常把作物对缺水最敏感的时期称为"作物水分临界期"。这个时期是作物生长发育的关键时期，生长发育快，水分利用率高。如果此期水分亏缺，会导致严重减产。实验证明，花生不同类型品种、不同生育时期的需水量虽然不同，但需水关键时期基本一致。按照花生"两湿两润"需水规律，及时采取节水灌溉技术供水，可以达到节水和提高水分利用效率的目的。

4. 中耕保墒　为了减少生长期间地表蒸发、提高早春地温、消灭杂草，多采取中耕技术。中耕必须抓住早、小、净、多、深。早、小即在花生幼苗和杂草尚小时及时锄地，既省工，又能减少杂草与幼苗争水、争肥；净就是要将杂草锄净；多、深就是每次降雨和灌水后及时锄地，保持表土疏松，以利于花生果针下扎和荚果膨大生长。中耕要因时因地制宜。因时，春天锄地为疏松土壤，保墒增温；夏锄的目的是消灭杂草。因地，即锄地要把握适当土壤水分，既不能过干也不能过湿，过干起不到保墒和减少水分损失的作用，过湿锄地黏锄，且人为践踏容易使表土板结。

5. 地面覆盖栽培　土壤水分从地表直接蒸发和植物蒸腾耗损量达70%，其中1/4~1/2的水量是由土壤表面无效蒸发掉的。地面覆盖栽培具有减少土壤水分蒸发、提高地温、防止土壤板结、改善土壤理化性状、加速土壤养分转化、促进根系发育等作用，可降低地面水分无效蒸发，充分利用降雨和土壤水，提高用水效率。地面覆盖栽培主要有地膜覆盖和秸秆覆盖两种。

（1）地膜覆盖栽培：花生田地膜覆盖能有效地抑制土壤水分的无效蒸发，抑蒸力80%以上。由于地膜的不透气性，土壤水分汽化为水蒸气到达膜面，不能散失。如气温降低，则水蒸气凝结成小水珠附在膜面上，由小变大，又滴落回土壤，这样反复蒸上、滴下，促进了土壤–作物–大气连续体中水分的有效循环，增加了耕层的贮水量，保持了土壤良好的墒情。当天气干旱无雨、地膜覆盖耕作层水分减少时，由于土温上层高于下层，土壤深层的地下水分通过毛细管向地表移动，不断补充和积累耕层土壤水分，起到了提墒作用。地膜覆盖栽培减少了土壤水分蒸发，增强了根系发育，相对地提高了抗旱能力。而在降雨过多时，地膜花生排水良好，不易受涝，维持了土壤适宜水分和通透性，起到了防涝作用。

（2）秸秆覆盖栽培：秸秆覆盖不仅减少了土壤水分蒸发散失，而且可以增加土壤有机质和养分含量，改善土壤结构，增强土壤蓄水保墒能力，改善土壤供水状况。在自然条件下，土壤表层受雨滴的直接冲击，土壤团粒结构被破坏，土壤孔隙度减小，形成不易透水透气、结构细密紧实的土壤表层，影响降水就地入渗。而在土壤表面花生行间覆盖植物秸秆、杂草、麦糠（覆草栽培），避免了降水对地表的直接冲击，团粒结构稳定，土壤疏松多孔，土壤导水性强，降水就地入渗快，地表径流少，土壤耕层蓄水增加，无效蒸发减少，农田水分供需状况稳定协调，增产效果明显。据测定，覆草栽培较不覆草栽培花生的株高、侧枝长度、分枝数、结果数和饱果数均有所增加。河南小麦花生一年两熟地区的大面积秸秆还田技术，也在一定程度上发挥了秸秆覆盖栽培的效果。

6. 化学抗旱　　利用化学抗旱可降低叶面蒸腾率。

（1）抗旱剂、保水剂：使用抗旱剂、保水剂抑制蒸腾作用，从而提高水分利用率。

1）抗旱剂：是一种能够控制植物气孔开启的化学物质，在花生生长期喷施抗旱剂，可控制叶片气孔的开度，抑制叶片蒸腾作用，缓解土壤水分的消耗。在干旱情况下，能显著缓解植株体内水分的亏缺，增强花生抗旱耐旱能力，防止早衰。抗旱剂用于种子拌种，能提高出苗率，刺激根系生长和促进幼苗健壮。该类抗旱剂主要成分均为黄腐酸，具有降低叶片气孔开度、减少水分蒸发，促进根系发育、增加细胞膜透性、螯合微量元素、提高酶的活性和叶绿素含量等功效。

2）保水剂：是一种高分子吸水性树脂，具有很强的吸水性能，形成一种在外力作用下也难以脱水的凝胶物质。保水剂施入土壤，犹如在作物根系周围建造了一个水库，遇旱时将吸收的水分缓慢释放，供作物生长发育需要。

（2）植物生长延缓剂：

1）多效唑：用多效唑处理花生幼苗，可促进根系生长，并提高根系活力，根系吸收、保水能力增强。据研究，在干旱胁迫条件下用多效唑喷洒花生幼苗，可提高花生叶片叶绿素含量和可溶性蛋白含量，从而延缓干旱胁迫下叶片的衰老进程。多效唑还可减轻膜质过氧化程度，使细胞膜系统的稳定性增强，保证细胞的正常生理活动。

2）粉锈宁（三唑酮）：据相关实验，粉锈宁处理花生幼苗，其叶片脯氨酸含量提高，贮水细胞体积显著增大，叶片上、下表皮气孔开度变小，叶片蒸腾作用减小，日蒸腾量减少，提高抗旱能力。其施用方法是苗期用 300mg/L 粉锈宁溶液喷洒植株。

四、花生的排水防涝

花生虽比其他作物耐受渍淹，但田间水分过多时，土壤空气缺乏，导致根系发育不良，根瘤少，固氮能力弱，植株发黄矮小，开花节位提高，下针困难，结实率、饱果率降低，烂果增多，影响产量品质。因此，花生生育期间一定要做好排水防涝工作。排水的目的在于排除地面积水，降低地下水位和减少土壤耕作层内过多水分，以调节土壤温度、湿度、通气和营养状况，保持良好的土壤结构，促进有机物质分解，为花生创造良好的生育环境。我国花生产区的农民根据地势、土质、降水量、地下水位高低等具体情况，积累了丰富的排水经验，创立了良好的防涝排水技术体系。

（一）根据地形特点完善田间排水系统

在保证大田公共水利设施健全的基础上，根据不同的地形地貌和土质情况设计采用相应的排涝系统，提前做好田间涝灾防御工作，在花生生育期间及时排出田间积水，降低地下水位，减少耕层过多水分，调节土壤温度、湿度、通气和营养状况，保持良好的土壤结构，促进土壤有机质分解和营养释放，为花生创造良好的生育环境。无论采用何种方式排水，在花生生育期间均要注意经常清理沟道，以防淤塞，做到沟沟相通，排水通畅，有效地防止田间积涝成灾，为花生生长发育创造良好条件，从而提高品质，增加产量。

1. 平原洼地三沟排水　在黄河流域一带的冲积沙土区、淮河区域的砂姜黑土低洼易涝区，首先提倡花生起垄栽培，让多余的雨水能顺垄沟径流。其次要依地势坡向，隔一定距离在田间挖一条 30~40cm 宽、50cm 深通向田外排水渠的主排水沟。再在田间每隔一定距离，用套犁法犁成 20cm 宽、30cm 深的排水支沟。注意保证垄沟、支沟、主沟三沟相通，这样在涝灾来临时即可把多余的雨水顺利排出田外。

2. 丘陵山区堰沟排水　丘陵山地花生产区 7~8 月若遇到大雨、暴雨会严重冲刷地面，造成水土流失。梯田可在里堰挖堰下沟，田间挖拦腰沟进行排水。花生种植在斜坡地上时，可顺坡就势、环坡等高作壕沟，挖出沟内泥土放在沟的下堰，筑成一条土埂，使雨水通过壕沟有控制地排出，同时起到水土保持的作用。

3. 南方稻茬高畦排水　南方平原或稻田轮作（复种）花生，改宽畦浅沟为高畦深沟种植，根据不同地区地形、土质、地下水位等确定厢沟宽度。一般畦沟深 15~20cm，宽 15~20cm；地块大的需开深 20~25cm、宽 20~25cm 的腰沟；地块四周开深 25~30cm、宽 25~30cm 的环田沟。畦沟通向腰沟，腰沟通

图 5-10　南方花生区沟厢种植三沟相通

向环田沟，使田块具备一套完整的排水系统，降雨时雨水通过畦沟、腰沟、环田沟有序排到田外排水渠（图5-10）。

（二）防渍涝健身栽培提升抵抗力

1.机械作业起垄种植 起垄种植利于排水防渍。目前花生产区示范推广的起垄种植模式主要有春夏播机械化露地起垄种植、春夏播机械化地膜覆盖起垄种植、麦后夏花生机械化少免耕起垄种植、麦套花生规范化起垄种植、南方稻茬深沟宽垄种植。

2.适期播种培育壮苗 播前晒种、精选、药剂拌种；播期掌握5cm地温稳定在15℃、高油酸花生稳定在18℃以上，即春花生在4月中下旬~5月上旬，麦套花生5月10~20日，夏花生不晚于6月15日；双粒播种或单粒精播，足墒下种；查苗补种，中耕除草。

3.科学施肥早发稳长 花生亩产300~500kg为目标产量，在亩施商品有机肥200kg或腐熟优质有机肥500~1 000kg的基础上，亩施氮（N）7~12kg、磷（P_2O_5）6~10kg、钾（K_2O）6~10kg。采用基施80%、追施20%的方法施用；基肥分层深施，种肥异位，追肥开沟条施和叶面喷施。

4.生育调节控旺促壮 墒情充足、肥力较高的田块，用植物生长调节剂协调营养生长和生殖生长，防止田间郁蔽和植株倒伏，提高光合效率，即盛花期和结荚期大果花生株高高于40cm、小果花生株高高于35cm的植株有徒长趋势时，用5%烯效唑可湿性粉剂20~30g/亩，兑水20kg；或者用10%的调环酸钙悬浮液30~40mL/亩，兑水20kg，进行叶面均匀喷雾，控制株型。根据缺素诊断及时补充营养，中后期叶面补施肥料防衰促壮。

5.绿色植保全程防控 播种前采用清洁田园、轮作倒茬、深耕改土、平衡施肥等农艺防控措施。播种期选种、晒种。选用以下杀虫剂与杀菌剂混合拌种包衣：25%噻虫·咯·霜灵悬浮种衣剂（300~700mL/100kg种子）、38%苯醚·咯·噻虫悬浮种衣剂（288~432g/100kg种子）、35%噻虫·福·萎锈悬浮种衣剂（500~570mL/100kg种子）等进行种子包衣；或30%吡·萎·福美双种子处理悬浮剂（667~1 000mL/100kg种子）、27%精甲霜灵·噻虫胺·咪鲜胺铜盐悬浮种衣剂（1.5~2kg药浆/100kg 种子）进行拌种。

拌后晾干播种，防治花生根茎腐病、白绢病等和苗期蚜虫、蓟马以及蛴螬、蝼蛄、金针虫等地下害虫。生长期"四诱"+药剂协同防控。病害防治药剂可选用：叶斑病用苯甲·嘧菌酯、苯醚·丙环唑、唑醚·代森联、烯肟·戊唑醇、联苯三唑醇、氟环唑、腈苯唑、烯唑醇、戊唑醇、咪鲜胺、多菌灵、甲基硫菌灵、代森锰锌等杀菌剂；花生根腐病、茎腐病和果腐病用多菌灵、嘧菌酯、咪鲜胺锰盐、三唑酮、三氯异氰尿酸、多抗霉素、乙蒜素、申嗪霉素等杀菌剂；白绢病用噻呋·戊唑醇、噻呋·吡唑酯、噻呋酰胺、氟酰胺；花生青枯病用噻菌铜、络氨铜、噻唑锌、新植霉素、春雷霉素等单剂或复配杀菌剂。当田间发病率达 10%~20% 时，任选一种按说明兑水混匀，每间隔 7~10 天喷洒 1 次，连喷 2~3 次。注意叶斑病常从中下部叶片开始发病，药液要喷到植株中下部；根部病害要喷淋植株茎基部及周围根部土壤。

虫害防治优先考虑按设备说明开展灯诱、性诱（性诱剂）、食诱、色诱（黏虫板）防治，在此基础上酌情在幼虫低龄期进行药剂防治：棉铃虫、甜菜夜蛾、斜纹夜蛾等食叶性害虫可选用氯虫苯甲酰胺、阿维菌素、茚虫威、苏云金杆菌、虫酰肼，蚜虫用吡虫啉、啶虫脒、噻虫嗪；花生叶螨用阿维菌素、哒螨灵、唑酯·炔螨特、噻酮·炔螨特、噻螨·哒螨灵、阿维·螺螨酯等杀虫剂单剂或复配药剂。任选一种按说明兑水，每间隔 7~10 天喷 1~2 次，并注意喷洒叶背。出现死棵时，要及早拔除病株带出田外。

6. 适期收获安全贮藏　花生成熟期提前根据气象预报情况，抢晴好天气收获晾晒，避免雨天收获。选用性能良好的机械收获。分段收获机收获，挖掘抖土后，花生果实朝上整株晾晒至含水量 20%~30% 时，摘果机或捡拾摘果机摘果；联合收获机收获，要及时将花生果实摊薄晾晒，最好与干燥设备配套，防止堆捂霉变。晾晒达到安全贮藏水分（籽仁 ≤ 8%、荚果 ≤ 10%）标准，低湿隔潮贮藏，防止黄曲霉素污染。要做好产销衔接，实现经济价值。

（三）遇涝后生产快速恢复及补救

遭遇大暴雨或持续降水造成田间严重积水时，重点做好田间通沟排水和涝渍后田间管理。

1. 疏通沟渠排水散墒　大雨后田间积水，通常是大田沟渠不通畅，要抓紧修整好防汛排灌设施，根据降水情况积极排水。要及时清理疏通田边排水渠和田间三沟（垄沟、支沟、主沟）。排水渠不通畅的要采用挖掘机开挖疏通，以保证田间排水入渠，渠水入河入湖。积水严重地块要采取抽水机强力排水，尽量减少田间积水时间。同时要把叶片、茎秆上的泥土冲洗干净，以保证正常的光合作用。对于土质黏重排水不畅田块，可用钩机每隔 5~6m 顺垄沟开一条深 50cm、宽 20cm 的深沟，沥出多余耕层滞水，促进土壤透气晾墒。对于受淹的地膜覆盖花生，排水后应及时破膜散墒，保持土壤通气良好。

2. 清沟扶垄以利下针　大雨会造成花生种植垄塌陷和根系、果针外露，不利于植株生长和果针入土结果。土壤散墒后，凡能恢复生长的田块，要及时修复沟畦，清理垄沟中淤土，培土壅根扶垄，以利花生生长和果针下扎结果。雨后土壤容易板结，疯长的杂草与花生争光争肥。在盛花期前，可垄上垄下中耕除草，破除板结，培土扶垄，提高土壤通透性，散去多余水分；盛花期后，大部分果针已入土或膨大，忌垄上中耕伤及果针、荚果，可机械顺垄沟除草，垄上杂草人工拔除或化学防除。

3. 适时追肥补充营养　雨涝后花生根系渍水缺氧，养分吸收能力减弱，植株营养缺乏，同时涝灾造成土壤养分大量淋溶流失，尤其是土质瘠薄、基肥追肥不足的地块，容易形成后期脱肥早衰。因此，及时追肥补充营养，对植株恢复生长、提升抵抗力十分重要。若涝灾发生在盛花期前，土质瘠薄或前期施肥不足的地块，可在散墒后结合中耕培土，每亩施尿素 4~8kg，过磷酸钙 10~20kg，促进花生灾后返苗和开花下针。涝灾发生在盛花期以后，果针已大量下扎，不宜根际追肥，应叶面喷肥补充营养。可于晴天下午叶面喷洒 0.1%~0.3% 磷酸二氢钾溶液（或 0.5% 的过磷酸钙澄清液）+1%~2% 的尿素稀释液 + 芸薹素内酯，每隔7天喷一次，连喷2~3次。对于雨涝后花生常出现的缺铁性黄叶病，可用0.2%的硫酸亚铁水溶液喷洒叶面，每隔5~6天喷一次，连续喷洒2~3次。同时注重硼、锌、钼、锰等微量元素的补充施用。

4. 防治病虫控制蔓延 受渍后花生植株抵抗力弱，加上雨后骤晴，田间温度高、湿度大，易导致多种病虫害发生蔓延，应做好病虫害预测预报，要在排涝降湿、田间管理的基础上，适时喷药防控病虫害。

5. 酌情改种弥补损失 对于在花生生长前中期受灾特别严重、接近绝收的田块，可根据市场需求预测，酌情考虑改种绿豆、红薯、甜玉米、胡萝卜、水萝卜、绿叶菜等生育期短的作物，弥补当季损失，不影响下茬播种，也可撒播饲草绿肥，下茬播种前收割饲草对接养殖场，或做绿肥掩青。生长后期受涝严重绝收地块可采取休耕，在下茬播种前提早深耕深翻、整地施肥，促下茬增产增收。

第六章　花生病虫草害综合防治

花生病害有 30 多种，为害较重的有叶斑病、网斑病、锈病、茎腐病、根腐病、青枯病、白绢病等。花生虫害有 50 多种，为害较严重的有花生蚜虫、叶螨、蛴螬、棉铃虫、斜纹夜蛾、甜菜夜蛾等。还有许多大田草害也影响着花生产量和品质的提高。坚持抗病品种、健身农艺、生态防治、预防为主、简易可行、食品安全、保护环境的原则，综合防治花生病虫草害。

一、花生主要病害防治

花生病害有 30 多种，可分为三大类：叶部病害造成叶斑和叶枯；根部、根颈和荚果病害造成死株和果腐；全株性病害造成整株生长不良。以下介绍花生的几种常见病害。

（一）花生叶斑病（褐斑病、黑斑病）

1. 分布与危害　花生叶斑病包括褐斑病、黑斑病，在各花生产区分布广、为害重。在叶片上产生病斑，破坏花生的光合作用，造成大量落叶、荚果空秕。除花生外，尚未发现其他寄主（图 6-1）。

2. 发生症状　褐斑病发病初期，叶片上产生黄褐色或铁锈色、针头状小斑点，逐渐扩大成圆形或不规则病斑。叶正面病斑暗褐色，背面颜色较浅。病斑周围黄色晕圈。严重时病斑汇合叶片干枯脱落，叶柄、茎秆长椭圆形暗褐色病斑（图 6-2）。黑斑病病斑近圆形，颜色黑褐，发生比褐斑病晚，周围晕圈不明显，为害叶片、叶柄、茎和花柄（图6-3）。

图 6-1　叶斑病造成严重落叶

图6-2 花生褐斑病叶部症状 　　图6-3 花生黑斑病叶部症状

3. 发病规律　叶斑病病原属半知菌亚门真菌，以菌丝座和菌丝在土壤、病残体上越冬，翌年菌丝上产生分生孢子，孢子随风雨传播落到花生叶片上，遇适宜温度和水滴，萌发产生芽管从表皮或气孔侵入致病。一般下部老叶先发病，病斑上产生的分生孢子进行再侵染。在25~30℃的适宜温度和较高湿度下，病菌侵入10~14天后显症，中后期逐渐严重。褐斑病比黑斑病较耐低温。南方产区春花生收获后，病残株上病原又可成为秋花生的初次侵染源。春花生田有两个明显的发病高峰。第一次在6月中下旬开花下针期，第二次在8月中下旬中后期。夏花生只有8月下旬至9月上旬一个发病高峰，发病程度轻于春花生。中后期降雨频繁，田间湿度大，病害重；少雨干旱年份发病轻。土壤瘠薄、连作田、植株长势差易发病。老龄化器官发病重；底部叶片较上部叶片发病重。叶片小而厚、叶色深绿、气孔较小的品种病情缓慢。

4. 防治方法

（1）农艺防治：轮作倒茬，实行花生与水稻、玉米、甘薯轮作明显减轻病害；选用抗病品种，实行多个品种搭配与轮换种植，避免单一品种长期种植；加强田间管理，深耕深翻，以减少病源；适期播种，培育壮苗；合理密植，通风透光；雨后清沟排渍，降低田间湿度；平衡施肥，避免偏施氮肥，增施磷钾肥；清洁田园，及时清除田间病残枝叶，集中烧毁或沤肥，减少菌源。

（2）化学防治：

1）发病初期，病叶率10%~15%时任选下列单剂或复配药剂防治：

80% 代森锰锌可湿性粉剂 600~800 倍液 +70% 甲基硫菌灵可湿性粉剂 800~1 000 倍液，75% 百菌清可湿性粉剂 600~800 倍液 +50% 多菌灵可湿性粉剂 600~800 倍液，65% 代森锌可湿性粉剂 400~600 倍液 +50% 噻菌灵可湿性粉剂 800~1 000 倍液，50% 福美双可湿性粉剂 500~600 倍液 +25% 联苯三唑醇可湿性粉剂 600~800 倍液。或用 50% 硫黄代森锰锌可湿性粉剂 140~175g/ 亩，50% 硫黄多菌灵可湿性粉剂 160~240g/ 亩，40% 硫黄百菌清可湿性粉剂 150~200g/ 亩，80% 代森锌可湿性粉剂 60~80g/ 亩，80% 代森锰锌可湿性粉剂 60~75g/ 亩，75% 百菌清可湿性粉 100~120g/ 亩。这些粉剂任选一种，兑水 40~50kg/ 亩，均匀喷雾，视病情每隔 7~15 天喷 1 次，连喷 2~3 次。

2）普遍发病时喷下列药剂：12.5% 烯唑醇可湿性粉剂 25~33g/ 亩，25% 戊唑醇可湿性粉剂 25~30g/ 亩，25% 代森锰锌多菌灵可湿性粉剂 100~200g/ 亩，25% 联苯三唑醇可湿性粉剂 50~80g/ 亩，36% 甲基硫菌灵悬浮剂 30~40mL/ 亩，70% 多菌灵硫黄代森锰锌可湿性粉剂 150~170g/ 亩，10% 苯醚甲环唑水分散粒剂 20~40g/ 亩，50% 咪鲜胺锰络化合物可湿性粉剂 50~60g/ 亩。以上任选一种，兑水 40~50kg/ 亩，均匀喷雾，每隔 5~7 天施 1 次，连防 2~3 次。

（二）花生网斑病

1. 分布与危害　网斑病又称褐纹病、云纹斑病。在生长中后期为害叶片、茎、叶柄。致大量落叶，影响产量。

2. 发生症状　下部叶片先发病，叶正面褐色小点或星芒状网纹，病斑扩大后成黑褐色边缘网状大斑。叶柄和茎褐色小点或椭圆病斑，严重时茎叶枯死（图 6-4）。

图 6-4　花生网斑病叶部症状

3. 发病规律　花生网斑病病原属半知菌亚门真菌。以菌丝和分生孢子器在病残体上越冬。翌年条件适宜时，从分生孢子器中释放分生孢子，借风雨传播初侵染。分生孢子产生芽管穿透表皮侵入，菌丝在表皮下呈网状蔓延，毒害邻近细胞，引起大量细胞死亡，形成网状坏死斑。病组织上产生分生孢子进行多次再侵染。冷凉、潮湿、连作田发病重。前期少发病。

4. 防治方法

（1）农艺防治：深耕深翻，冬前或早春深耕深翻，将越冬病原埋于 20cm 以下，以减少越冬病原；轮作倒茬，禾本科轮作或与小麦套种复种；应用抗病品种；垄作，适时播种，合理密植，改善通风透光条件；加强田间管理，施足底肥，不偏施氮肥，适当增补钙肥；中耕松土，雨后排水降湿；清洁田园，收获时彻底清除病株、病叶，集中烧毁或沤肥，以减少翌年病害初侵染源。

（2）化学防治：

1）发病初期（病叶率 10%~15%）任选下列药剂：50% 福美双可湿性粉剂 50 倍液 +12.5% 烯唑醇可湿性粉剂 600~1 000 倍液，75% 百菌清可湿性粉剂 600~800 倍液 +50% 多菌灵可湿性粉剂 600~800 倍液，80% 代森锰锌可湿性粉剂 600~800 倍液 +70% 甲基硫菌灵可湿性粉剂 800~1 000 倍液。均匀叶面喷雾，视病情每隔 7~15 天施药 1 次，连防 2~3 次。

2）发病较重任选下列药剂：70% 甲基硫菌灵可湿性粉剂 600~800 倍液，50% 苯菌灵可湿性粉剂 800~1 000 倍液，12.5% 腈菌唑乳油 2 000~3 000 倍液，10% 氟嘧菌酯乳油 2 000~3 000 倍液，10% 苯醚甲环唑水分散粒剂 2 000~3 000 倍液。

（三）花生炭疽病

1. 分布与危害　在我国各花生产区均有发生，南方产区较普遍。

2. 发生症状　下部叶片发生较多。先从叶缘或叶尖发病，从叶尖侵入沿主脉扩展呈楔形、长椭圆形或不规则形；从叶缘侵入的病斑呈半圆形或长半圆形，病斑褐色或暗褐色，有不明显轮纹，边缘黄褐色（图

图6-5　花生炭疽病叶部症状

6-5）。

3. 发病规律　该病病原属半知菌亚门真菌，以菌丝体和分生孢子盘随病残体遗落土中越冬，或以分生孢子黏附在荚果或种子上越冬。土壤病残体和带菌的荚果和种子就成为翌年初侵染源。分生孢子为初侵与再侵接种体，借雨水溅射或昆虫活动而传播，从寄主伤口或气孔侵入致病。温暖高湿、连作，或偏施氮肥、生长过旺有利发病。

4. 防治方法

（1）农艺防治：选用抗病品种；轮作倒茬，深翻土壤，改善土壤环境；清洁田园，清除病株残体；加强栽培管理，合理密植，增施磷钾肥；整治植地排灌系统，雨后及时清沟排渍，降低田间湿度。

（2）化学防治：

1）种子处理：播前连壳晒种，精选种子，并用种子重量0.3%的70%甲基硫菌灵+70%百菌清（1：1）可湿性粉剂，或45%三唑酮福美双可湿粉剂拌种，密封24小时后播种。

2）田间防治：发病初期任选下列药剂喷施，50%多菌灵可湿性粉剂500倍液+80%福美双福美锌可湿性粉剂500~600倍液；70%甲基硫菌灵可湿性粉剂800倍液+70%代森锰锌可湿性粉剂600~800倍液；25%溴菌清可湿性粉剂600~800倍液；50%咪鲜胺锰盐可湿性粉剂800~1 000倍液等，每隔7~15天喷1次，连喷2~3次。

（四）花生茎腐病

1. 分布与危害　侵染花生茎和侧茎，产生病斑乃至枯死。植株早期感病很快枯萎死亡，后期感病果荚常腐烂或种仁不满。除花生外，该病还侵染大豆、绿豆、菜豆、棉花、甘薯等共 20 多种植物。

2. 发生症状　从苗期到成株期均可发生，但有两个发病高峰，即苗期和结果期。为害子叶、根和茎等部位。种子萌发后即可感病，受害子叶黑褐色，呈干腐状，并可沿子叶柄扩展到茎基部，茎基受害初产生黄褐色、水渍状不规则形病斑，随后变为黑褐色腐烂，并向四周扩展，最终导致地上部萎蔫枯死。潮湿时病部密生小黑点(分生孢子器)。成株期发病先在主茎和侧枝基部产生黄褐色水渍状病斑，后使茎基变黑枯死，干燥时病部皮层紧贴茎秆，髓中空易折断，最终整株枯死，地下荚果不实或脱落腐烂（图 6-6 ）。

图 6-6　花生茎腐病苗期症状

3. 发病规律　该病病原菌属于半知菌色二孢属，真菌性病害。病菌以菌丝在种子上，或以菌丝、分生孢子器在病残株上，或在混有病残体的土杂肥上越冬，成为翌年的初侵染源。病原菌从伤口侵入，尤其是从阳光直射和土表高温造成的灼伤侵入，直接侵入潜伏期长、发病率低。在田间借流水、风雨传播，人、畜、农具在农事活动中可传播。霉捂种子、苗期雨多、连作、低洼积水、沙性强、土壤贫瘠等情况下病情重。北方 6 月中下旬成发病高峰。苗期最适侵染，雨后骤晴、气温回升快常出现大批死株。结果期分枝易被侵染造成枝条死亡。

4. 防治方法

（1）农艺防治：防止种子霉捂，种子严格执行低湿储存，切勿回潮；轮作，与禾谷类轮作2~4年；收获后及时清除田间病残体，并深翻；有机肥充分腐熟；加强田间管理，施足基肥，追施草木灰，根据土壤墒情，适时排灌。

（2）化学防治：

1）药剂浸拌种：50%多菌灵按种子量0.3%拌种或加水浸种。拌种时，先把种子用水浸湿，药剂加入5~10倍细干土混匀，然后和种子混匀。浸种时，用上述药量加水60L浸种50kg，中间翻动两次，24小时后，待药液吸干后播种。

2）苗期喷药：初发病时任选下列药剂喷淋茎基部，如70%甲基硫菌灵可湿性粉剂1 000倍液，12.5%烯唑醇可湿性粉剂1 500倍液，50%多菌灵可湿性粉剂600~800倍液，50%苯菌灵可湿性粉剂1 500倍液。发病严重时，隔7~10天再喷1次。

（五）花生锈病

1. 分布与危害　我国花生产区均有发生。发病后除减产外，出仁率和出油率也显著下降。

2. 发生症状　花生各个生育阶段都可发生，以结荚期后发生严重。叶背初生针尖大小的疹状白斑，叶面呈黄色小点，以后叶背病斑变淡黄色、圆形，病部突起呈黄褐色。发病从底叶开始，向上蔓延，叶片变黄干枯脱落，收获时果柄易断落果（图6-7、图6-8）。

图6-7　花生锈病叶部症状　　　　图6-8　花生锈病田间植株症状

3. 发病规律　在自生苗、病残体、花生果上寄生，翌年初侵染。夏孢子可借气流、风雨传播再侵染。高湿、温差大易引起病害流行。氮肥过多，密度过大，通风透光不良，加重病害。春、夏花生适期早播发病轻，秋花生早播发病重。旱地病轻于水田。

4. 防治方法

（1）农艺防治：选用抗病、耐病品种；实行 1~2 年轮作；因地制宜调节播期，南方春花生在惊蛰前种植，秋花生白露后播种；改大畦为小畦，改平作为垄作，合理密植；及时中耕除草，做好排水沟，降低田间湿度；增施磷钾肥；清洁田园，清除病蔓及自生苗；施用高温腐熟有机肥。

（2）化学防治：

1）喷药预防：花期喷施 75% 百菌清可湿性粉剂 500~600 倍液，70% 代森锰锌可湿性粉剂 800 倍液 +25% 三唑酮可湿性粉剂 800~1 000 倍液等。

2）发病期防治：发病株率 15%~30% 或近地面 1~2 片叶有 2~3 个病斑时，每隔 7~10 小时喷药 1 次，连防 3~4 次。配药可加入 0.2% 展着剂（如洗衣粉等），有增效作用。药剂可选用：40% 福美双拌种灵可湿性粉剂 500 倍液、40% 拌种双可湿性粉剂 500 倍液、25% 三唑酮可湿性粉剂 1 000~1 500 倍液、10% 苯醚甲环唑水分散粒剂 2 000~2 500 倍液、12.5% 烯唑醇可湿性粉剂 1 000~2 000 倍液、25% 丙环唑乳油 1 000~2 000 倍液、25% 咪鲜胺乳油 800~1 000 倍液、15% 三唑醇可湿性粉剂 1 000~1 500 倍液。

（六）花生立枯病

1. 分布与危害　该病主要发生在北方和长江流域花生区。寄主广泛，除花生外，茄子、辣椒、黄瓜、十字花科蔬菜、马铃薯等也是常见寄主。

2. 发生症状　侵染引起种子腐烂、死苗、叶片干枯、茎腐等症状。被侵染幼苗在茎基部产生凹陷病斑，发展后引起死苗。成株期发病常从底部叶片和茎开始产生暗褐色病斑，潮湿时病斑迅速扩展，引起叶片、茎腐烂，严重时整株死亡。

3.发病规律　该病病原以菌核或病残体上的菌丝越冬，在合适条件下萌发侵染花生。苗期低温多雨时幼苗受害重。成株期主要发生在结荚后，群体过大过密、高温高湿时气温回升快就会出现大批死株。

4.防治方法

（1）农艺防治：防止种子霉捂；与禾谷类作物轮作 2~4 年；清除病残体，带菌粪肥充分腐熟；排灌降湿、合理密植、合理施肥。

（2）化学防治：

1）浸拌种：种子处理同花生茎腐病，即用 50％多菌灵可湿性粉剂按种子量 0.3％拌种或加水浸种。拌种时，把种子用水浸湿，药剂加入 5~10 倍细干土混匀，然后和种子混匀。浸种时，用上述药量加水60L 浸种 50kg，中间翻动两次，24 小时后，待药液吸干后播种。

2）苗期喷药：苗期初发病时，用 50％多菌灵可湿性粉剂 1 000~1 500 倍液喷雾，每隔 10 天 1 次，连续 2~3 次，有一定效果。

（七）花生根腐病

1.分布与危害　各产区均有发生，寄主极广，引起花生烂种、死苗和成株期根部病变。

2.发生症状　可侵染刚萌发种子造成烂种；幼苗期侵染幼苗地下部，主根变褐色，植株矮小枯萎；成株期受害表现慢性症状，初期暂时萎蔫，随后叶片失水褪绿、变黄，叶柄下垂，主根根颈部出现凹陷长条褐斑，根端湿腐状，皮层变褐腐烂易脱离，无侧根或极少，拔出呈"鼠尾状"，地上部矮小变黄乃至枯萎。土壤湿度大时，近土面根颈部可长出不定根，病株一时不易枯死，地上矮小，生长不良，叶片变黄，开花结果少，且多为秕果。病原也可侵染进入土果针和幼果。果针受害后使荚果易脱落在土内。病原和腐霉菌复合感染荚果，可使得

图6-9　花生根腐病苗期症状

荚果腐烂（图6-9）。

3. 发病规律 该病病原菌是多种镰刀菌。病菌在土壤、病残体和种子上越冬，翌年条件适宜时由根部伤口或表皮侵入。病菌腐生性强，孢子能在土壤中残存时间长，靠风雨和农事操作在田间传播蔓延。苗期低温阴雨，土壤湿度大，可大面积发生。种子带菌、连作、土质黏重、土浅地薄、排水不良、过度密植、通风不良，发生重。

4. 防治方法

（1）农艺防治：精选良种，选用抗病品种，播前翻晒精选，剔除变色、霉烂、破损、病弱种子；与禾本科作物轮作复种；深翻改土；苗期防干旱，盛花期严禁雨前或久旱后猛灌水，大雨后清沟排水；施足底肥，增施磷、钾肥，有机肥充分腐熟；清洁田园，拔除病株应立即烧毁，收获后清除田间病残体，集中烧毁或堆沤。

（2）化学防治：

1）种子处理：选用种子量0.3%的40%三唑酮多菌灵可湿性粉剂拌种，密封24小时后播种。或用下列药剂处理种子，如25g/L咯菌腈悬浮种衣剂60~80g/100kg，350g/L精甲霜灵种子处理乳剂35~70mL/100kg，25%多菌灵福美双毒死蜱悬浮种衣剂400~500g/100kg。

2）施药预防：齐苗后发现病株任选下列药剂喷雾或喷淋根部，视病情间隔5~7天喷1次，封锁中心病株，如15%络氨铜水剂300倍液，77%氢氧化铜可湿性粉剂500~800倍液，80%乙蒜素乳油800~1 000倍液，50%福美双可湿性粉剂500倍液+50%多菌灵可湿性粉剂600~800倍液，45%代森铵水剂400~600倍液+70%甲基硫菌灵可湿性粉剂800~1 000倍液，70%甲基硫菌灵可湿性粉剂600~800倍液，50%苯菌灵可湿性粉剂800~1 000倍液，50%咪鲜胺锰盐可湿性粉剂800~1 000倍液。

（八）花生焦斑病

1. 分布与危害 该病在我国发病广，急性流行可在短时间内引起大量叶片枯死。

2. 发生症状 为害叶片、叶柄、茎和果针。先从叶尖或叶缘发病，病斑楔形或半圆形，由黄变褐，边缘深褐色，周围黄色晕圈，后变灰褐、枯死破裂，如焦灼状。该病常与叶斑病混生，有明显胡麻状斑。茎及叶柄病斑呈不规则形，浅褐色，水渍状（图6-10）。

3.**发病规律** 该病病原属子囊菌亚门真菌。病菌以子囊壳和菌丝体在病残体上

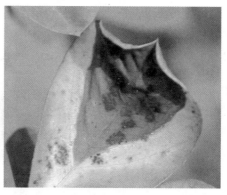

图6-10 花生焦斑病叶部症状

越冬或越夏，借风雨传播至花生叶片，萌发芽管直接穿入表皮细胞。病斑上产生新子囊壳再侵染。高温高湿利于孢子萌发侵入。田间湿度大、土壤贫瘠、偏施氮肥发病重。

4. **防治方法**

（1）农艺防治：播种密度不宜过大；施足基肥，增施磷钾肥；雨后排水降湿；清洁田园，收获后清除田间病残体，集中烧毁或沤肥。

（2）化学防治：

1）初花期选下列药剂喷雾预防：80%代森锰锌可湿性粉剂600~800倍液+70%甲基硫菌灵可湿性粉剂1 000倍液，75%百菌清可湿性粉剂600~800液+50%多菌灵可湿性粉剂1 000倍液。

2）发病初期喷施下列药剂防治：70%甲基硫菌灵可湿性粉剂1 000~1 500倍液，6%戊唑醇悬浮种衣剂800~1 000倍液，50%苯菌灵可湿性粉剂1 000~1 500倍液，12.5%烯唑醇可湿性粉剂800~1 500倍液，2%嘧啶核苷类抗生素水剂200~300倍液。每隔10~15天施药1次，连续防治2~3次。

（九）花生白绢病

1.**分布与危害** 发病分布广泛，近年来已上升为主要病害。

2.**发生症状** 成株期发生，为害茎部、果柄、荚果。发病初期茎基呈软腐状，表皮脱落，叶片变黄，边缘焦枯，重则整株枯死。土壤

湿度大时可见白色绢丝状菌丝覆盖病部和四周地面，以及菌丝蔓延至植株中下部茎秆。产生油菜籽状白色小菌核，后变黄至黑褐色。根茎部染病呈纤维状，终致植株枯死。受侵果柄、荚果生白色菌丝，呈湿腐状（图6-11、图6-12）。

图6-11　花生白绢病地上部症状　　图6-12　花生白绢病地下部症状

3. 发病规律　该病病原为半知菌亚门真菌，以菌核或菌丝在土壤、病残体、种子、种壳越冬，翌年菌核萌发产生菌丝，从茎基部表皮或伤口侵入，也可侵入子房柄或荚果。田间靠流水或昆虫传播蔓延。高温、高湿、土壤黏重、排水不良、低洼、多雨、连作地易发病。雨后骤晴病株快速枯死。播种早、自生苗多发病重；秸秆多，有机质丰富，落叶多，密度大，旺长倒伏，病害重。

4. 防治方法

（1）农艺防治：选用抗病品种和无病健康种子；水旱轮作或与禾本科作物轮作；深耕深翻，秸秆旋耕细碎；种植不安排在低洼积水、土壤黏结地块；春花生适当晚播，培育壮苗，垄作栽培，提高土壤通透性；施用腐熟有机肥；清沟排渍，合理密植，中耕除草灭茬；防治地下害虫，避免伤根部；清洁田园，病残体集中烧毁或深翻掩埋，减少来年初始菌源。

（2）化学防治：

1）拌种包衣：用咯菌腈·精甲霜·噻呋酰胺，或吡虫啉·咯菌腈·嘧菌酯，或嘧菌酯·噻虫嗪·噻呋酰胺等悬浮剂处理种子，用萎锈·吡虫啉等悬浮种衣剂拌种包衣。

2）药剂防治：发病初期选用28%多菌灵井冈霉素悬浮剂1 000~1 500倍液，24%噻呋酰胺悬浮剂2 000~2 500倍液，50%异菌脲可湿性粉剂1 000~2 000倍液，50%腐霉利可湿性粉剂1 000~1 500倍液，25%丙环唑乳油1 000~2 000倍液，70%甲基硫菌灵可湿性粉剂800~1 000倍液，50%苯菌灵可湿性粉剂1 000~1 500倍液，20%甲基立枯磷乳油500~1 000倍液，喷淋植株根颈部及周围有菌丝附着的残存秸秆。喷匀淋透，每间隔7~15天喷1次，交替施用2~3次。

（十）花生青枯病

1. 分布与危害　该病主要分布于我国南方花生区，北部产区也有发生。发病后常导致整株死亡。寄主有花生、番茄、烟草、马铃薯、茄子、辣椒、芝麻、萝卜、菜豆、香蕉、向日葵等200多种。

2. 发生症状　花生各生育期均可发生，开花期为发病高峰。顶梢1、2叶先表现症状，最初病株表现为中午萎蔫，早晚恢复，叶色暗淡，1~2天后全株叶片急剧凋萎。典型的维管束病害，主要侵染根部，致主根根尖变褐软腐，根瘤墨绿色。纵切根茎部，导管变浅褐色，后变黑褐色，果柄、荚果呈黑褐色湿腐状（图6-13、图6-14）。

图6-13　花生青枯病植株表现

图6-14　青枯病造成花生整片死亡

3. 发病规律　细菌性病害，病原为青枯劳尔氏菌。病菌在土壤中、病残体及未腐熟堆肥中越冬，带菌杂草及用病株做饲料的牲畜粪便也是传染源，为翌年初侵染源。在5cm土温稳定在25℃以上时6~8天显症，病原从根颈部伤口或自然孔口侵入，从根部维管束向上扩展至植株顶端。细菌散布土壤内，借流水、人畜、农具、昆虫等传播。高温多湿、干旱后多雨、雨后骤晴利于发病。连作、沙土、土层浅、有机质含量低、排水不良、保水保肥差的地块发病重。

4. 防治方法

（1）农艺防治：与禾本科、十字花科作物等轮作 2 年以上，或水旱轮作；深耕深翻，酸性土壤施石灰；垄作栽培，疏通沟渠，排水降湿；增施无病有机肥料，增施磷钾肥，增强抗逆性；适期播种，合理密植，以利通风透光；清洁田园，铲除杂草，病株拔除集中深埋，石灰消毒；种植抗病品种。

（2）化学防治：

1）种子处理：同花生茎腐病，可防治烂种死苗。

2）田间防治：成株期发病后药剂治疗效果不好，可在发病初期用下列药剂防治，如 85% 三氯异氰尿酸可溶性粉剂 500~600 倍液，50% 氯溴异氰尿酸可溶性粉剂 1 000~1 200 倍液，72% 农用硫酸链霉素可溶性粉剂 3 500~4 000 倍液；25% 络氨铜水剂 300~500 倍液，77% 氢氧化铜可湿性粉剂 500 倍液。喷淋根部，每隔 7~10 天喷 1 次，连喷 3~4 次。

（十一）花生冠腐病

1. 分布与危害　花生冠腐病又称花生黑霉病。苗期多，成株期少，造成缺苗 10% 以下。

2. 发生症状　出苗前发病，病原侵染果仁，长出黑色霉状物，造成烂种。出苗后发病，病原通常侵染子叶和胚轴结合部位，受害子叶变黑腐烂，受侵染根颈部凹陷，呈黄褐至黑褐色，呈干腐状，最后只剩下破碎的纤维组织。维管束变紫褐色，长满黑色的霉状物。病株失水很快枯萎死亡（图 6-15）。

3. 发病规律　该病病原属半知菌亚门真菌，以菌丝或分生孢子在土壤、病残体或种子上越冬。种子带菌率有的可达 90% 以上。播种后越冬病原产生分生孢子侵入子叶和胚芽，严重者苗死亡不能出土，轻者出土后根颈部病斑上产生分生孢子，借风雨、气流传播再侵染。团

图6-15　花生冠腐病苗期症状

棵期发病重，种子质量差、排水不良、高温多湿、管理粗放、间歇性干旱与大雨交替、连作促进发病。低温延迟出苗，也能加重病害。

4. 防治方法

（1）农艺防治：选饱满无病、没有霉变的种子；与玉米、高粱等非寄主作物轮作；播种不宜过深；不施未腐熟有机肥；雨后及时排出积水。

（2）化学防治：

1）种子处理：播种前用种子重量 0.2%~0.5% 的 50% 多菌灵可湿性粉剂拌种或药液浸种；或种子重量 0.5%~0.8% 的 25% 菲醌粉剂或 0.2% 的 50% 福美双可湿性粉剂拌种。

2）田间防治：齐苗后和开花前喷洒药剂，如 50% 多菌灵可湿性粉剂 600~800 倍液，70% 甲基硫菌灵可湿性粉剂 600~1 000 倍液，50% 苯菌灵可湿性粉剂 1 000~1 500 倍液。严重时 7~10 天后再喷 1 次。

（十二）花生果腐病

1. 分布与危害　花生果腐病，别称烂果病，发病广泛。

2. 发生症状　结荚期、饱果期荚果腐烂，轻者半个荚果为褐色或黑色，籽粒发育不良，重者整株荚果深黑色，果皮和籽粒均腐烂（图6-16）。

3. 发病规律　由多种病原真菌复合侵染引起，主要是镰刀菌。病原侵染循环尚有待研究。连年重茬、养分失调、土质黏重、透气性差、

图 6-16　花生果腐病症状

雨水过多、发病加重；土壤缺钙，果皮质地松软，加重果腐病；地下害虫啃食会导致病菌侵入伤口染病。

4. 防治方法

（1）农艺防治：与禾本科及十字花科作物等轮作或水旱轮作；深耕深翻，改良土壤；疏通排水沟，排水降湿；增施腐熟有机肥，活化土壤有机质，改善土壤的理化性质；配方施肥，增施钙肥，增强抗逆性；垄作栽培，合理密植，以利通风透光；清洁田园，病株及时拔除深埋，减少田间病源；防治地下害虫。

（2）生物防治：穴施绿僵菌固体制剂具有一定的防效。

（3）化学防治：药剂可选用毒死蜱微囊悬浮剂＋适乐时悬浮种衣剂，混合均匀拌种。喷药预防可在齐苗后和开花前，喷洒多菌灵可湿性粉剂、甲基硫菌灵、苯菌灵、螯合铁等。

（十三）花生病毒病

1. 分布与危害　常见的花生病毒病有 4 种，即花生条纹病、黄花叶病、普通花叶病和芽枯病。花生条纹病发生在北方花生产区，自然侵染寄主还有大豆、芝麻和鸭跖草。黄花叶病发生在辽宁、河北、山东和北京等地，自然侵染寄主有花生和菜豆。普通花叶病广泛分布，自然侵染寄主还有菜豆、刺槐、紫穗槐等。

2. 发生症状　花生条纹病在顶端嫩叶出现清晰褪绿斑和环斑，随后发展成浅绿色与绿色相间的轻斑驳、斑驳、沿侧脉出现绿色条纹以及橡树叶状花叶等症状，病株稍矮化，叶片明显变小；普通花叶病在顶端嫩叶上出现明脉或褪绿斑，后发展成浅绿色与绿色相间的普遍花叶症状；黄花叶病开始在顶端嫩叶上出现褪绿黄斑、叶片卷曲，随后发展成黄绿相间的黄花叶、网状明脉和绿色条纹等症状，病株中度矮化；花生芽枯病开始在顶端叶片上出现很多伴有坏死的褪绿黄斑或环斑。有时两种或三种病毒复合侵染，产生以花叶为主的复合症状（图 6-17、图 6-18）。

图 6-17　花生黄花叶病毒病症状　　　　图 6-18　花生斑驳病毒病症状

3. 发病规律　病毒在带毒花生种子内越冬，成为翌年病害初侵染源，菜豆、芝麻、鸭跖草、刺槐等寄主也是初侵染源。种子传毒形成病苗，出苗后 10 天即见发病，花期出现发病高峰。在田间通过豆蚜、桃蚜等蚜虫及蓟马传播蔓延。早期发病的花生种传率高；小粒种子带毒率较大粒种子高；品种间传毒率差异明显。出苗后 20 天内降雨多，蚜虫少，病害轻；旱情重、温度高，蚜虫大发生，病害重。

4. 防治方法

（1）农艺防治：选用抗病毒病品种，加强检疫，选用无毒种子；防治蚜虫；清洁田园，拔除种传病苗，减少再侵染；种植区内除去刺槐花叶病树，清除田间地头杂草；与禾本科作物间作套种。

（2）化学防治：

1）出苗前寄主防蚜与出苗后花生防蚜：花生出苗前对刺槐和麦田等寄主进行全面喷药防治；花生田治蚜在花生4片真叶时可任选下列药剂喷施，如10%吡虫啉可湿性粉剂2 000~2 500倍液，3%啶虫脒乳油1 000~2 000倍液，50%抗蚜威可湿性粉剂1 000~1 500倍液，40%氧化乐果乳油1 000~2 000倍液，每隔7天喷1次，连喷3次，可有效地控制花生蚜和病毒病。

2）发病初期任选一种药剂喷施：5%菌毒清水剂200~300倍液，20%盐酸吗啉胍乙酸铜可湿性粉剂500~600倍液，0.5%香菇多糖水剂300~500倍液，1.5%植病灵乳剂500~1 000倍液等，每隔5~7天喷1次，连喷2~3次。

（十四）花生根结线虫病

1.分布与危害 我国最早发现于山东省，目前发生广泛，以山东最严重。常见寄主330种，有茄子、甘蓝、芹菜、莴苣、辣椒、甘薯、番茄、小麦、玉米、大麦、烟草、花生等。

2.发生症状 根结线虫由2龄幼虫从幼嫩组织侵入，植株被侵染后，叶片黄化瘦小，叶片焦灼，萎黄不长。主根尖端逐渐形成纺锤状或不规则的虫瘿，虫瘿上再生根毛，根毛上又生虫瘿，致使整个根系形成乱发似的须根团。线虫也可侵染荚果，成熟荚果上的虫瘿呈褐色疮痂状突起，幼果上的虫瘿乳白色略带透明状。识别这一病虫害时，要注意虫瘿与根瘤的区别。虫瘿长在根端，呈不规则状，表面粗糙并有许多小根毛；根瘤则着生在根的一侧，圆形或椭圆形，

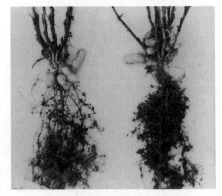

图6-19 花生根结线虫病症状

表面光滑，压碎后流出红色或绿色汁液（图6-19）。

3. 发病规律　该病病原主要有北方根结线虫和花生根结线虫两种。一年发生 3 代，以卵和幼虫在土壤中的病根、病果壳虫瘤内外越冬，也可混入粪肥越冬。翌年气温回升，卵孵化变成 1 龄幼虫，蜕皮后为 2 龄幼虫，然后出壳活动，从花生根尖处侵入，在细胞间隙和组织内移动。变为豆荚形head插入中柱鞘吸取营养，刺激细胞过度增长导致巨细胞形成。二次蜕皮变为 3 龄幼虫，再经二次蜕皮变为成虫。雌雄交尾后，雄虫死去，雌虫产卵于胶质卵囊内，雌虫产卵后死亡，卵在土壤中分期分批孵化进行再侵染。线虫侵染盛期为 5 月中旬至 6 月下旬。线虫主要分布在 40cm 土层内，在沙土中平均每天移动 1cm，主要靠病田土壤传播，也可通过农事操作、水流、粪肥、风等传播，野生寄主也能传播。线虫随土壤中水分多少上下移动。干旱年份易发病，雨季早、雨水大、植株生长快发病轻。沙壤土或沙土、瘠薄土壤发病重。连作田、管理粗放、杂草多的花生田易发病。

4. 防治方法

（1）农艺防治：严格检疫，不从病区调种，防止传入无病区；与禾谷类作物或甘薯等轮作或水旱轮作；清洁田园，清除田内外寄主杂草，清除田间病残体集中烧毁；深翻晒土，增施有机肥料。

（2）化学防治：播种前选下列药剂土壤施药：0.5% 阿维菌素颗粒剂 3~4kg/ 亩；10% 噻唑磷颗粒剂 2kg/ 亩；5% 灭线磷颗粒剂 6~7kg/ 亩；5% 丁硫克百威毒死蜱颗粒剂 3~5kg/ 亩；5% 丁硫克百威颗粒剂 3kg/ 亩；3% 氯唑磷颗粒剂 4kg/ 亩；10% 克线磷颗粒剂 2~3kg/ 亩。拌细沙或泥粉 20~30kg，播前撒施，施药后覆土，1~2 周后播种。也可用 1.8% 阿维菌素乳油 1mL/ ㎡稀释 2 000~3 000 倍液，喷雾器喷雾，然后用机械混土。

二、花生主要虫害防治

我国已发现的 50 多种花生虫害中，叶部害虫：棉铃虫、甜菜夜蛾、斜纹夜蛾、小造桥虫、蚜虫、叶螨、叶蝉、粉虱、蓟马、象甲、芫菁、蝗虫等。地下害虫：蛴螬、金针虫、地老虎、蟋蟀、蝼蛄、新黑地蛛蚧等。为害较严重的有蛴螬、蚜虫、叶螨、鳞翅目害虫等。

（一）蚜虫

1. 分布与危害　花生蚜虫又称豆蚜或苜蓿蚜，属同翅目，蚜科，发生广，局部地方密度大。从播种出苗到收获期均可为害花生。寄主有花生、豌豆、菜豆、苜蓿、荠菜、地丁、刺槐、紫穗槐、国槐等。刺吸叶片、花萼管和果针，使其失绿卷曲。它还是病毒病的传播介体。

花生未出土蚜虫就能钻入土内在幼茎嫩芽上为害，花生出土后，多聚集在顶端心叶及嫩叶背面吸取汁液，受害后的叶片严重卷缩。开花后主要聚集于花萼管及果针上为害，果针受害虽能入土，但荚果不充实，秕果多。受害严重的植株矮小，生长停滞。

2. 形态特征　卵长椭圆形，初产淡黄，又变草绿色至黑色。成虫可分为有翅胎生雌蚜和无翅胎生雌蚜两种。有翅胎生雌蚜体长1.5~1.8mm，黑绿色有光泽。无翅胎生雌蚜体长1.8~2.0mm，体较肥胖，黑色或紫黑色有光泽，体表有薄蜡粉。幼虫与成蚜相似。若蚜体小，灰紫色，体节明显，体上具薄蜡粉（图6-20）。

图6-20　花生蚜虫为害症状

3. 发生规律　花生蚜1年发生20~30代，主要以无翅胎生雌蚜、若蚜在背风向阳的山坡、沟边、路旁的荠菜、地丁和冬豌豆等植物的心叶及根茎交界处越冬，少量以卵越冬。在华南各省能在豆科植物上继续繁殖，无越冬现象。翌年早春在越冬寄主上大量繁殖后，产生有翅蚜迁飞往麦田荠菜、野豌豆及"三槐"嫩枝等中间寄主，形成第一次迁飞高峰，花生出苗后迁往花生田，于6~7月花生开花前期和开花期在花生田为害花生，条件适宜，蚜量急增，形成为害高峰，多聚集在幼叶、顶心、花蕾、花萼管及果针上吸食为害。9~10月花生收获前产生有翅蚜迁往其他寄主为害和交尾产卵越冬，花生蚜的繁殖和危害与温、湿度有密切关系。15~24℃和相对湿度60%~70%是花生蚜大发生的适宜条件；湿度低于40%或高于85%，持续7~8天，蚜量则急剧下降。遇暴雨对蚜虫有冲杀作用。另外，天敌如瓢虫、草蛉、食蚜蝇、蚜茧蜂等，对其有抑制作用。

4. 防治方法

（1）农艺防治：防治中间寄主上的蚜虫，在"三槐"上喷洒杀虫剂杀虫；清洁田园，春季在其第一次迁飞之后，清除田间地头的杂草、残株、落叶，并烧毁，以减少虫口密度；黏虫板诱杀，在花生田近地面悬挂黄色黏虫板可诱杀蚜虫。

（2）生物防治：保护瓢虫、草蛉和食蚜蝇等天敌（图6-21~图6-24）。

图6-21　害虫天敌瓢虫

图6-22　害虫天敌草蛉

图6-23　害虫天敌赤眼蜂

图6-24　害虫天敌食蚜蝇

（3）化学防治：5月下旬至6月上旬进行田间蚜量调查，注意蚜虫有隐蔽为害、发生世代多、繁殖快的特点。如天气干旱、蚜墩率达

30%或百墩的蚜量达 1 000 头以上时，即应采取化学防治。

1）药剂拌种：播种前用 30% 噻虫嗪种子处理悬浮剂 200~400mL/100kg 种子拌种。

2）田间防治：发生初期（有翅蚜向花生田迁移高峰后 2~3 天）喷雾防治，选用 10% 吡虫啉可湿性粉剂 1 500~2 000 倍液；50% 马拉硫磷乳油 50mL/ 亩，兑水 40~50kg；50% 抗蚜威可湿性粉剂 50~60g/亩，兑水 40~50kg；25g/L 溴氰菊酯乳油 20~25mL/ 亩；25% 亚胺硫磷乳油 1 000~1 500 倍液；50% 喹硫磷乳油 1 500~2 000 倍液；2.5% 高效氯氟氰菊酯乳油 2 000~3 000 倍液；50% 辛硫磷乳油 1 500~2 000 倍液；40% 乐果乳油 1 000~1 500 倍液。

（二）花生叶螨

1. 分布与危害 花生叶螨又称红蜘蛛，北方以二斑叶螨为主，南方以朱砂叶螨为主。叶螨可为害花生、大豆、玉米、棉花、甘薯、茄子、番茄等作物。成螨和若螨都会聚集在叶背面刺吸叶片汁液，叶片正面出现褪绿黄白色斑，后叶面出现小红点，严重的红色区域扩大，致叶片焦枯脱落，状似火烧。朱砂叶螨是优势种，常与其他叶螨混合为害（图 6-25、图 6-26）。

图 6-25 花生叶螨为害症状

图 6-26 叶螨形态

2. 形态特征 雌螨椭圆形，雄螨倒梨形。二斑叶螨肤纹突半圆形，宽度大于高度；朱砂叶螨肤纹突三角形，宽度小于高度。

3. 发生规律 北方发生 10~15 代，南方发生 15~20 代，南方以各种螨态在杂草、蚕豆等植物上越冬，北方则以成螨在作物或杂草根际、土缝、树皮等处越冬。花生生长中后期达到高峰。气候干旱发生重。

4. 防治方法

（1）农艺防治：清洁田园及地头，消灭越冬虫源。

（2）化学防治：

1）早期防治：在叶螨点片发生时进行挑治，选用 5% 噻螨酮乳油 1 500~2 000 倍液，20% 螨死净可湿性粉剂 3 000 倍液，或 10% 喹螨醚乳油 3 000 倍液。但通常这类药剂对成螨无效，对幼若螨有一定效果，因而在大发生时不要使用。

2）密度大时使用速效杀螨剂防治：选用 15% 哒螨灵噻嗪酮乳油 3 000~4 000 倍液，5% 唑螨酯悬浮剂 3 000 倍液，1.8% 阿维菌素乳油 2 000~4 000 倍液，10% 虫螨腈乳油 2 000~3 000 倍液，20% 双甲脒乳油 1 000~2 000 倍液，73% 炔螨特乳油 2 000~3 000 倍液，20% 甲氰菊酯乳油 1 500~2 000 倍液，2.5% 联苯菊酯乳油 1 500~2 500 倍液喷施，间隔 7~10 天后再喷 1 次。这些药剂对活动螨体效果好，但对卵效果差。以上药剂应轮换使用，以免害螨产生抗药性。上述药液混加 300 倍液的洗衣粉或 300 倍液的碳酸氢铵可提高药效，喷药时应采取淋洗式喷透喷匀。

（三）蛴螬及其他地下害虫

1. 分布与危害　蛴螬成虫通称金龟子。分布广，北方发生普遍。有 40 多种为害花生，其中为害较重的有华北大黑鳃金龟、暗黑鳃金龟、铜绿丽金龟等。为杂食性害虫，为害作物幼苗、种子及幼根、嫩茎。咬断幼苗根茎，切口整齐，造成幼苗枯死，或蛀食果实、块根、块茎，造成孔洞，影响产量和品质。成虫取食茎叶、花。同时，被其造成的伤口利于病菌侵入诱发其他病害。

此外，金针虫、地老虎幼虫也常为害花生种子、幼苗、茎基、根部和荚果。

2. 形态特征

（1）蛴螬：卵初产椭圆形，乳白色，产于土中，孵化前膨大成圆球形，可见两个褐色上颚。幼虫弯曲成"C"形，肥胖，多皱纹，白色至乳黄色；头黄褐色或棕褐色，大而圆，口器发达；胸足3对，腹部分10节。成虫多呈椭圆形，前翅角化有光泽，触角末端鳃片较大，呈片状（图6-27、图6-28）。

图6-27　蛴螬幼虫及虫卵　　　　　　　图6-28　金龟子成虫

（2）金针虫：成虫体长8~9mm或14~18mm，依种类而异。体黑或黑褐色，头部生有1对触角，胸部着生3对细长的足，前胸腹板具1个突起，可纳入中胸腹板的沟穴中。头部能上下活动似叩头状，故俗称"叩头虫"。幼虫体细长，25~30mm，金黄或茶褐色，并有光泽，故名"金针虫"。身体生有同色细毛，3对胸足大小相同（图6-29、图6-30）。

图6-29　金针虫成虫　　　　　　　图6-30　金针虫幼虫

（3）地老虎：成虫灰褐色，前翅两对横纹，翅基部淡黄色，外部黑色，中部灰黄色，并有1个圆环，肾纹黑色；后翅灰白色，半透明，翅周围浅褐色。雌虫触角丝状。雄虫触角栉齿状。幼虫老熟时体长37~47mm，圆筒形，全体黄褐色，表皮粗糙，背面淡色纵纹，满布黑色小颗粒（图6-31、图6-32）。

图6-31　地老虎幼虫

图6-32　地老虎成虫

3. 发生规律

（1）华北大黑鳃金龟：黄淮海地区两年1代，以成虫、幼虫隔年交替越冬，成虫5月中下旬至6月上、中旬出土盛期，6月至7月产卵，11月下旬越冬。幼虫于春季10cm土温10℃时上升活动，13~18℃为幼虫活动适温。幼虫老熟后在土中20cm筑室化蛹，7月羽化成虫，当年不出土，在土中直接越冬。成虫多在矮秆植物、灌木或杂草多的田边集中取食交配，趋光性弱，飞翔力不强。黏壤土发生数量较多。

（2）暗黑鳃金龟：一年发生1代，以3龄老熟幼虫在20~40cm土中越冬，少数也以成虫越冬。越冬幼虫5月上、中旬化蛹，6月下旬至8月上旬成虫羽化出土，出现产卵高峰，8月中旬是幼虫第二个出土高峰，是为害盛期，11月越冬。成虫集中在灌木或玉米上交配，20~22时为交配盛期，22时后集中在榆、杨、苹果、梨等乔木上彻夜取食，黎明前飞回土中潜伏。成虫食性杂，有群集性、假死性、趋光性，昼伏夜出。

（3）铜绿丽金龟：各地均一年1代，以幼虫越冬。6月下旬至7月上旬为高峰期，9月上旬绝迹。成虫产卵盛期在7月上旬，1龄幼虫在7月上旬，2龄在7月下旬，8月进入3龄。成虫有假死性，昼伏夜出，趋光性极强。

（4）金针虫：生活史较长，需3~6年完成1代，以幼虫期最长。幼虫老熟后在土内化蛹，羽化成虫有些种类即在原处越冬。次春3、4月成虫出土活动，交尾后产卵于土中。幼虫孵化后在土内活动取食。以春季为害最严重，秋季较轻。

（5）地老虎：西北一带一年发生2代，以老熟幼虫在土中越冬，翌年4月化蛹，越冬成虫4~6月出现，5月上旬进入盛期，1代幼虫发生在5~7月，龄期参差不齐，6~7月为幼虫为害盛期，第1代成虫7~9月出现，10月上、中旬第2代幼虫老熟后进入土中越冬。

4. 防治方法　防治花生地下害虫为害，要做好拌种包衣，要结合成虫期诱杀和卵孵化盛期及幼虫1、2龄期化学防治。

（1）农艺防治：

1）禁用未彻底熟化农家肥，以免滋生地下害虫。

2）深耕细耙：结合中耕除草，花生收刨，拣拾蛴螬。秋冬深耕深翻，将土壤中越冬幼虫及虫蛹翻至地面，压低虫口密度，减轻翌年为害。

3）种植蓖麻诱集：在蛴螬发生区，田埂及沟渠旁种植蓖麻。花生播种同时，每50m^{2}范围种植1~2棵蓖麻，形成植物诱集带，引诱金龟子取食、产卵和栖息，然后集中施药毒杀或人工捕捉（图6-33）。

图6-33　蓖麻诱集带

（2）物理防治：种植区可整体优先选择安装杀虫灯进行诱控金龟子、金针虫、地老虎成虫及棉铃虫等鳞翅目害虫。于花生田间架设佳多频振式杀虫灯，安装 20W 黑光灯或控黑绿双管灯，主要是利用趋绿性和趋光性进行诱杀。地形复杂的，30~40 亩 1 盏灯，平原地区，50亩 1 盏灯，悬挂高度 1.2~2m（图 6-34）。

图 6-34　黑光灯诱杀成虫效果

（3）生物防治：播种时每亩沟施或穴施 2 亿孢子 /g 金龟子绿僵菌颗粒剂 2~6kg。还可用白僵菌、Bt 菌剂、线虫、乳状菌、天敌（土蜂）、拟青霉菌、信息素防治。

（4）化学防治：

1）拌种包衣：播种前用吡虫啉、毒死蜱、氟虫腈、噻虫嗪包衣拌种，防治地下害虫。

2）播种期：用 3% 呋喃丹颗粒剂 2kg 加细土 40~50kg 配成毒土盖种，或用 5% 辛硫磷颗粒剂或异丙磷颗粒每亩 3~5kg 加细土 15~20kg拌匀撒入播种穴内。

3）开花下针期：每亩用 3% 甲基异柳磷颗粒剂 2.5~3kg 或 50% 辛硫磷 0.25kg 加细土 40~50kg 拌匀制成毒土，顺垄撒于基部，然后覆土或培土。

4）成虫防治：成虫盛发期产卵前，在成虫活动的地边或树木上喷洒 40% 氧化乐果 1 000 倍液。

（5）水旱轮作：与水稻轮作可大量杀死蛴螬和其他地下害虫。

（四）鳞翅目害虫（棉铃虫、斜纹夜蛾、甜菜夜蛾）

1.分布与为害 棉铃虫寄主包括棉花、小麦、玉米、花生、大豆、蔬菜等200多种植物。甜菜夜蛾为害蔬菜、棉花、玉米、大豆、芝麻、花生等170多种植物。主要为害叶片、花蕾，影响果针入土（图6-35）。

图6-35 食叶性害虫为害症状

2.形态特征 棉铃虫卵半球形，顶部隆起，中部有26~29条直达卵底部的纵隆纹。幼虫体色变化较大，成虫前翅外横线外有深灰色宽带，带上有7个小白点，肾形纹、环形纹。寄主苜蓿、荠菜、地丁、刺槐、紫穗槐等。刺吸叶片、花萼管和果针，使其失绿卷曲。它还传播病毒病（图6-36、图6-37）。

图6-36 棉铃虫幼虫形态特征

图6-37 棉铃虫成虫形态特征

斜纹夜蛾幼虫体色变化很大，主要有淡绿色、黑褐色、土黄色等。成虫前翅灰褐色，内横线和外横线灰白色，呈波浪形，有白色条纹，环状纹不明显，肾状纹前部呈白色，后部呈黑色，环状纹和肾状纹之间有3条白线组成的明显的较宽的斜纹，白翅基部向外缘还有1条白纹。后翅白色，外缘暗褐色（图6-38、图6-39）。

图6-38　斜纹夜蛾幼虫

图6-39　斜纹夜蛾成虫

甜菜夜蛾卵馒头形，黄褐色，基部扁平，顶上有40~50条放射状纵隆线。幼虫体色变化大，体表较光滑。成虫体褐色，后翅白色（图6-40、图6-41）。

图6-40　甜菜夜蛾幼虫

图6-41　甜菜夜蛾成虫

3. 发生规律　棉铃虫一年发生4~5代，以蛹在土中越冬，1代幼虫5月在小麦、豌豆、番茄上为害，2代幼虫为害春花生、棉花等，3代、4代为害夏玉米、夏花生、棉花及其他作物。卵产于顶尖、嫩蕾及苞叶上。

适宜温度 22~28℃，干旱发生重。喜食叶片、花蕾。成虫白天栖息在叶背或荫蔽处，黄昏活动，吸取花蜜补充营养，飞翔力强，有趋光性，产卵时有趋嫩性。

斜纹夜蛾一年 4~9 代。以蛹在土中越冬，少数以老熟幼虫在土缝、枯叶、杂草中越冬。南方冬季无休眠现象。发育适温 28~30℃，不耐低温，长江以北不能越冬。有长距离迁飞可能。成虫具趋光和趋化性。卵产于叶背面。幼虫共 6 龄，有假死性。4 龄后进入暴食期，猖獗时可吃尽大面积叶片，并迁徙他处为害。

甜菜夜蛾北方一年发生 4~5 代，以蛹在表土层越冬，南方一年发生 10~11 代，无越冬现象。6~9 月为为害盛期。成虫昼伏夜出，有趋光性，20~23 时活动最盛，卵产于叶背或叶柄。初孵幼虫有群居习性，3 龄以后分散为害。气温高、密度大、食料缺乏时成群迁移。幼虫夜间出土为害，受惊落地有假死习性，不耐低温，−2℃以下大量死亡。夏秋干旱易大发生。

4. 防治方法

（1）农艺防治：秋冬深耕消灭越冬虫蛹；铲除田间、地头杂草，可以减少早期虫源；种植玉米诱集带诱杀，利用杨树枝杈诱杀。

（2）物理防治：黑光灯诱捕等（方法同诱杀蛴螬等地下害虫）。

（3）生物防治：

1）性诱剂诱杀：在棉铃虫、斜纹夜蛾、甜菜夜蛾等害虫成虫羽化前，每亩悬挂 3 套蛾类诱捕器诱杀成虫。底部与作物顶部距离为 20~30cm，诱捕器进虫口（诱芯即性诱剂，具有专一性，诱杀不同虫害诱芯不同，1 个诱捕器放置 1 枚诱芯，每 4~6 周及时更换）与地面垂直距离为 1~1.5m。诱捕器应悬挂在通风处。

2）应用苏云金杆菌：在棉铃虫卵孵化盛期，每亩 8 000IU/mg 苏云金杆菌可湿性粉剂 200g~300g，兑水 50L，均匀喷雾。

（4）化学防治：卵盛期至 1~2 龄幼虫盛期任选如下杀虫剂单剂或复配高效药剂喷雾防治，选用 20％米螨悬浮剂每亩 250mL，20％虫螨克 30mL+35％赛丹乳油 40mL；0.9％虫螨克 5mL+2.5％辉丰菊酯 20mL+4.5％高效氯氰菊酯 25mL。也可选用氯虫苯甲酰胺、阿维菌素、茚虫威、苏云金杆菌、虫酰肼等药剂，按说明兑水喷洒防治。施药时应注意在傍晚或清晨喷药，上翻下扣，四面打透，在配好的药液中加入少许柴油或中性洗衣粉，可明显提高防效。

（五）新黑地珠蚧

1. 分布与危害 花生新黑地蛛蚧属同翅目，珠蚧科，是近年来在花生上新发现的一种突发性害虫，主要寄主是花生、大豆、棉花及部分杂草等。以幼虫在根部为害，刺吸花生根部吸取营养，致侧根减少，根系衰弱，生长不良，植株矮化，叶片自下而上变黄脱落。前期症状不明显，开花后逐渐严重，轻者植株矮小、变黄、生长不良；重者整株枯萎死亡。

2. 形态特征 雌成虫乳白色，近椭圆形，雌成虫体长 4.0~8.5mm，宽 3~6mm，身体柔软，体表多皱折，外被黄褐色柔毛，无口器，足 3 对。雄成虫体长 2.5~3.0mm，棕褐色，前翅发达，后翅退化成为平衡棒，可短距离飞翔，腹末有一丛长 2.5~4mm 的白色蜡丝。雌成虫将卵堆产在身体后面，卵乳白色，长椭圆形，长 0.5~55mm，宽 0.3~0.35mm；龄幼虫油黄色，体长约 1mm，足及触角正常；2 龄幼虫浅褐色，米粒状，足及触角消失，口器发达（图 6-42、图 6-43）。

图 6-42　新黑地蛛蚧幼虫　　　　图 6-43　新黑地蛛蚧成虫

3. 发生规律　一年发生1代，以2龄幼虫在10~20cm深土中越冬。翌年4月成虫出壳，钻入土中，5月开始羽化为成虫，交配产卵，交配后雄成虫死去，产卵后雌成虫死亡。卵期20~30天，6月上旬开始孵化，6月下旬至7月上旬1龄幼虫孵化盛期，为防治最佳时期。1龄幼虫在土表寻到寄主，钻入土中将口针刺入根部，并定下来吸食为害。经过1次蜕皮后变为2龄幼虫，呈圆珠状，并失去活动能力。大量吸食根部营养，虫体逐渐膨大，颜色由浅变深。7月上、中旬2龄幼虫为害盛期，7月下旬出现死株。8月上旬逐渐形成球体，9月花生收获时大量球体脱离寄主，随着腐烂的花生根系脱落留在土壤中越冬。少量球体随花生带入场内，混入种子或粪肥中越冬以向外传播。该球体生存能力极强，若当年条件不适宜，可休眠到翌年、第二年，待条件适宜时继续发生为害。

4. 防治方法

（1）农艺防治：

1）轮作：新黑蛛蚧主要为害花生、大豆、棉花等作物，因此与小麦、玉米、芝麻、瓜类等非寄主作物轮作3年，可减少土壤中越冬虫源基数，减轻危害。

2）中耕、除草、灌水：6月幼虫孵化期结合深中耕除草破坏卵室，降低卵孵化率，消灭部分地面爬行幼虫。若浇水时结合施药，效果更好。收获后，清洁田园，捡拾虫株残体，集中销毁。

（2）化学防治：

1）药剂拌种：用种子重量0.2%的50%辛硫磷乳油拌种。

2）播种期撒毒土：用50%辛硫磷颗粒剂2.5kg拌细土30~50kg配成毒土盖种；用48%毒死蜱乳油0.2~0.25kg加水，拌细土30~40kg配成毒土撒施，兼治地下害虫。

3）生长期施药：6月下旬至7月上旬施药，若过晚，其珠形外壳已加厚，极难用药防治。可选用40%辛硫磷乳油200~300mL/亩，或3%甲基异柳磷颗粒剂2.5~3.0kg，加细土30~50kg，制成毒土，顺垄撒于根部，覆土浇水。也可用40%辛硫磷乳油1 000~1 200倍液，或26%辛硫磷吡虫啉乳油500~1 000倍液，或40%甲基异柳磷乳油1 500倍液，直接喷洒花生根部。

三、花生全生育期病虫害综合防治

花生病虫害种类繁多，发生广泛，为了经济有效地控制病虫为害，必须实施全程综合防治。花生病虫害综合防控的基本策略是以产出高效、产品优质、资源集约、环境友好为导向，覆盖农产品生产的时空全程，集成应用农艺防治、物理防治、生物防治、生态调控和科学用药等综合技术措施，尽可能地创造有利于花生生长发育和天敌生物繁殖而不利于害虫发生的环境条件，建立病虫害绿色防控技术体系（表6-1）。

表6-1　花生主要病虫害全程综合防控策略

防治对象		农艺、物理、生物防治	化学防治时期	化学防治推荐药剂	施药方法
根及根颈、荚果部病害	茎腐病、根腐病	防种子霉捂、轮作、清除病残体、有机肥充分腐熟	播种期	苯醚·咯·噻虫、精甲·咯·嘧菌、萎锈·福美双、嘧·咪·噻虫嗪	种子包衣
	白绢病	选无病种子、轮作、深翻土地、垄作、改良黏性土质、施腐熟有机肥、清沟排渍、避免伤根、清洁田园	播种期	嘧菌酯·噻虫嗪、噻呋、咯菌腈·噻虫胺·噻呋、精甲霜·噻虫胺·噻呋	种子包衣
			发病初期	噻呋酰胺、噻呋·戊唑醇、唑醚·啶酰菌	喷淋根颈
	果腐病	轮作、深耕深翻、排水降湿、垄作栽培、施腐熟有机肥、增施钙肥、清洁田园、穴施绿僵菌	播种期	毒死蜱+适乐时	拌种/包衣
			苗期	多菌灵、甲基硫菌灵、苯菌灵、螯合铁	喷淋根颈
	青枯病	选用抗病品种、轮作、深耕整地、垄作、排水降湿、配方施肥、清洁田园	发病初期	中生菌素、中生·寡糖素	灌根
				噻菌铜、噻唑锌	喷雾/喷淋
				多黏类芽孢杆菌、荧光假单胞杆菌	泼浇/灌根
叶部病害	叶斑病、网斑病、焦斑病	轮作倒茬、清洁田园、选用抗病品种、深耕深翻、平衡施肥、合理密植、清沟排渍	发病初期	代森锰锌、百菌清、甲基硫菌灵、硫磺·多菌灵、苯甲·嘧菌酯、唑醚·氟环唑、戊唑·嘧菌酯、唑醚·戊唑醇、烯肟·戊唑醇	叶面喷雾

续表

防治对象		农艺、物理、生物防治	化学防治时期	化学防治推荐药剂	施药方法
地下害虫	蛴螬、金针虫、蝼蛄、地老虎	施腐熟有机肥、深耕深翻、种植蓖麻诱集、杀虫灯诱杀，用白僵菌、绿僵菌、Bt菌剂、乳状菌、天敌（土蜂）、拟青霉菌、信息素等防治	成虫期、幼虫期	毒死蜱、辛硫磷、吡虫啉、毒死蜱+白僵菌	撒施、沟施或穴施
				吡虫啉、噻虫嗪	拌种
				吡虫·毒死蜱、噻虫·高氯氟	种子包衣
叶部害虫	棉铃虫、斜纹夜蛾、甜菜夜蛾	深耕深翻、清洁田园、杨枝诱杀、黑光灯诱捕、性诱、食诱	低龄幼虫期	溴氰菊酯、高效氯氟氰菊酯、茚虫威虫螨腈、氯虫苯甲酰胺、甲维盐、阿维·高氯、高氯·甲维盐、甲维·虫酰肼、甲维·氟铃脲、甲维·茚虫威	叶面喷雾
	蓟马	黏虫板诱杀	发生初期	噻虫胺、噻虫嗪、多杀霉素、乙基多杀菌素、氟啶虫胺腈·乙基多杀菌素	叶面喷雾
	蚜虫	防治中间寄主、清除杂草、黏虫板诱杀、保护天敌	播种期	噻虫嗪吡虫·毒死蜱苯醚·咯·噻虫	包衣/拌种
			无翅蚜发生初期	溴氰菊酯、吡虫啉、啶虫脒、噻虫嗪	叶面喷雾
	叶螨	清洁田园	幼、若螨发生盛期	唑酯·炔螨特、噻酮·炔螨特、噻螨·哒螨灵、阿维·螺螨酯	叶面喷雾

（一）花生播种前病虫害综合防治

1. 防治目标　主要依靠农艺措施，消灭害虫寄主，减少病原，降低环境中病虫基数。

2. 防治方法

（1）合理轮作：与甘蔗、玉米、高粱、谷子等禾本科及十字花科作物轮作两年以上，或水旱轮作。

（2）深耕改土：秋冬深耕深翻，减少越冬病源和虫源；改良黏性土质；疏通排水沟，避免雨后积水，排水降湿。

（3）清洁田园：花生收获后及时清除病残体，减少田间虫病源；播种前清除田边杂草。

（4）科学施肥：增施腐熟有机肥，活化土壤有机质，改善土壤的理化性质；科学配方施肥，增施钙肥，增强抗逆性；改善土壤酸碱性，降低病菌侵染。

（二）花生播种期病虫害综合防治

1. 防治目标　　播种期防治是以保苗为目的，防治对象为地下害虫、茎腐病、冠腐病等土传、种传病害和苗期病害。以农艺措施与种子处理为主，土壤处理为辅，综合预防花生病虫害。

2. 防治方法

（1）农艺措施：

1）垄作栽培：增加土壤通透性，合理密植，以利通风透光。

2）平衡施肥：培育壮苗，提升抵抗力。

3）清洁田园：清除田边杂草、残叶，铲除寄主。收获后病虫严重地块避免秸秆还田。

（2）种子处理：在选种、晒种基础上，采用杀虫剂与杀菌剂混合拌种或种子包衣，防治花生根茎腐病、白绢病等和苗期蚜虫、蓟马以及蛴螬、蝼蛄、金针虫等地下害虫。

花生根茎腐病、白绢病、蚜虫、蛴螬混合发生严重田块，选用25%噻虫·咯·霜灵悬浮种衣剂（300~700mL/100kg种子）、38%苯醚·咯·噻虫悬浮种衣剂（288~432g/100kg种子）、35%噻虫·福·萎锈悬浮种衣剂（500~570mL/100kg种子）等进行种子包衣；或选用30%吡·萎·福美双种子处理悬浮剂（667~1 000mL/100kg种子）、27%精甲霜灵·噻虫胺·咪鲜胺铜盐悬浮种衣剂（1.5~2kg药浆/100kg种子）进行拌种，拌后晾干播种（表6-2）。

表6-2 播种期选用杀虫剂＋杀菌剂拌种（包衣）综合防治病虫害

防治对象	登记名称	剂型	总含量	制剂用药量	施用方法
根腐病、蚜虫	嘧·咪·噻虫嗪	悬浮种衣剂	30%	483~600g/100kg种子	种子包衣
根腐病、蚜虫	噻虫·福·萎锈	悬浮种衣剂	35%	500~570mL/100kg种子	种子包衣
根腐病、蛴螬	噻虫·咯·霜灵	悬浮种衣剂	25%	300~700mL/100kg种子	种子包衣
根腐病、蛴螬	噻虫·咯·霜灵	悬浮种衣剂	29%	468~561mL/100kg种子	种子包衣
根腐病	咯菌腈	悬浮种衣剂	25 g/L	600~800mL/100kg种子	种子包衣
根腐病、蛴螬	咯菌·噻虫胺	悬浮种衣剂	33%	600~800mL/100kg种子	种子包衣
根腐病、蚜虫	吡·萎·福美双	种子处理悬浮剂	30%	667~1 000mL/100kg种子	拌种
根腐病、地下害虫	多·福·毒死蜱	悬浮种衣剂	25%	1：（50~60）（药种比）	种子包衣
地下害虫、根腐病、茎腐病	甲拌·多菌灵	悬浮种衣剂	15%	1：（40~50）（药种比）	种子包衣
根腐病	精甲霜灵	种子处理乳剂	350g/L	1：（1 250~2 500）（药种比）	拌种
根腐病	精甲·咯菌腈	悬浮种衣剂	35 g/L	245~430mL/100kg种子	种子包衣
根腐病	精甲·咯·嘧菌	悬浮种衣剂	11%	327~490g/100kg种子	种子包衣
根腐病	精甲·咯·嘧菌	悬浮种衣剂	10%	275~350g/100kg种子	种子包衣
根腐病	四霉素	水剂	0.3%	130~160mL/100kg种子	拌种
根腐病	萎锈·福美双	悬浮剂	400 g/L	200~300mL/100kg种子	拌种

续表

防治对象	登记名称	剂型	总含量	制剂用药量	施用方法
根腐病	唑醚·甲菌灵	悬浮种衣剂	41%	100~300mL/100kg种子	种子包衣
根腐病、地下害虫	辛硫·福美双	种子处理微囊悬浮剂	18%	1∶（40~60）（药种比）	种子包衣
根腐病、蛴螬	辛硫·多菌灵	悬浮种衣剂	16%	1∶（40~60）（药种比）	
茎腐病、蚜虫	苯醚·咯·噻虫	悬浮种衣剂	38%	288~432 g/100kg种子	种子包衣
根腐病、蛴螬	苯醚·咯·噻虫	悬浮种衣剂	27%	500~665mL/100kg种子	种子包衣
根腐病、蛴螬	苯醚·咯·噻虫	悬浮种衣剂	25%	500~750mL/100kg种子	种子包衣
根、茎腐病，蚜虫	苯醚·咯·噻虫	悬浮种衣剂	22%	500~660g/100kg种子	种子包衣
白绢病、根腐病、蛴螬	萎锈·吡虫啉	悬浮种衣剂	30%	75~100mL/10kg种子	种子包衣
地老虎、金针虫、蛴螬、蝼蛄、立枯病	克百·多菌灵	悬浮种衣剂	20%	1∶（30~40）（药种比）	种子包衣
立枯病	甲·嘧·甲霜灵	悬浮种衣剂	12%	500~1 500g/100kg种子	种子包衣
立枯病、蛴螬	福·克	悬浮种衣剂	15%	2 000~2 500mL/100kg 种子	种子包衣
茎枯病、蚜虫	克百·多菌灵	悬浮种衣剂	25%	（1∶80）~（1∶85）药种比	种子包衣

（3）土壤处理或撒施地面：防治地下害虫还可选用适宜药剂按比例配好毒饵撒施地面或做土壤处理（表6-3）。

表 6-3　播种前选用杀虫剂拌种（包衣）或土壤处理防治地下害虫

防治对象	登记名称	含量剂型（施用方法）	类型
地下害虫（地老虎、金针虫、蛴螬、蝼蛄）	敌百虫·毒死蜱	4.5%GR（毒土撒施）	有机磷类
	毒死蜱	0.5%、3%、5%、10%、15%、20%、25% GR（撒施），30%CF（拌种）	有机磷类
	多·福·毒死蜱	25% FSC（种子包衣）	苯并咪唑类、有机硫与有机磷类复配
	二嗪磷	0.1%、5%、10% GR（花期穴施或撒施）	有机磷类
	氟氯氰菊酯	5.7%EC（喷雾）	拟除虫菊酯类
	辛硫·甲拌磷	5% DP（沟施）、10%DP（毒土盖种或拌种）、5% GR(沟施)、10%MG（毒土盖种）、10%FG（毒土盖种）	有机磷类
	辛硫·多菌灵	16% FSC（种子包衣）	有机磷类与苯并咪唑类复配
	吡虫·辛硫磷	22% EC（撒毒土）	烟碱类与有机磷类复配
	吡虫啉	600 克/升 FSC（种子包衣）、10%CF（拌种）、5% GR（沟施、穴施）	烟碱类
	毒·辛	5%、6%、8%、15% GR（撒施）	有机磷类
	氟腈·毒死蜱	18% FSC（种子包衣）	吡唑类与有机磷类复配
	丁硫克百威	5% GR（沟施）	氨基甲酸酯类
	菱锈·吡虫啉	30% FSC（种子包衣）	羧酰替苯胺类与烟碱类复配
	噻虫·咯·霜灵	25%、29% FSC（种子包衣）	烟碱类、吡咯类与苯基酰胺类复配
	球孢白僵菌	150 亿个孢子/克 WP（拌毒土撒施）	微生物源农药
	辛硫磷	30% CS（拌种），3%、5% GR（撒施），10% GR（沟施）	有机磷类
	福·克	15% FSC（种子包衣）	有机硫类与氨基甲酸酯类复配

续表

防治对象	登记名称	含量剂型（施用方法）	类型
地下害虫（地老虎、金针虫、蛴螬、蝼蛄）	噻虫胺	48% FSC（种子包衣）、10% DS（拌种）、10%CF（拌种）	烟碱类
	阿维·毒死蜱	16% CF（拌种）、5% GR（撒施）	阿维菌素类与烟碱类复配
	吡虫·硫双威	48% FSC（种子包衣）	氨基甲酸酯类与烟碱类复配
	甲基异柳磷	35%、40% EC（沟施花生墩旁）	有机磷类
	噻虫·毒死蜱	40%ZC（拌种）	烟碱类与有机磷类复配
	丁硫·噻虫嗪	13% ZC（拌种）	氨基甲酸酯类与烟碱类复配
	噻虫嗪	5% GR（撒施）、16% FSC*（种子包衣）、10% CS（拌种）	烟碱类
	呋虫胺	8% FSC（种子包衣）	烟碱类
	咯菌·噻虫胺	33% FSC（种子包衣）	苯吡咯类与烟碱类复配
	阿维·吡虫啉	3% GR（撒施）	阿维菌素类与烟碱类复配
	氟氯·毒死蜱	39%ES（拌种）	拟除虫菊酯类与有机磷类复配
	甲柳·三唑酮	3.5%SD（种子包衣）	有机磷类与三唑类复配
	甲拌·多菌灵	15% FSC（种子包衣）	苯并咪唑类与有机磷类复配
	辛硫·福美双	18% CF（种子包衣）	有机磷类与有机硫类复配
	戊唑·吡虫啉	21% FSC（种子包衣）	三唑类与烟碱类复配
	甲·克	20%、25% FSC（种子包衣）	有机磷类与氨基甲酸脂类复配
	克百·多菌灵	20% FSC（种子包衣）	氨基甲酸酯类与苯并咪唑类复配
	噻虫·高氯氟	16% ZC（拌种）	烟碱类与拟除虫菊酯类复配
	吡虫·毒死蜱	25%CS（药土法）、30% ZC（拌种）	烟碱类与有机磷类复配

表中农药剂型代码：CF–种子处理微囊悬浮剂；GR–颗粒剂；FSC–悬浮种衣剂；EC–乳油；DP–粉剂；FG–颗粒剂；MG–微粒剂；WP–可湿性粉剂；CS–微囊悬浮剂；DS–干拌种剂；ZC–种子处理剂；SD–种衣剂。

（三）花生生长期病虫害综合防治

1.防治目标　生长期防治对象为叶斑病、冠腐病、病毒病、蛴螬、蚜虫、叶螨、棉铃虫、蓟马等病虫害，优先采取农艺、物理、生物方法，适时进行化学防治。

2.防治方法

（1）农艺防治：

1）加强管理，培育壮苗：病虫为害与植株亚健康状态有关，加强管理，健身栽培，提高植株免疫力。

2）平衡施肥：增施有机肥，配方施肥，偏施氮肥促进白绢病菌核萌发，发病较重；抑制果腐病应增施钙肥，碱性中性土壤合理施用石膏、过磷酸钙，偏酸性土壤撒施生石灰；不施双氯肥料。

3）加强水分管理：沟渠配套，防旱排渍。

4）清洁田园：清除田间杂草和病虫株，病田用农机具消毒。

5）科学收储：适时采收，减少荚果损伤；病虫重发田就地收刨，单收单打；收获晾干后剔除破损果，妥善贮藏，防止种子带菌。

（2）"四诱"+杀虫剂协同控害：

1）黑光灯诱杀（灯诱）：6~7月，规模化种植区优先选择杀虫灯诱控金龟子及鳞翅目害虫。平原区50亩一盏灯，地形复杂区30~40亩一盏灯，诱杀地下害虫同时可减轻果腐病（图6-44）。

2）粘虫板诱杀（色诱）：在近地面植株上方5~20cm高悬挂粘虫板20张/亩。诱杀蚜虫挂黄色粘虫板，诱杀蓟马挂蓝色粘虫板。诱杀蚜虫同时防控病毒病（图6-45）。

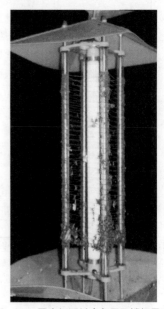

图6-44　黑光灯诱杀金龟子及鳞翅目害虫

3）性诱剂诱杀（性诱）：悬挂棉铃虫、斜纹夜蛾、甜菜夜蛾等蛾类专用诱捕器，底部与作物顶部距离为20~30cm，诱捕器进虫口（诱芯即性诱剂具有专一性，诱杀不同虫害诱芯不同，1个诱捕器放置1枚诱芯，4~6周更换）与地面垂直距离为0.5~1m。

4）食诱剂诱杀（食诱）：采用两种方式诱杀鳞翅目害虫，兼治地老虎（图6-46）。应用诱捕器诱杀，食诱剂、水按1：2比例混匀，并加入杀虫剂。充分摇匀后将食诱剂加入诱捕器（每个诱捕器倒入60~90mL诱剂），每亩放2~3个诱捕器，诱捕盒固定在准备好的竹竿上（长度大约0.6m），诱捕盒放置高度需要高出花生顶部30~40cm。条带法喷洒诱杀，将配置好的食诱剂采用无人机均匀滴撒20m长药带，前后左右间隔50m，食诱剂农药用量仅占常规用药量1%~2%，药剂覆盖面积仅占全田0.8%，无人机喷洒作业面积4 000~5 000亩/天/架，适合大规模统防统治。

图6-45　粘虫板诱杀蚜虫、叶螨

图6-46　食诱剂诱杀成虫

（3）化学药剂防治：

1）叶斑病、网斑病：20%烯肟·戊唑醇悬浮剂45~65mL/亩、17%唑醚·氟环唑30~40mL/亩、30%苯甲·嘧菌酯悬浮剂26~32mL/亩、60%唑醚·代森联60~100g/亩、25%吡唑醚菌酯30~40mL/亩、25%戊唑醇2 000倍液等，任选一种按使用说明，在病叶率10%~15%时叶面均匀喷雾。不可连续施用同一药剂。收获前20天停止施药（叶部病害防治药剂见表6-4）。

表6-4 生长期花生叶部病害防治可选用的化学药剂

防治对象	登记名称	含量剂型（施用方法）	类型
叶斑病	苯甲·嘧菌酯	325g/L、30%SC（喷雾）	三唑类与甲氧基丙烯酸酯类复配
	嘧菌酯	20%WG（喷雾）	甲氧基丙烯酸酯类
	吡唑醚菌酯	25% SC（喷雾）	甲氧基丙烯酸酯类
	唑醚·氟环唑	17% SC（喷雾）	甲氧基丙烯酸酯类与三唑类复配
	烯唑醇	12.5%WP（喷雾）、30% SC（喷雾）	三唑类
	戊唑醇	60 g/L FSC（种子包衣）、250 g/L EW（喷雾）、25% WP（喷雾）、6%ME（喷雾）	三唑类
	烯肟·戊唑醇	20% SC（喷雾）	甲氧基丙烯酸酯类与三唑类复配
	甲基硫菌灵	36% SC（喷雾）、70% WP（喷雾）	苯并咪唑类
	代森锰锌	70%、80% WP（喷雾）	有机硫类
	硫黄·锰锌	50% WP（喷雾）	无机硫类与有机硫类复配
	多·硫·锰锌	70% WP（喷雾）	苯并咪唑类、无机硫类与有机硫类复配
	代森锌	65%、80% WP（喷雾），65% WG（喷雾）	有机硫类
	硫黄·多菌灵	25%、50% WP（喷雾），40%、50% SC（喷雾）	无机硫类与苯并咪唑类复配
	铜钙·多菌灵	60% WP（喷雾）	铜制剂与苯并咪唑类复配
	锰锌·多菌灵	25% WP（喷雾）	有机硫类与苯并咪唑类复配
	苯甲·丙环唑	300g/L EC（喷雾）	三唑类
	百菌清	40% SC（喷雾）、75% WP（喷雾）	芳烃类
	硫黄·百菌清	40% WP（喷雾）	无机硫类与芳烃类复配
	联苯三唑醇	25% WP（喷雾）	三唑类

续表

防治对象	登记名称	含量剂型（施用方法）	类型
叶斑病	唑醚·代森联	60% WG（喷雾）	甲氧基丙烯酸酯类与有机硫类复配
	戊唑·吡虫啉	21%FSC（种子包衣）	三唑类与烟碱类复配
	戊唑·百菌清	42% SC（喷雾）	三唑类与芳烃类复配
	戊唑·多菌灵	30% SC（喷雾）	三唑类与苯并咪唑类复配
	多菌灵	500 g/L SC（喷雾）	苯并咪唑类
	噻呋·戊唑醇	27%SC（喷雾）	噻唑酰胺类与三唑类复配
	啶氧·丙环唑	19% SC（喷雾）	甲氧基丙烯酸酯类与三唑类复配

表中农药剂型代码：CF– 种子处理微囊悬浮剂；GR– 颗粒剂；FSC– 悬浮种衣剂；EC–乳油；DP– 粉剂；FG– 颗粒剂；MG– 微粒剂；WP– 可湿性粉剂；CS– 微囊悬浮剂；DS–干拌种剂；ZC– 种子处理剂；SD– 种衣剂。

2）根茎腐病：用 70% 甲基硫菌灵可湿性粉剂 1 000 倍液 50~75kg/亩，齐苗后发病初期和开花前各喷药一次。

3）锈病：选用 15% 三唑酮可湿性粉剂 600 倍液，12% 松脂酸悬浮剂 600 倍液，24% 噻呋酰胺悬浮剂 2 000~2 500 倍液，75% 百菌清可湿性粉剂 500 倍液，50% 福美锌可湿性粉剂 400 倍液，45% 苯并烯氟菌唑·嘧菌酯水分散粒剂 1 000 倍液，15% 三唑醇可湿性粉剂 1 000 倍液。每隔 10 天喷 1 次，连喷 3~4 次。

4）花生青枯病：选用 72% 农用链霉素可溶粉剂 4 000 倍液，10% 苯醚甲环唑水分散粒剂 2 500 倍液喷雾。

5）白绢病：24% 噻呋酰胺悬浮剂 2 000~2 500 倍液，27% 噻呋·戊唑醇 1 000~2 000 倍液，25% 丙环唑乳油 1 000~2 000 倍液，70% 甲基硫菌灵可湿性粉剂 800~1 000 倍液，50% 苯菌灵可湿性粉剂 1 000~1 500 倍液等，任选一种喷淋根颈部及周围菌丝附着的残存秸秆。每隔 7~15 天交替喷 2~3 次（药剂见表 6–5）。

6）蚜虫、病毒病：苗期控制蚜虫及预防病毒病，对于已拌种或包衣新烟碱类杀虫剂的花生田一般不需再药剂喷雾防治蚜虫。在田间有少量蚜虫时，可喷施 10% 吡虫啉可湿性粉剂 1 000~2 500 倍液，3% 啶虫脒乳油 1 000~2 000 倍液，以及烯啶虫胺、呋虫胺、噻虫胺、噻虫嗪等新烟碱类农药，或 50% 抗蚜威可湿性粉剂 1 800 倍液，40% 乙酰甲胺磷乳油 1 500 倍液等内吸性较好、持效期较长的杀虫剂，以保证较长的防治效果。在田间蚜虫较多时，可用 40% 氧乐果乳油 1 000 倍液，50% 辛硫磷乳油 1 500 倍液，50% 马拉硫磷乳油；或 50% 杀螟硫磷乳油 1 000 倍液，20% 氰戊菊酯乳油 1 000~1 500 倍液，2.5% 溴氰菊酯乳油 1 000~3 000 倍液，间隔 7 天，连喷 3 次。

7）叶螨：用 73% 炔螨特乳油 3 000 倍液，20% 哒螨灵乳油 3 000 倍液，10% 虫螨腈乳油 2 000 倍液，1.8% 阿维菌素乳油 3 000 倍液，20% 双甲脒乳油 1 000~1 500 倍液，或选择阿维菌素 + 哒螨灵（扫螨净）、唑螨酯 + 螺螨酯或噻螨酮复配药液，间隔 7~10 天，连喷 3 次。

8）蛾类害虫（咀嚼式口器害虫）：选用氯虫苯甲酰胺（康宽或普尊）、甲维盐、茚虫威、虫螨腈、苦皮藤素或其复配制剂等。尽早在 1~2 龄期防治。

表 6-5　生长期花生白绢病防治可选用的化学药剂

防治对象	登记名称	剂型	总含量	制剂用药量	施用方法	农药类别
白绢病	噻呋酰胺	悬浮剂	20%	67~133mL/ 亩	兑水喷雾	杀菌剂
白绢病	氟胺·嘧菌酯	水分散粒剂	60%	30~60g/ 亩	兑水喷雾	杀菌剂
白绢病	氟酰胺	可湿性粉剂	20%	75~125g/ 亩	兑水喷雾	杀菌剂
白绢病、叶斑病	噻呋·戊唑醇	悬浮剂	27%	40~45 mL/ 亩	兑水喷雾	杀菌剂
白绢病、锈病	噻呋酰胺	悬浮剂	240g/L	20~25mL/ 亩 30~40mL/ 亩	兑水喷雾	杀菌剂

（四）化学药剂防治需注意的问题

1. 杀菌剂的防病原理与技术要求

（1）保护性杀菌剂：在植物发病前，将药剂均匀喷洒在植物体表，以预防病原微生物入侵与传播。一般要求在植物未被病原菌侵染以前或侵染初期就应及时施药；被保护的表面被药剂全部覆盖，施药力求均匀周到；药液对植物叶片有良好的湿展性，使水分蒸发后在叶片上留下一层保护膜，且能维持较长时间。因新叶片、嫩梢不断出现，对重复侵染的病害需多次重复施药。

（2）治疗性杀菌剂：在植物发病后施用，以抑制病菌生长或致病过程，使植物病害停止发展或使植株恢复健康。叶面喷洒内吸治疗剂同样要求均匀周到。因为大多数内吸治疗剂都是随水和无机盐在木质部向顶部传导，药剂不会向下移动，也不会从一个叶片传导至另一个叶片。

2. 杀虫剂的作用方式及技术要求

（1）胃毒剂：只有被昆虫取食后经肠道吸收进体内，到达靶标才起毒杀作用的药剂，适用于防治咀嚼式口器的害虫，如黏虫、蝗虫、蝼蛄等，也适用于防治虹吸式及舐吸式等口器的害虫。药剂要均匀周到施到作物上，且要有较高的沉降量；药剂雾滴或粉粒大小适当，利于附着和便于昆虫吞食。

（2）触杀剂：药剂接触到虫体后便可起毒杀作用。目前使用的杀虫剂大多数属于此类，对各类口器的害虫都适用，但对虫体被蜡质保护的害虫（蚧、粉虱等）效果不佳。药剂接触虫体壁有两条途径，一是药剂通过喷粉、喷雾或放烟直接沉积到虫体壁；二是药剂先沉积到作物表面，昆虫活动时和药剂接触。无论哪一种途径，药剂都要和体壁有效地接触，除了药剂本身属性外，主要取决于药剂在靶标表面（昆虫体壁和作物叶片等）的沉积和持留。因此，选用性能好的器械，尽量把药剂喷在昆虫上；药液对靶体表面有良好湿展性和黏附性；固态制剂则要求药剂有较小的粒径，施药均匀周到。

（3）内吸剂：药剂通过植物的叶、茎、根或种子被吸收进入植物体内或萌发的苗内，并且能在植物体内输导、滞留，或经过植物的代谢作用而产生活性更高的代谢物，以发挥农用活性，如吡虫啉、噻虫嗪、氟虫腈。药剂一定要施到作物上且要有较高的沉降量，害虫只需取食很少一点作物就会中毒，作物遭受的损失就比较小。此外，药剂以固体颗粒的形式在作物表面沉积，还要求粒径要足够细小，一方面有利于附着，另一方面便于昆虫吞食。

3. 按照不同病虫为害方式、规律、习性精准施药 害虫难防原因是虫体小、怕光隐蔽、能飞善跳、繁殖快。病虫害要治早治小，达到防治指标时尽早防治，害虫在1~2龄期防治。蚜虫、红蜘蛛主要在叶背为害，喷药时应以叶背为主或施用内吸性药剂。为害种子或种苗的地下害虫，可采用药剂拌种或土壤处理或用毒饵诱杀。介壳虫抓住喷药的关键时期即初孵若虫爬行期。蓟马喜在叶上或生长点上活动，要观察活动规律，看什么时间段多就什么时间打药。合理混用、轮换用药或与肥料混用，克服用一种药致使有害生物产生抗药性，提高防治效果，扩大防治对象，减少施药次数，降低施用成本（图6-47）。

图6-47　花生田间机械化精准喷药

四、花生田间杂草综合防治

花生田一年生、越年生、多年生杂草种类较多，与花生争水、争肥、争光，导致不同程度减产。

（一）花生田杂草化学防除技术

花生田化学除草一般采用播后芽前土壤处理和苗后茎叶处理两种

方式。关键时期是在播种后到植株封行前。

1. 播后芽前土壤处理　土壤处理剂又称苗前除草剂，喷施于土壤表层，或在施药后通过混土把除草剂拌入一定深度的土壤中，形成除草剂的封闭层，待杂草萌发接触药层后即被杀死。覆膜花生田全部采用土壤处理剂，播种后即喷除草剂处理土壤，然后立即覆膜。露地花生播种后花生尚未出土，杂草萌动前进行药剂处理土壤。

（1）速收：为环状亚胺类高效选择性土壤处理除草剂，防除阔叶草和禾草。用50%速收8~12g/亩，兑水50kg，均匀喷雾土表；每亩用速收4g+50%乙草胺80~100 mL（或72%都尔100~120 mL），兑水50kg，喷雾，可扩大杀草谱，效果更好。

（2）乙草胺：防除一年生禾草，对一年生阔叶草也有一定防效。50%乙草胺乳油100~150mL/亩，或90%乙草胺乳油（禾耐斯）40~80mL/亩，兑水40~50kg，于播后芽前均匀喷洒地表。

（3）都尔：对一年生禾草有特效，对小粒种子阔叶草也有一定效果。用72%都尔乳油120~150mL/亩，兑水40~60kg，于花生播后芽前均匀喷洒土表，然后混土3~5cm深。天气干旱时加大兑水量提高防效。

（4）拉索（甲草胺）：防除一年生禾草和碎米莎草、异型莎草等。用48%拉索150~200 mL/亩，兑水40~60kg，均匀喷洒土表。夏花生于播种后1~3天施药，春花生于播后5~7天施药。

（5）禾宝：灭除多种禾草和部分阔叶草。用50%禾宝乳油60~80mL/亩，兑水40~60kg，均匀喷洒土表。土壤湿度大利于药效发挥，雨后或浇水后施药可提高防效。

（6）除草通（二甲戊灵）：防除一年生禾草效果优于防除阔叶草。用33%除草通150~280mL/亩，兑水40~60kg，播后芽前喷洒土表。

（7）除草醚：防除一年生禾草和阔叶草。用25%除草醚可湿性粉剂400~600g/亩，兑水50kg，于播后芽前均匀喷洒土表。

2. 苗后茎叶喷雾　茎叶处理剂又称芽后除草剂，主要是利用除草剂的生理、生化选择性地防除杂草。将除草剂用水稀释后，采用喷雾施药法，直接喷洒到已出土的杂草上，通过杂草的茎叶渗入杂草组织，消灭杂草。一般在花生出苗后，杂草3~5叶期使用。

（1）收乐通（烯草酮）：高效广谱选择性茎叶处理剂。防治一年生、多年生禾草。吸收传导快，施药后 2 小时降雨不影响药效。杂草 2~4 叶期用 12% 烯草酮 30~40mL/ 亩，兑水 30kg，选择晴天上午均匀喷洒杂草茎叶。

（2）高效盖草能：花生 2~4 叶期，禾草 2~5 叶期，用 10.8% 高效盖草能乳油 20~25mL/ 亩，兑水 30kg，茎叶喷雾，防除一年生和多年生禾草。多种禾草和阔叶草混合发生地块，用 10.8% 高效盖草能 20~25mL/ 亩 + 45% 苯达松液剂 100~150mL/ 亩（或 24% 克阔乐乳油 10~20mL/ 亩），兑水 30~40kg，喷杂草茎叶。

（3）稳杀得：禾草 2~4 叶期，用 35% 稳杀得或 15% 精稳杀得 50~75mL/ 亩，加水 30kg，茎叶喷雾。防除多年生禾草，药量加大到 75~120mL/ 亩。防治多种单、双子叶草，可用 15% 精稳杀得 50mL/ 亩 +48% 苯达松 100mL/ 亩，或 45% 阔叶枯乳油 150 mL/ 亩，兑水 30kg，喷雾。

（4）苯达松：防阔叶杂草和莎草科杂草。用 48% 苯达松液剂 130~200mL/ 亩，加水 30kg，于 3~5 叶期茎叶喷雾。

（5）克草星：具触杀和内吸传导作用，在花生 2~3 个复叶期，杂草高度 5cm 以下时，用 6% 克草星 50~60mL/ 亩，兑水 30~40kg，茎叶喷雾。

（6）克阔乐：对多种阔叶杂草有较好防除效果。用 24% 克阔乐乳油 25~40mL/ 亩，兑水 30kg，于阔叶草株高 5cm 前茎叶喷雾。

3. 花生田化学除草注意事项

（1）播后苗期前注意土壤墒情：花生播后芽前土壤处理，对多种单子叶杂草、部分一年生双子叶杂草有高度防效。干旱不利于除草剂药效发挥，土壤墒情好时防治效果好。墒情差加大喷水量，将土表层喷匀喷透。

（2）苗后除草掌握好施药时期：杂草 3~5 叶、花生 3 叶期后喷施除草剂。经芽前土壤处理和花生 3 叶期后喷药处理，田间杂草可控制 80%。

（3）注意安全操作：一是选对除草剂，同时清洗干净药械中残留药剂。二是严格控制用量浓度，以免浓度过大产生药害。三是产生药害要及时喷洒植物生长调节剂和叶面肥进行补救（图6-48、图6-49）。

图6-48　除草剂药害苗期症状　　图6-49　除草剂药害叶部症状

（二）花生田农艺、生物技术除草

1. 深耕　秋冬耕能有效地接纳冬春降水，加快土壤的熟化，使部分杂草种子长时间埋入地下，使其丧失活力。多年生杂草地下繁殖部分经过秋耕可以翻到地上冻死或晒死。播前深耕减少表土杂草种子萌发率，破坏多年生杂草地下繁殖部分。

2. 施用腐熟土杂肥　有机肥腐熟后其中的草种经高温氨化可丧失活力。

3. 轮作换茬　轮作换茬特别是水旱轮作，可改变杂草生态环境，减少伴随性杂草种群密度。

4. 覆盖碎草　利用碎草、麦糠等覆盖田间地面，既能除草，又能保水增肥。

5. 人工与动力机械除草　机械耕除垄沟杂草，节本高效环保。在不伤及植株、果针、荚果的前提下，采用机械在花生垄间或行间、田边、地埂进行动力牵引行走式除草，同时人工清除漏网大草（图6-50、图6-51）。

图 6-50　盛花期后人工拔除垄上杂草　　　　图 6-51　小型除草机械

五、花生田间黄曲霉菌侵染防治

黄曲霉素是黄曲霉菌和寄生曲霉菌在高温高湿条件下侵染油料、谷物、香料、坚果、牛奶等寄主基质所产生的毒素。黄曲霉菌和寄生曲霉菌是弱寄生菌，它侵染花生所产生的黄曲霉毒素对人和动物有很强的致癌作用。花生中常见的黄曲霉毒素主要有黄曲霉毒素 B_1、黄曲霉毒素 B_2、黄曲霉毒素 G_1、黄曲霉毒素 G_2 四种。其中以黄曲霉毒素 B_1 毒性最强。黄曲霉菌的感染开始发生在田间，特别在生长后期，以及收获后晾晒、贮藏、加工等整个过程中，都有可能导致黄曲霉菌的感染和毒素污染（图 6-52、图 6-53）。

图 6-52　黄曲霉菌显微镜下形态　　　图 6-53　花生黄曲霉素污染症状

（一）花生黄曲霉菌田间侵染影响因素

黄曲霉菌广泛存在于土壤中，土壤中黄曲霉菌可直接侵染花生果针、荚果及籽仁。以下因素均可导致花生感染黄曲霉菌。

1. 干旱　收获前30天内干旱胁迫是导致黄曲霉菌侵染的重要因素。在干旱时，花生荚果含水量降低，代谢活动减弱，对黄曲霉菌侵染抗性下降。当干旱导致花生种子含水量30%时种子易受感染。此外，高温干旱利于土壤中霉菌生长（图6-54）。

图6-54　后期干旱胁迫导致黄曲霉素污染

2. 荚果破损　田间管理，收获、摘果等农事操作，土壤温度和湿度波动等引起荚果受损或种皮破裂后，霉菌从伤口处侵染，并在籽仁上迅速繁殖和产毒。

3. 地下害虫和病害　地下害虫为害荚果直接传菌，且破损部位增加了感染机会。锈病、白绢病、叶斑病、根茎腐病等病害引起早衰枯死的植株抵抗力弱，其荚果易受黄曲霉菌感染（图6-55、图6-56）。

图6-55　病虫为害植株易感黄曲霉素　　图6-56　地下害虫为害荚果易感黄曲霉素

4. **收获后干燥速度** 荚果含水 12%~30% 易感染黄曲霉菌。因此荚果干燥过程越长，黄曲霉毒素感染概率越高。

5. **土壤类型** 黏重土质花生易感染黄曲霉菌，这可能与土壤黏度和可持水性有关。

6. **种子成熟度** 延迟收获花生的过熟荚果，果壳果柄质地疏松变色，在土壤中对籽仁的保护力弱，特别是含水量低于 30% 的种子，增加了黄曲霉菌侵染机会。

7. **品种** 品种间对黄曲霉菌抗性差异明显。种皮致密度在抗黄曲霉菌侵染中起关键作用，具有完整种皮的花生种子才能表现出抗侵染特性。

8. **土壤缺钙** 含钙高的土壤比含钙量低的土壤感染少。因为钙与细胞壁的形成、强化有关，钙可降低细胞壁的渗透作用，限制细胞液外渗。土壤缺钙，会使花生果壳组织变松，易感染黄曲霉菌。

（二）花生黄曲霉菌田间侵染防治

1. **改进种植条件** 延长轮作周期，生产基地选择菌株群体少的田块；平衡施肥，增施钙肥。

2. **改善灌溉条件** 遇旱及时灌溉保障水分供给，特别避免收获前 4~6 周干旱造成黄曲霉菌感染。

3. **选用抗性品种** 选用果壳、种皮致密不易腐烂、果柄坚韧不易落果、结果集中的抗黄曲霉菌侵染品种。

4. **不伤荚果** 农事操作防止荚果受损。盛花期中耕培土不要伤及果针及幼小荚果；避免结荚期和饱果期中耕；避免在土壤温度较高时灌水以防因温差大造成荚果破裂；防止荚果收获时受损破裂。

5. **防治病虫害** 防地下害虫、果腐病、白绢病等病虫害，减少感染概率。

6. **及时收获干燥** 成熟前后一周内收获，收获后 7 天内立刻将荚果含水量降至安全贮藏水分标准（籽仁水分 < 8%，荚果水分 < 10%）。在干燥过程中以及干燥以后切忌回潮，已干燥花生应迅速包装入库。

六、花生植保机械化

植保机械化能够降低劳动强度，灭杀面积集中，作业效率高。

（一）花生植保机械的分类

花生的植保机械主要有低空低量航空机具、自走式机械、人力驱动机械。

1. 按配套动力　可分为人力植保机具，包括喷雾器、喷粉器；机动施药机，包括喷雾机、喷粉机。机动植保机械又分为小型动力植保机具、拖拉机悬挂或牵引式植保机具、植保无人机等。

2. 按喷施农药剂型和用途　可分为喷雾器、喷粉器、烟雾机、撒粒机。

3. 按运载方式　可分为手持式、肩挂式、背负式、手提式、担架式、手推车式、拖拉机牵引式、拖拉机悬挂式及自走式（图6-57）。

图6-57　拖拉机悬挂自走式机械

4. 按施液量多少　可分为常量喷雾、低容量喷雾、超低容量喷雾。

5. 按雾化方式　可分为液力式喷雾机、风送式喷雾机、热力式喷雾机、离心式喷雾机、静电喷雾机。

（二）目前生产应用的几种植保机械

1. 无人机　植保无人机是植物保护专用的无人驾驶飞行器，作业效率高。

（1）大疆 MG-1 农业植保无人机：采取八轴动力系统，标准载荷 10kg，作业量可达 40~60 亩 / 小时，作业效率是人工的 40~60 倍（图 6-58）。

图 6-58　大疆 MG-1 农业植保无人机

该机型药剂喷洒泵采用高精度智能控制，与飞行速度联动，定速定高飞行和定流量喷洒，保证喷洒均匀，节约药剂，防止药剂流失污染土壤。该机型有全自动、辅助和全手动三种作业模式。自动模式下，采取折线形路线作业。采用压力式喷洒系统，根据不同的药剂更换喷嘴，灵活调整流量和雾化效果，实现精准喷洒。智能记忆功能，无药时可报警，可记忆坐标。适应花生产区多变地形，如梯田、岗坡、河滩，可记忆地形。轻巧可折叠，携带下地方便。一体化内循环冷却系统，确保了长时间稳定工作。八轴动力设计，单臂故障亦可正常降落，为作业安全提供额外保障。

（2）全丰无人植保机：全丰最新推出的 WQF170-18 智能悬浮植保无人机规模作业 1 000 亩 / 天，可预先设定飞行参数进行智能化喷防；全自主飞行、断点返航、仿地飞行与避障飞行，适于各类复杂地形（图 6-59）。

2. 自走式喷杆喷雾机　自走式喷杆喷雾机将喷头装在横向喷杆或竖立喷杆上，自身可以提供驱动动力、行走动力，不需要其他动力提

图 6-59　WQF170-18 智能悬浮植保无人机

供就能完成自身工作，效率高，喷洒质量好，分为三轮自走式喷杆喷雾机和四轮自走式喷杆喷雾机（图 6-60）。

市场上多种品牌自走式喷雾机可以在花生生产上应用，如郑州农希望 3WP-300 喷雾机、山东金原 3WPZ-700 自走式喷杆打药机、山东德沃机械有限公司自走式喷杆喷雾机、富锦市立兴植保机械制造有限公司自走式喷杆喷雾机等。

图 6-60　自走式喷杆喷雾机

第七章 花生的收获与贮藏

花生收贮质量关系到产量、品质、食用价值和商品价值，而且影响着下季种子质量。

一、花生成熟的标志与收获期

（一）花生成熟的标志

受品种特性、自然因素和种植因素影响，不同地块的花生成熟期有差异。适时收获能够保证花生较高产量、品质。收获过早，茎叶中养分尚未完全转到籽粒中，多数荚果尚未充分成熟，易导致秕果率高、出仁率低、含油量下降，产量低，品质差；收获过晚，则果柄易霉烂，收获易落果、烂果，休眠期短的品种易带壳发芽。因此，应根据品种特性与植株生长情况、天气状况适期收获。

1. 植株长势　花生植株进入成熟期，顶端生长点停止生长，顶部2~3片复叶明显变小，茎叶颜色由绿转黄，中、下部叶片逐渐枯黄脱落，叶片的感夜运动基本消失。植株制造积累的养分已大量运入荚果，植株生机衰退，呈衰老状态。但要区别叶部病害较重植株虽表现生机衰退，而花生未达到生理成熟期。也应注意即使大部分荚果已充分成熟，茎叶仍保持青绿的"绿熟型"品种。

2. 荚果特征　成熟的花生荚果，果壳硬化，网纹清晰，颜色由白色转为浅黄色，在荚果腹缝线上刮去外果皮，中果皮由黄褐转黑褐色。中果皮纤维层日益木质化，内果皮白色海绵组织收缩变薄，裂纹加大，多数品种种子挤压处内果皮呈黑褐色斑片。种仁变饱满，种皮颜色加深，皮薄、光润，呈现本品种固有光泽。小果品种饱果率75%以上，大果品种饱果率65%以上。

3. 内含物变化　成熟花生籽仁油分增高，碳水化合物减少，蛋白质比率比未成熟时略有降低。成熟饱满花生籽仁含脂肪50%~55%，蛋白质18%~30%，碳水化合物13%~15%。籽仁在成熟过程中糖分渐变成甘油和脂肪酸，再形成脂肪，含游离脂肪酸极微。未成熟籽仁含大量游离脂肪酸，使油脂容易氧化酸败，不耐贮藏，破坏维生素 E、维生素 A、维生素 K 等，降低营养价值。随着籽仁成熟度渐进，脂肪酸中油酸含量逐渐增加，亚油酸、棕榈酸、山嵛酸和本焦油酸逐渐降低，而硬脂酸、肉豆蔻酸和花生烯酸在花生脂肪中含量很低，在荚果发育过程中基本无变化。各种脂肪酸至成熟前趋于稳定。

4. 油分色泽变化　成熟良好花生籽仁脂肪含量增加，油分中的色素便被冲淡。未成熟花生籽仁油分中含有较多的胡萝卜素和叶黄素。而成熟种子的油分内色素总量已降到微不足道（< 1mg/L），榨出的油呈现花生油色品级的最优级——柠檬黄色。

（二）花生收获期的确定

1. 收获期对产量品质的影响

（1）收获期对产量的影响：花生荚果干物质的累积过程呈"S"形曲线。在花生饱果成熟期，荚果产量逐渐增高，到最高后产量稳定一段时间又逐渐下降，这段稳定时期就是最佳收获期。有观点认为，适当延迟收获能增加产量，但增产效果因品种而异，并非收获越迟越好。一是有些品种收获过晚，已成熟的荚果由于含水分较多，呼吸消耗自身干重，反而降低产量。二是对于休眠期短的珍珠豆型品种，收获过迟易发芽。三是叶部病害较重时，早收产量损失少。

（2）收获期对品质的影响：花生收获过早，多数荚果尚未成熟，种子不饱满，出仁率低。成熟度不够的种子游离脂肪酸多，不耐贮藏。收获过迟，田间烂果、裂荚、萌动发芽增多。同时，微生物侵染引起脂肪酶活化，导致脂肪发生水解、酸败，品质降低。随收获的延迟，花生受黄曲霉菌污染的机会也将上升。另外，与口味品质密切相关的种子硬度、蔗糖含量也随着收获延迟而减少。北方产区收获过迟还有受冻害风险，受冻花生表现子叶变软，色泽暗淡，丧失发芽力，含油量降低而酸值增加，品质下降。

2. 不同种植制度和品种的收获期

（1）北方花生区适宜收获期：北方大花生产区，春播花生早熟品种（120天左右）、中熟品种（130天左右）一般在8月中、下旬收获；夏播花生早熟品种（110天左右）、中熟品种（120天左右）一般在9月中下旬收获。淮河流域秋季雨水多，根据天气预报，抢晴好天气收获晾晒。北方一般不迟于 10 月 20 日，日均气温 12℃以上时收完，最好在霜降前晒干入仓。

（2）南方花生区适宜收获期：南方花生产区种植珍珠豆型品种，春播早熟品种 120 天左右，中熟品种 130~135 天。四川、贵州等省在 8 月底至 9 月中旬收获；江西、湖南春花生 8 月下旬至 9 月上旬收获，夏花生在 10 月上、中旬收获；湖北省晚熟花生 10 月上旬收获；秋花生 11~12 月收获。

二、花生的机械化收获

（一）花生机械化收获方式

1. **分段收获**　分段收获目前主要指带蔓分段收获法。分段收获包括挖掘、抖土、铺放、捡拾摘果等多项作业。先由挖掘机进地完成挖掘与分离泥土，挖掘深度以 10~15 cm 为宜，随即在田间将花生果实朝上铺成行，整株晾晒；晾晒至含水量 20%~30% 时，由捡拾摘果机进地捡拾摘果或运回场院利用固定摘果机摘果。

田间晾晒有助于植株中的养分继续向籽仁中转移，而且花生在植株上通风好，干得快。晾晒期间花生各部分的水分变化受晾晒期间的天气影响，天气晴好时，果壳、子房柄和茎的含水量以每天 10% 的速度降低，但籽仁水分降低缓慢。田间晾晒程度根据具体情况而定。如采用捡拾摘果机摘果，则晾至籽仁含水量为 20%~30% 时开始捡拾摘果。如搬运到晒场上采用固定摘果机摘果，可晾晒至茎叶含水量 20% 以下时开始捡拾搬运。若是需要将花生茎叶用作饲料贮存，茎叶不宜在田间久晒，否则由于叶片的损失，养分可减少 25%，并易夹杂泥土；特别是作青贮饲料时，把露水晾干即可。

2. **联合收获**　联合收获即用联合收获机一次完成挖掘、抖土、摘果（湿果）全过程。收获鲜果后，除了鲜食用花生无须晾干外，需要晾干贮藏的花生最好与干燥设备配套，防止堆捂导致霉变，或者在天气晴好时收获，将花生果及时摊薄晾干，尤其要应对收获期长期雨涝天气，提前预备干燥设备。

（二）花生生产上应用的收获机械

1. 花生挖掘机

（1）河南农有王 4HW-1500 花生挖掘机：该机械由农业农村部南京农业机械化研究所研制，河南农有王机械装备有限公司生产。配套动力 40~66kw，挖掘宽度 150cm，损失率小于 3.5%，破损率小于 1%，纯生产率 2.5~5 亩 / 小时，挖掘深度 4~16cm。配套四轮拖拉机牵引，一次完成花生挖掘、抖土、铺放等功能，铺放整齐，易于捡拾摘果作业。通用性强，用于黏土类和半沙壤类土质中的花生挖掘作业，还可用于红薯、马铃薯、大蒜等块茎类作物地下果实挖掘作业（图 7-1）。

图 7-1　河南农有王 4HW-1500 花生挖掘机

（3）其他几款挖掘机：河南豪丰 4HW-210 花生挖掘机、沃德4HW-2（810）花生挖掘机、美国 KMC 花生起挖机等（图 7-2~ 图 7-4）。

图 7-2　河南豪丰 4HW-210 花生挖掘机

图 7-3 沃德 4HW-2（810）花生挖掘机　　　图 7-4 美国 KMC 花生起挖机

2. 花生捡拾摘果机与固定摘果机

（1）4HJL-2 自走式花生捡拾摘果机（图 7-5）：该机械由河南农有王机械装备有限公司生产。可一次性完成捡拾、输送、摘果、清选、集果等作业，超强动力，配备 160 马力（马力是非法定计量单位，1 马力 =735W，本书沿用）发动机。作业效率高，作业幅宽 2.5m，一次作业 6 行花生，干果 5~8 亩 / 小时，湿果 3~5 亩 / 小时；破损率低，破壳率低于 5%；清选干净，漏果少，摘净率 97% 以上。

图 7-5 4HJL-2 自走式花生捡拾摘果机

（2）4HZB-2A 型半喂入式花生摘果机：该机械由农业农村部南京农业机械化研究所研制。配套动力为 2~3 马力，摘净率 99.7%，破损率小于 0.16%，每小时可作业 1 亩。摘果质量及效率受花生秧蔓的整齐程度与喂入速度影响较大。生产率高、摘净率高、结构简单、体积小、功耗小，田间转移方便。适宜鲜花生摘果作业（图7-6）。

图7-6　4HZB-2A型半喂入式花生摘果机

3. 花生联合收获机

（1）4HLB-4型半喂入式联合收获机：该机械由农业农村部南京农业机械化研究所创制。摘果率为98.9%，总损失率为3.3%，破损率为0.2%，含杂率为3.1%，每小时作业可达6~7亩。一次收获两垄（4行）花生，收获台可适应不同的花生种植垄距，摘净率高（图7-7）。

（2）4HQL-2全喂入式联合收获机：该机械由青岛农业大学研制。履带自走式。摘果率99.6%，损失率3.3%，破损率2.0%，含杂率2.2%。对不同品种的花生适应性强，可以收获倒伏的花生，去土效果好、机械掉果损失少，具有结构简单、夹持可靠、制造容易、使用方便等优点。适宜我国花生主产区。

图7-7　4HLB-4型半喂入式联合收获机

三、花生的干燥与贮藏

（一）荚果干燥

1. 商品荚果干燥 新收获的花生成熟荚果含水量 50% 左右，未成熟的荚果含水量 60% 左右，必须及时干燥才能安全贮藏。经过田间晾晒的花生含水量还比较高，摘下后仍须继续干燥。

南方产区春花生 7 月收获，此时高温高湿，田间收摘的荚果需运回晒场及时在阳光下摊晒，傍晚收成条状或小圆堆，次日继续摊晒。遇阴雨天要在室内晾开，不能堆积，有条件的可用性能成熟的风干烘干机械干燥。

北方花生产区花生收获后荚果含水量 20%~30%，摘果后扬净去杂，摊晒 6~10cm 厚，并使其呈波浪状，以扩大与空气、阳光的接触面，加速水分散发。摊晒期间，每天在露水干后摊开，日中翻动数次，傍晚堆积成长条状，并遮盖草席或雨布，避免露水打湿，又利于种仁内的水分散发移动到果壳上，以利次日摊晒时加速干燥，经 6~7 个晴天可基本晒干，待荚果含水量降到 10% 以下、籽仁含水量低于 8% 时，即手搓种子种皮易脱落，或用手折断子叶有清脆声，断口齐平，表明种子已干燥，可入库贮藏。美国大型农场一般将收摘后含水 20%~30% 的荚果运至催干棚内催干。

2. 种用荚果干燥 种用花生晒种质量直接影响下茬种子活力。晒种温度过高、阴雨天在室内堆放时间过长，均能降低花生种子的发芽势和田间出苗率。高温情况下，花生晒果以上午为好，全天晒种影响种子出苗率；禁止在水泥地上暴晒，提倡土地或晒席隔离晒种。

（二）花生贮藏

花生籽仁脂肪含量高，脂肪是热的不良导体，传热慢，因此贮藏的花生堆热传导能力差。在外温上升时，花生堆内仍可较长期保持一定的低温，同样，堆内发热时，产生的热量亦不易散发。另外，温、湿度适宜时花生脂肪酸易氧化水解，产生酸败。

1. 影响花生安全贮藏的因素 荚果能否安全贮藏，与贮藏前荚果本身状况（含水高低、杂质多少、品质好坏等）以及贮藏过程中的环境条件（温度、湿度、通风条件）密切相关。

（1）贮藏前荚果状况：荚果贮藏前充分晒干，去净幼果、秕果、荚壳破损果及杂质。

荚果含水量低时，种子中的水分与蛋白质、碳水化合物等牢固结合，成为束缚水，水分在这种状态下不能在细胞内移动，几乎不参与新陈代谢反应。随着种子含水量增高，细胞内便会出现能够移动的游离水。细胞内出现游离水时的含水量称为临界水分。种子内出现游离水时，其所含脂肪酶和其他酶的活性增加，使呼吸增强，含水量愈高，呼吸作用也就愈强，呼吸热积累过多，种子便易生霉、酸败。因此，种子安全贮藏的含水量应保持在临界水分以下。

一般作物种子，在 25 ℃以下，含水量不超过其非油部分的 14%~15% 时，种子呼吸作用即可趋于稳定。供贮藏的花生荚果，平均含油量一般约为 30%，故其临界水分应为 70%×15%=10.5%；而花生种子含油量约为 48%，其临界水分应为 52%×15%=7.8%。含油量越高的花生，其安全贮藏的临界水分应越低。因此，花生荚果安全贮藏含水量低于 10%，普通花生种子低于 8%，高油花生种子低于 7%。在超干燥（含水量 2%~5%）贮藏过程中，种子内部清除活性氧的酶（SOD、POD、CAT）系统仍保持较高活性，对脂质过氧化有较强抑制作用。

花生贮藏中含水量、杂质高能导致黄曲霉素增高。幼果、秕果、破损果及杂质多，带菌多，易吸湿，贮藏过程中易霉变发热。未成熟荚果游离脂肪酸含量高，耐贮性差。应分级贮藏，荚果品质级别低的应缩短贮藏期。

（2）贮藏温度：温度高低影响贮藏期间呼吸代谢活动。低温时酶的活性弱，呼吸热积累少，游离脂肪酸增加很少，霉菌和害虫活动停止。荚果在 21 ℃可保持优良品质 6 个月，种子可保持优良品质 4 个月。时间再长，花生会受虫害，种皮变琥珀色，渐渐酸败。在 18 ℃以下，荚果可安全贮藏 9 个月，种子可安全贮藏 6 个月；0~2 ℃时，种子可安全贮藏 2 年；-12.2 ℃以下时，可安全贮藏 10 年。

含水约 8% 的种子，堆温 20 ℃以内时，脂肪酸含量的变化不大；

但在 20 ℃以上时，温度愈高，酶的活性愈大。故堆温超过 20℃时，酸价便要显著增高。所以自然状态下贮藏，6 月以后堆温增高，分解作用加强，种子内的游离脂肪酸便会增加。

（3）环境湿度：除荚果本身含水量外，环境湿度对花生贮藏影响很大。当环境中相对湿度大于种子含水量时，种子便吸水变潮，反之则散水变干燥。荚果在温度低于 20℃、相对湿度小于 75% 的条件下贮藏，剥壳籽粒在 5~10℃和 40%~50% 的相对湿度下贮藏，较为安全。种用花生贮藏温度低于 20℃、相对湿度小于 70%。

（4）通风条件：贮藏期间应保持通风良好，以促进种子堆内气体交换，起到降温散湿作用。在室内贮藏，则应分别建囤或堆垛，保持通风。各囤或垛间要留不小于 0.5m 的通风道，靠墙处最好空 0.7m，垛底垫木架，囤或垛内也要留通风孔。

2. 花生的贮藏方式

（1）常温仓库贮藏：仓储花生在入库贮藏前先进行临时露天贮藏，可充分降温散湿。因贮藏初期花生未完成后熟，呼吸作用比较旺盛，若通风散热散湿条件不好会引起种子发热，造成闷仓、闷囤、闷垛。花生囤垛用沙或其他铺垫物垫底，使荚果与地面距离 30cm 左右。在高温高湿的季节应采取密闭贮藏，尽可能隔绝大气与种子堆或贮藏库的气体交换，以利于保持种子堆内干燥和低温。

（2）保温库贮藏：荚果或种子需要度夏可采用保温库贮藏。保温库为双层墙壁，双层屋顶，两层之间空隙 65cm 左右，其中充填稻糠、干海草及玻璃纤维等物隔温隔潮。冬季入库后将库门密闭，只有进出荚果种子或需检查时才开启。利用制冷设备库温常年保持在 18℃以下，最高不超出 20℃。

（3）冷风库贮藏：采用低温密闭、隔湿降氧、压盖控温等技术抑制仓库内虫霉为害、走油变质等难题。具体做法为花生晾晒、除杂，含水量低于 9% 时入库，利用冬季低温干燥天气，进行自然或机械通风，降低堆温。春季 4 月下旬气温回升之前，选择低温干燥天气，对花生果进行密封压盖。压盖后及时关闭密封门窗，保持仓内的干冷空气，严格防潮。在仓温回升高于外温时，及时通风换气，排出仓内高温空气，充入低温空气，最大限度控制仓内相对低温，花生可安全度过夏天，实现周年供货。货物在高温季节出库要平衡温度，消除花生表面冷凝湿气，防止运输期间发霉变质。

3. 贮藏期间的管理 贮藏期间检查种子含水量和堆温，发现超过安全界限，立即通风翻晒。翻仓摊晒应选择晴朗干燥而温度不过高的天气。贮藏期间游离脂肪酸随水分温度的升高而升高。当含水量低于8%，温度低于20℃时，基本保持稳定；当温度升高到25℃时，游离脂肪酸明显增加。受机械损伤、冻害及虫蚀粒，游离脂肪酸增高更为明显。贮藏期间因荚果或种子带菌发霉变质，应尽快筛选清除。

（三）防止贮藏期间黄曲霉素污染

影响花生贮藏的菌类主要是霉菌属、青霉属和镰孢菌属，在花生上生长并分泌水解酶引起干重损失、含油量降低、游离脂肪酸增加，使种子酸败，产生污染花生的真菌毒素。黄曲霉菌侵染产生黄曲霉毒素。重茬、收获迟或损伤花生带菌量多，这些菌类附着或侵入壳内，但不易侵入完整的种皮。破伤粒比完好籽粒容易霉变。含水量低于8%，温度低于20℃不易霉变；温度20~25℃，空气相对湿度 ≥ 80%霉菌繁殖活跃。防止霉变可采取以下措施。

1. 严把入库质量关 控制进货渠道，入库前剔除霉变、破损、变色和虫蛀荚果。

2. 干燥脱壳 脱壳时保持荚果干燥，杜绝润水脱壳。

3. 低温、低湿、低氧贮存 仓储温、湿度越低，黄曲霉菌生长和产毒越慢，贮藏温度控制在15℃以下、空气相对湿度小于70%时可安全贮存。当荚果含水量在15%~30%、温度21℃时，5天可侵染；25℃时，2天即可侵染。黄曲霉菌是好气性微生物，当仓储空气中氧气浓度1%左右、二氧化碳浓度80%左右、氮气浓度19%左右时，可抑制黄曲霉菌的生长和孢子形成。仓库内热度高、湿度大时，要迅速排出热气和湿气（表7-1）。

表 7-1　花生安全贮藏的临界水分和临界温度

临界水分 /%	6	7	8	9	10
临界温度 /℃	34	32	28	24	16

4. 防止仓储害虫　仓储害虫的为害能加重黄曲霉菌侵染概率。花生贮藏害虫主要是印度谷螟，北方一年发生 3 代，南方一年发生 4~6 代。虫害多集中发生在花生堆表层 30cm 深处。害虫 3~4 月开始活动至 11 月，以 8~9 月最重。害虫来源主要为装运过程中带入虫源，贮藏场所有害虫潜伏，贮藏期间感染等。密封贮藏或低温干燥较少发生。-15~-10℃低温环境潜在虫源可基本消除。要确保入库前收、运过程中不带虫源，入库前仓库消毒。贮藏中发生虫害及时翻仓消毒，筛除害虫，重新入库（图 7-8）。

图 7-8　仓储害虫为害花生

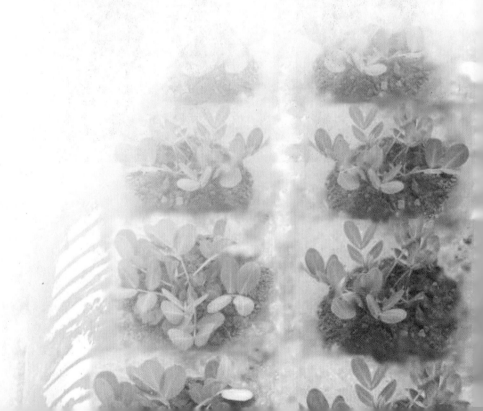

第八章 花生高产节本增效栽培技术模式

一、春、夏播花生机械化地膜覆盖栽培技术

（一）技术概述

地膜覆盖栽培对花生的丰产提质增效作用主要体现在以下几个方面。

1. 增温保温 地膜透光率80%，太阳辐射热能透过地膜传导到土壤中，地膜不透气性阻隔水分携带热量向空气中蒸发，提高耕层温度并传向深层。增温保温可提早播种春花生，利于壮苗、全苗。同时可增加全生育期有效积温。

2. 保墒提墒防涝 地膜覆盖切断了水分与大气通道，水分在膜内循环，提高土壤水分利用率。当天旱无雨时耕层水分减少，由于土壤上下层存在温差，致深层水通过毛细管向地表移动，补充耕层水分。在雨涝时，雨水顺地膜外流，在一定程度上发挥防涝作用（图8-1）。

图8-1 地膜覆盖花生保墒效果

3. 改良土壤结构 地膜覆盖使土壤处于免耕状态，减少风吹、降水及灌溉冲击，减少中耕锄草、施肥、人工或机械践踏所造成的土壤硬化板结，保护土壤结构和表土层养分，利于根系发育、果针下扎及荚果膨大。

4. 提高土壤养分　地膜覆盖均衡调节土壤水、肥、气、热状态，提高微生物活性，表现为有益微生物放线菌、氨化细菌、固氮菌、磷细菌、钾细菌数量增加，加速土壤有机质分解和有效养分增加。

5. 增加近地光照　地膜对阳光的反射作用，使覆膜花生植株行间及近地层光量增加，增强了植株下部叶片的光照强度和光合作用，进一步提高了光能利用率。

6. 促进生长发育　地膜覆盖栽培促进生长发育，加速生育进程，提前进入结实期，生殖生长期延长，利于干物质积累。表现为种子发芽势强，发芽率提高，发芽时间缩短，壮苗早发。植株长势强、主茎高，根系、有效分枝、叶面积、开花下针量、结果数、饱果率都表现出较大优势。

（二）栽培技术要点

1. 选地选种选膜　选地势平、土层厚、肥力中等以上地块。选用适应性广、抗逆性强、高产优质品种。选用诱导期适宜、展铺性良好、降解物无公害的可降解地膜或厚度（0.01±0.002）mm 的聚乙烯透明地膜。

2. 精细整地施肥　整地达到土壤细碎、平整。施商品有机肥200kg/ 亩或腐熟优质有机肥 1 000~1 500kg/ 亩，施氮肥（N）7~12kg/ 亩、磷肥（P_2O_5）6~8kg/ 亩、钾肥（K_2O）6~8kg/ 亩、钙肥（CaO）6~8kg/ 亩。将全部有机肥、钾肥和 2/3 的氮肥、磷肥混合撒施，结合冬春深耕翻于 20~25cm 土层内；其余 1/3 的氮肥、磷肥、钙肥，播种时作种肥，种肥异位同播施入土壤 12~15cm。

3. 机械起垄播种　春花生在 4 月 10~20 日播种，夏花生抢时早播。应用多功能花生播种覆膜机，将起垄、施种肥、播种、覆土、喷除草剂、展膜、压膜等多道工序一次完成。80~90cm 一带，起垄高 12~15cm，沟宽 30cm，垄面 50~55cm。每垄 2 行，小行距 30cm，穴距 18cm，播种深度 3~5cm。每亩 1.8 万 ~2.2 万株（图 8-2）。

4. 加强田间管理　查田护膜，查苗补种，旱浇涝排，控旺补弱。盛花至结荚期，喷洒 5% 烯效唑可湿性粉剂 20~30g/ 亩，或 10% 的调

图 8-2　花生地膜覆盖栽培种植效果

环酸钙悬浮液 30~40mL/ 亩，控制株型。饱果期叶面喷洒磷酸二氢钾和过磷酸钙澄清液，促进荚果灌浆充实。

5. 及时残膜回收　把压在土中的残膜边揭起，再抽去地上残膜，回收率可达 98%；结合冬春耕地捡残膜。

二、麦套花生规范化种植技术

（一）技术概述

沿黄区域温光资源不足，以麦垄套种种植制度来实现麦油两熟。但多年来常规套种模式存在弊端：一是不能机械化播种。二是前后茬在 15 天共生期内田间郁蔽，小麦与花生争光、争水、争肥，花生易形成"高脚苗"。三是麦行点播不规范，造成田间管理和收获难以机械化操作。四是人工点种田间群体结构不合理，通风透光不良，易滋生病虫害。麦套花生规范化种植可解决以下问题。

1. 提高生产效率　改以往传统麦垄平地人工套种为麦垄机械化起垄套种，提高了生产效率，降低了用工成本。

2. 改善田间小气候　通过机械化垄作栽培实现了规范化种植，光照充足，透光性好，改善了花生与小麦共生期间田间小气候，提高了对光照、空间、土地等资源的利用效率，增加光合作用面积，增大光源强度，实现花生丰产提质增效。

3. 实现肥水两用　结合借墒早播，借肥促苗，有利于花生播种出苗期生长发育，控上促下，形成壮苗，较好地解决了两作物共生期的矛盾。

4. 促进粮油双增 该模式虽然减少了小麦对土地面积的利用，但通过选择株型紧凑、分蘖力强的小麦品种，加大播种密度，加强水肥管理，发挥边行优势，激发小麦分蘖，保证小麦群体数量与质量，促进麦油协同增产增效。

（二）栽培技术要点

1. 前茬深耕增肥 小麦播种前深耕 25~30cm。重施前茬底肥，小麦播种整地时每亩施商品有机肥 200 kg 或优质腐熟有机肥 500~1 000kg，配方施用尿素 15~22.5kg、过磷酸钙 35~50kg、硫酸钾 15~20kg。既促进小麦高产优质，又为花生预施基肥，为麦油双高产打好基础。

2. 选择搭配品种 前茬小麦应选择早熟、抗病、矮秆、株型紧凑的优质高产品种。要求叶片上冲、遮光性小、落黄好，后期不倒伏。花生根据当地生态条件，选择增产潜力大、早熟、综合抗性好、耐阴性好、生育期在 125 天以内的优质高产新品种。

3. 规范种植模式 在整地播种小麦时，设置前后茬布局规格为 80cm 一带，垄面宽 40cm，垄沟 40cm，垄沟内播二行宽播幅小麦，翌年 5 月中旬垄面上小型机械机播两行花生。

4. 做好种子处理 播种前 10~15 天剥壳，剥壳前带壳晒种 2~3 天，分级粒选，选用饱满健康的籽粒作种用。播种前药剂浸种或种子包衣。

5. 机械规范精播 麦收前 15~20 天（5 月 10~20 日）应用小型播种机完成施种肥、点种、覆土等工序，在垄上播种两行花生。足墒播种，墒情不足时应结合浇麦黄水造墒播种，确保全苗。小麦收获后残茬留茬高度不能高于 15cm。麦收后顺沟机械中耕灭茬、追肥、培土、扶垄，形成 60cm 宽的垄背和 20cm 宽的垄沟，垄深 12~15cm。穴距 15~20cm，播种深度 4~5cm，种植密度 2 万 ~2.2 万株 / 亩。

6. 科学追肥管理

（1）种肥：播种时施氮、磷、钾三元素复合肥（20 ∶ 10 ∶ 10）或相近配方肥 25~30kg/ 亩。

（2）追肥：麦收后花生 8~9 片叶期结合中耕灭茬、穿沟培土扶垄，追施尿素 6~8kg/ 亩、过磷酸钙 20~30kg/ 亩，促进下针结果，提高饱果率。

（3）叶面喷肥：灌水或雨后缺铁性发黄，用硫酸亚铁 100g/ 亩，兑水 50kg，喷雾 2 次；结荚期后叶面喷施 1% 的尿素稀释液和 2%~3% 的过磷酸钙澄清液（或 0.1%~0.2% 磷酸二氢钾水溶液）2~3 次（间隔 7~10 天），每次喷洒 30~40kg/ 亩。

7. 中耕培土扶垄　小型机械中耕 2 次。麦收后及早中耕灭茬，第一次中耕后 10~15 天进行第二次中耕培土扶垄，初花期至盛花期进行第三次中耕，并培土迎针。第一至二次中耕灭茬结合追施氮肥深耕，第三次中耕在始花期至果针入土前，结合追施磷肥、钙肥。

8. 加强水分管理　小麦花生共生期间是花生幼苗出土和发育期，播种前后应浇好小麦灌浆水，以利于小麦丰收和花生出苗对水分的需求。在灭茬施肥后立即浇好初花水，以促进侧枝分生和前期花大量开放。花生开花下针至结荚期需水量最大，遇旱及时浇水。同时及早修复排灌系统，遇涝及时排水。

9. 化学调控控制株型　在盛花至结荚期，有旺长趋势时，叶面喷洒 5% 烯效唑可湿性粉剂 20~30g/ 亩或 10% 的调环酸钙悬浮液 30~40mL/ 亩，按说明兑水均匀喷雾，控制株型。

10. 防治病虫草害　突出生态控制，协调应用农业的、生物的、物理的和化学的综合防治技术（详见第六章）。

11. 收获干燥贮藏　小果品种饱果率 75% 以上，大果品种饱果率 65% 以上，果仁颗粒饱满、皮薄、光润，种皮呈现品种固有色泽时，抢晴好天气及时机械化收获，干燥入库，低温低湿贮藏。

三、夏直播花生机械化少免耕起垄栽培技术

（一）技术概述

该技术模式可有效解决黄淮海花生产区麦后夏直播花生整地播种周期长、三夏农时紧张、播种技术粗放、机械化水平低、人工成本高、小麦秸秆处理难等问题，应用 2BHQF-6 型花生免耕起垄施肥播种机，

实现免耕、碎秸、起垄、播种、施肥、镇压等工序复合作业。

（二）栽培技术要点

1. 前茬深耕增肥 小麦播种前深耕耕深 25~30cm。重施前茬基肥，促进麦油双高产，即小麦播种整地时施商品有机肥 200kg/ 亩或优质腐熟有机肥 500~1 000kg/ 亩，配方施用尿素 15~22.5kg/ 亩、过磷酸钙 30~50kg/ 亩、硫酸钾 15~20kg/ 亩。

2. 种子处理 选择丰产性好、早熟、综合抗性好的优质新品种。播种前 10~15 天带壳晒种 2~3 天，剥壳分级粒选，剔除秕粒、病虫粒、破损粒、霉变粒，选用饱满籽粒作种用。播种前药剂拌种或包衣。

3. 大田准备 小麦收获时间不晚于 6 月 10 日。小麦收获残茬留茬高度不高于 15cm。提前清理大田杂草和多余杂乱秸秆。播种时根据不同土壤质地足墒播种，墒情不足时灌溉造墒播种，确保全苗。

4. 机械精播 播种不晚于 6 月 15 日。麦收后先用大型旋耕机快速旋耕 20cm，随即用 2BHQF-6 型花生免耕起垄施肥播种机完成旋耕、起垄、开沟、施种肥、精量播种、覆土、镇压等多道工序复合作业。垄宽 50~60cm，沟宽 20cm，垄上播两行花生，小行距 25~30cm，大行距 45~50cm。播种深度 4~5cm。用种 20~25kg/ 亩，密度 2.2 万 ~2.4 万株 / 亩。播种后 1~3 天用适宜芽前除草剂喷施地面封闭除草（图 8-3）。

图 8-3 夏花生少免耕起垄栽培长相

5. 科学施肥　播种时施缓控释氮、磷、钾三元素复合肥（20 : 10 : 10）或相近配方肥 25~30kg/ 亩，机械种肥异位同播。麦收后结合中耕灭茬培土追施尿素 6~8kg/ 亩，促苗快发；初花期结合中耕培土扶垄施过磷酸钙 20kg/ 亩。结荚期后叶面喷施 1% 的尿素和 2%~3% 的过磷酸钙澄清液（或 0.1%~0.2% 磷酸二氢钾水溶液）2~3 次（间隔 7~10 天），每次喷洒 30~40kg/ 亩；灌水或雨后缺铁性发黄，用硫酸亚铁 100g/ 亩，兑水 50kg，喷雾 2 次。

6. 病虫害防治　采用绿色植保、综合防治的方法防治病虫害（详见第七章）。

7. 中耕培土　中耕 2~3 次，齐苗后及早进行第一次中耕，在第一次中耕后 10~15 天进行第二次中耕施肥培土，初花期至盛花期进行第三次中耕，并结合中耕进行施钙肥培土迎针。

8. 水分管理　全生育期根据花生"两湿两润"需水规律旱浇涝排。出苗期干旱采取喷灌、滴灌、小水沟灌，确保出苗齐全匀壮。开花下针至结荚期需水量最大，遇旱及时浇水。中后期如雨水较多，要及时疏通沟渠，排除积水，避免烂根烂果。

9. 化学调控　在盛花末期（始花后 40~50 天）株高 35~40cm 时，对旺长趋势地块用 5% 的烯效唑可湿性粉剂 20~40g/ 亩，兑水 30kg/ 亩；或 10% 的调环酸钙悬浮液 30~40mL/ 亩，兑水 30kg/ 亩。喷洒控制株型。

10. 收获贮藏　大果花生饱果率 65%，珍珠豆型花生饱果率 75%，达到该品种生育期天数时，抢晴好天气采用分段式收获机或花生联合收获机收获。干燥入库，低温低湿贮藏。

四、麦后夏花生免耕覆秸精播种植技术

（一）技术概述

该技术模式应用早熟花生新品种，并配套麦后花生免耕覆秸精播种技术，实现夏花生抢时早播。适合河北、山东、河南等麦油两熟区推广。

（二）栽培技术要点

1. 产地环境　选用轻壤或沙壤土，土层深厚、地势平坦、排灌方便的中等以上肥力地块。夏花生全生育期达到 110 天以上，积温达到 2 700℃以上，不低于 15℃活动积温 1 100℃以上。

2. 品种选择 选择生育期较短、适宜夏直播的中早熟、丰产、抗性好的中小果品种。

3. 种子处理 播种前 10~15 天带壳晒种 2~3 天后再剥壳，以提高发芽率。剥壳后按籽粒大小分成三级，选一、二级作种用。播种前根据土传病害和地下害虫发生情况，药剂拌种或包衣，阴干后备播。生茬地可免除药剂拌种，直接用 150mL 液体根瘤菌拌 15~20kg/ 亩种子，阴干后备播。注意拌种用的菌液不能兑水，菌剂保存在阴凉干燥处（4~25℃），开袋后一次用完。

4. 机械播种 麦收后留茬小于 15cm，将残留麦秸杂草清除麦田。麦收后立即采用自带旋耕装置的免耕覆秸精量播种机播种，将花生免耕播种、施肥、喷洒除草剂、覆盖秸秆等工序一次完成，播种密度为 2.1 万株 / 亩，单粒等行距，行距 35cm，株距 9cm。秸秆覆盖要做到"覆秸"不"覆土"。种肥施氮肥（N）6~8kg/ 亩、磷肥（P_2O_5）4~6kg/ 亩、钾肥（K_2O）6~8kg/ 亩、钙肥（CaO）6~8kg/ 亩。以丸粒化的花生专用复合肥或包膜缓控释肥为宜。

5. 田间管理 花生播种后如墒情差应及时浇蒙头水以利出苗；出苗后及时中耕促壮苗。中期（盛花期、结荚期）叶面喷施生长调节剂控旺。结荚期至饱果成熟期保护花生植株上层叶片。一是喷施药剂，防止叶斑病的发生；二是每亩叶面喷施 2%~3% 的尿素水溶液或 0.2%~0.3% 磷酸二氢钾水溶液 30~40kg/ 亩，与杀菌剂共同喷施，连喷 2~3 次，保叶防衰。

6. 酌情晚收 地上部已衰退田块可在 9 月底收获，青枝绿叶的田块可适当延迟到 10 月上旬收获，日平均气温降到 12℃前收完。收获后及时晾晒，荚果水分降到 10% 以下。

五、秋花生高产高效栽培技术

（一）技术概述

秋花生在立秋前后播种，又称翻秋花生，主要适用品种是珍珠豆型花生。秋花生种植区域在我国南部及东南沿海地区。

（二）栽培技术要点

1. 选用优良品种 主要选用南方珍珠豆型花生，如粤油、汕油、桂花系列品种。

2. 适时早播 立秋是秋花生的播种适期。秋花生播种太早，播后因气温过高，营养生长期过分缩短，花期处在高温日照长阶段，影响花器发育和开花授粉，结荚较少；播种太迟，则因后期气温低，造成荚果不饱满，产量低。如果利用旱坡地种植，要适当提早播种，减少秋旱影响。

3. 合理密植 密度2万株/亩，宽窄行种植，宽行30cm，窄行18cm，每亩1万穴，每穴2粒。出苗后及时查苗补苗。每穴双粒播种的，如缺单苗可以不补；如全穴缺苗应及时移苗补植，或催芽播种补苗。

4. 科学施肥 秋花生齐苗后20天开花，营养生长比春花生短，前期又处在高温多雨季节，肥料分解快，易消耗，因此必须施足基肥，及时追肥。每亩施有机肥750kg（其中猪粪与田泥比例为6∶4），混合硫酸钾7.5kg、过磷酸钙50kg，沤肥30天腐熟，或复合肥15~20kg/亩，在起畦后均匀撒施畦面，机械耙匀后开沟播种。出苗后20天结合中耕追施复合肥10kg/亩，花针期撒施石灰15kg/亩。

5. 加强水分管理 苗期尽早开好环田沟和田间沟，遇涝及时排水。后期秋旱引水灌溉或淋水，以沟灌、喷灌小水细浇。结荚期至饱果期每7天灌一次水，保持干湿交替。

6. 防治病虫害 播种时用多菌灵或百菌清拌种，防治因土壤带菌可能引起的花生根腐病、冠腐病。在果针下土后，要结合清沟培土降低田间湿度，预防发生锈病。初见有斜纹夜蛾幼虫时，可在花生叶面喷阿维菌素、茚虫威除虫。

参考文献

［1］任春玲.油料作物高效栽培新技术 [M].北京：中国农业出版社，2001.

［2］万书波，等.中国花生栽培学 [M].上海：上海科学技术出版社，2003.

［3］张翔.花生高产高效施肥技术 [M].北京：中国农业科学技术出版社，2015.

［4］王传堂.高油酸花生 [M].上海：上海科学技术出版社，2017.

［5］张新友，汤丰收，董文君等.优质花生高产栽培技术 [M].郑州：中原农民出版社，2008.

［6］任春玲.打造河南花生产业强省的战略思考与对策 [R].郑州：中国工程院河南研究院，2020.

［7］鲁传涛，等.果树病虫诊断与防治彩色图解 [M].北京：中国农业科学技术出版社，2021.

［8］汤松.油料作物规模化生产技术指南 [M].北京：中国农业出版社，2016.

［9］汤丰收.优质花生栽培技术 [M].郑州：中原农民出版社，2006.

［10］任春玲.世界花生产业格局发展变化对我国的启示 [J].河南农业，2022（7）：11–12.

［11］李淞淋，曹永跃等.世界花生和花生油生产、贸易发展动态及结构特征 [J].世界农业，2018（11）：113–119.

［12］国家统计局农村社会经济调查司.中国农村统计年鉴（2007—2021）[M].北京：中国统计出版社，2007—2021.